应用型本科院校“十二五”规划教材/计算机类

主　编　邓春伟　张天春
副主编　王　聃　王树芬　鲍庆鹏
　　　　韩大伟　姜　涛　刘政宇

C语言上机指导与习题

（第2版）

Practice Guidance and Exercises for C Program

哈爾濱工業大學出版社

内容简介

全书分为三部分。第一部分是“Turbo C 集成编译环境”。这部分详细介绍了目前多数用户广泛应用的 Turboc。第二部分是“C 语言上机实验”。这部分提出了上机实验的要求，介绍了程序调试和测试的初步知识，并且具体安排了 11 个实验，便于进行实验教学。第三部分和第四部分是“C 语言习题”和“习题答案”。应该说明，本书给出的程序并非是唯一正确的解答，对同一个题目可以编出多种程序，本书给出其中的一种，甚至不一定是最佳答案。

本书可作为应用型本科院校计算机专业的专业课教材，也可供从事计算机专业的技术人员使用。

图书在版编目（CIP）数据

C 语言上机指导与习题/邓春伟，张天春主编. —2 版. —哈尔滨：哈尔滨工业大学出版社，2013. 1（2016. 1 重印）

应用型本科院校“十二五”规划教材

ISBN 978-7-5603-3157-7

Ⅰ. ①C… Ⅱ. ①邓… ②张… Ⅲ. ①C 语言-程序设计-高等学校-教材参考资料 Ⅳ. TP312

中国版本图书馆 CIP 数据核字（2013）第 011480 号

策划编辑　赵文斌　杜　燕
责任编辑　刘　瑶
出版发行　哈尔滨工业大学出版社
社　　址　哈尔滨市南岗区复华四道街 10 号　邮编 150006
传　　真　0451-86414749
网　　址　http://hitpress. hit. edu. cn
印　　刷　黑龙江省地质测绘印制中心印刷厂
开　　本　787mm×1092mm　1/16　印张 19　字数 451 千字
版　　次　2011 年 2 月第 1 版　2013 年 1 月第 2 版
　　　　　2016 年 1 月第 3 次印刷
书　　号　ISBN 978-7-5603-3157-7
定　　价　34. 80 元

序

哈尔滨工业大学出版社策划的《应用型本科院校"十二五"规划教材》即将付梓,诚可贺也。

该系列教材卷帙浩繁,凡百余种,涉及众多学科门类,定位准确,内容新颖,体系完整,实用性强,突出实践能力培养。不仅便于教师教学和学生学习,而且满足就业市场对应用型人才的迫切需求。

应用型本科院校的人才培养目标是面对现代社会生产、建设、管理、服务等一线岗位,培养能直接从事实际工作、解决具体问题、维持工作有效运行的高等应用型人才。应用型本科与研究型本科和高职高专院校在人才培养上有着明显的区别,其培养的人才特征是:①就业导向与社会需求高度吻合;②扎实的理论基础和过硬的实践能力紧密结合;③具备良好的人文素质和科学技术素质;④富于面对职业应用的创新精神。因此,应用型本科院校只有着力培养"进入角色快、业务水平高、动手能力强、综合素质好"的人才,才能在激烈的就业市场竞争中站稳脚跟。

目前国内应用型本科院校所采用的教材往往只是对理论性较强的本科院校教材的简单删减,针对性、应用性不够突出,因材施教的目的难以达到。因此亟须既有一定的理论深度又注重实践能力培养的系列教材,以满足应用型本科院校教学目标、培养方向和办学特色的需要。

哈尔滨工业大学出版社出版的《应用型本科院校"十二五"规划教材》,在选题设计思路上认真贯彻教育部关于培养适应地方、区域经济和社会发展需要的"本科应用型高级专门人才"精神,根据黑龙江省委书记吉炳轩同志提出的关于加强应用型本科院校建设的意见,在应用型本科试点院校成功经验总结的基础上,特邀请黑龙江省9所知名的应用型本科院校的专家、学者联合编写。

本系列教材突出与办学定位、教学目标的一致性和适应性,既严格遵照学科体系的知识构成和教材编写的一般规律,又针对应用型本科人才培养目标及与之相适应的教学特点，精心设计写作体例，科学安排知识内容，围绕应用讲授理论，做到“基础知识够用、实践技能实用、专业理论管用”。同时注意适当融入新理论、新技术、新工艺、新成果，并且制作了与本书配套的PPT多媒体教学课件，形成立体化教材，供教师参考使用。

《应用型本科院校“十二五”规划教材》的编辑出版，是适应“科教兴国”战略对复合型、应用型人才的需求，是推动相对滞后的应用型本科院校教材建设的一种有益尝试，在应用型创新人才培养方面是一件具有开创意义的工作，为应用型人才的培养提供了及时、可靠、坚实的保证。

希望本系列教材在使用过程中，通过编者、作者和读者的共同努力，厚积薄发、推陈出新、细上加细、精益求精，不断丰富、不断完善、不断创新，力争成为同类教材中的精品。

黑龙江省教育厅厅长

第 2 版前言

近年来,学习 C 语言的人愈来愈多,有的人感到 C 语言难学,但是实践证明:只要有一种计算机高级语言的基础,再有本通俗易懂、便于自学的教材,加以学习得法,C 语言是不难学会的。本书就是为了帮助读者更好地进行程序设计实践而编写的,全书分为三部分。第一部分是“Turbo C 集成编译环境”。在这部分中详细介绍了目前多数用户广泛应用的 Turboc。第二部分是“C 语言上机实验”。在这部分里提出了上机实验的要求,介绍了程序调试和测试的初步知识,并且具体安排了 11 个实验,便于进行实验教学。第三部分和第四部分是“C 语言习题”和“习题答案”。应该说明,本书给出的程序并非是唯一正确的解答,对同一个题目可以编出多种程序,本书给出其中的一种,甚至不一定是最佳答案。对有些题目,书中给出了两种参考答案,供读者参考和比较,以启发思路。读者在使用本书时,千万不要照抄照搬,最好先不要看本书提供的参考解答,而由自己独立编写程序,独立上机调试和运行,最后可以把自己编写的程序和本书提供的参考解答进行比较,分析各自的优缺点,以便使学习更深入。其实本书只是提供了一种参考方案,读者完全可以编写出更好的程序。

由于篇幅和课时的限制,在教材和课堂讲授中只能介绍一些典型的例题,建议读者除了完成教师指定的习题和实验外,尽可能阅读本书介绍的全部程序,并上机运行本书提供的全部实验内容以及自己感兴趣的程序,以开阔思路,提高编程能力。

本书编者从事多年的“C 语言程序设计”教学,在教学过程中不仅积累了一些教学经验,而且也掌握了学生在学习过程中比较难以明了的或者是比较容易忽略的一些基本知识,而这些“小小”的忽略又会给他们以后的实际工作带来一些“不小”的麻烦。为了配合《C 语言程序设计》的教学,我们编写了这本上机指导与习题。

全书由邓春伟、张天春担任主编,王聃、王树芬、鲍庆鹏、韩大伟、姜涛、刘政宇担任副主编。

王聃编写第一部分、第二部分、第三部分的第 1 章和第四部分的第 1 章;王树芬编写第三部分的第 2、3、4 章,第四部分的第 2、3、4 章;鲍庆鹏编写第三部分的第 6、7 章,第四部分的的第 6、7 章;韩大伟编写第三部分的第 8、9 章,第四部分的第 8、9 章;邓春伟编写第三部分的第 5、10 章,第四部分的第 5、10 章,附录 1、2;姜涛、刘政宇负责全书的统稿和修订工作。

由于编者水平有限,书中难免出现疏漏或不妥之处,希望读者提出宝贵意见和建议。

编者

2012 年 12 月

目　　录

第一部分　C 集成编译环境

一、Turbo C 集成编译环境

Turbo C 集成编译环境是一个集程序编辑、编译、连接、调试为一体的 C 程序开发软件,它具有速度快、效率高、功能强、使用方便等优点。用户在这个集成环境下,可以利用内部的编辑器进行全屏幕编辑,利用窗口功能进行编译、连接、调试、运行、环境设置等工作。

如果你的计算机系统已经安装了 Turbo C 编译系统,则在 DOS 命令状态下键入命令

TC

或

TC filename

其中,filename 是用户需要进行编辑、编译、连接、运行的 C 程序的文件名。在前者情况下,该文件名可以在进入集成环境后再指定。

如果 Turbo C 编译系统不是安装在当前目录下,而是安装在其他目录下,并且该目录路径没有打通,则应在 TC 前面加上"路径",以指出 Turbo C 编译系统所在的位置。但这种情况一般很少出现。这是因为,DOS 系统启动时要执行一个自动批处理文件 AUTOEXEC。BAT,在该文件中一般都含有常用外部命令文件(TC 也属于外部命令)所在的目录路径打通的命令,因此,DOS 系统启动后,在任何目录下都可以很方便地使用外部命令,即在外部命令前不必再加上该外部命令文件所在的目录路径。

进入 Turbo C 集成环境后,首先在屏幕上显示 Turbo C 主菜单窗口,如图 1.1 所示。

由图 1 可以看出,在该菜单下,有 8 个菜单条目,即提供了 8 种选择。每一个条目的意义如下:

File:处理文件(包括装入、存盘、选择、建立、换名写盘),目录操作(包括列表、改变工作目录),退出系统及调用 DOS。

Edit:建立、编辑源文件。

Run:控制运行程序。如果程序已经编辑连接好,且 Debug/Source Debugging 以及 Option/Compiler/Code generation/OBJ Debug Information 开关置为"ON",则可以用此来初始化调试阶段。

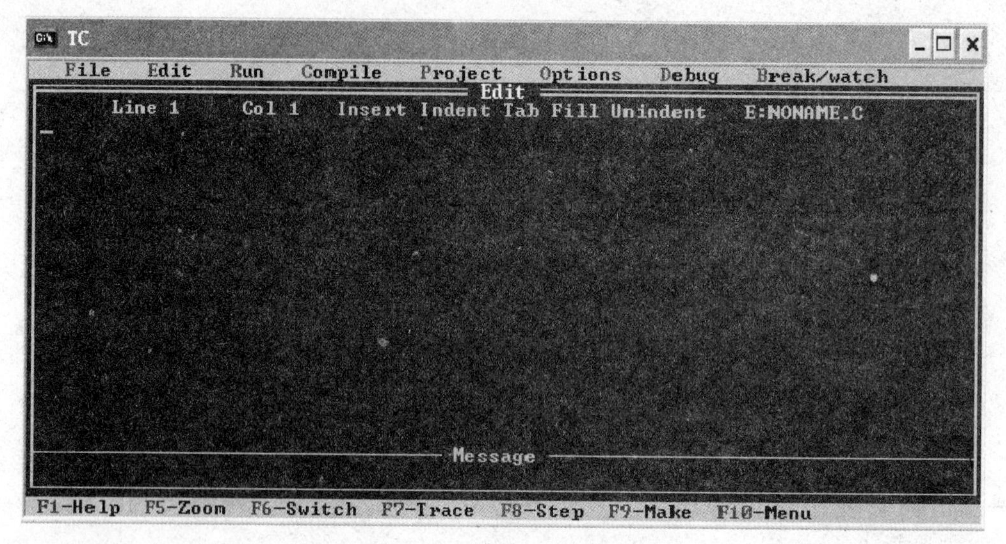

图 1

Compile:编译并生成目标程序与可执行文件。

Project:允许说明程序中包含哪些文件的管理条目(Project)。

Options:可以选择集成环境任选项(如存储模式、编译时的任选项、诊断及连接任选项)及定义宏;也可以记录 Include、Output 及 Library 文件目录,保存编译任选项和从配置文件加载任选。

Debug:检查、改变变量的值,查找函数程序运行时查看调用栈。选择程序编译时是否在执行代码中插入的调试信息。

Break/Watch:增加、删除、编辑监视表达式及设置、清除、执行至断点。

特别要指出的是,除了 Edit 项外,每一个菜单项应对应一个子菜单。而选择 Edit 项目后,只是进入编辑器。

为了从主菜单中选择所需要的功能,可以用以下两种方式之一:

(1)按"F10"键后,可以看到屏幕上部主菜单中的某个条目处出现亮块,此时,利用左、右光标移动键("←"与"→")将此亮块移到所要选择的条目位置处,然后按"ENTER"键(回车键),即出现相应的子菜单。

(2)直接按"ALT"+主菜单条目中的首字母(分别为 F,E,R,C,P,O,D,B),此时就会出现相应的子菜单。例如,按"ALT+F"表示选择文件子菜单(File)。

当出现子菜单时,其中某个条目是高亮度的,此时可以利用上、下光标移动键("↑"与"↓")来移动该高亮度线,从而选择所需要的功能。

在主菜单或通过主菜单调用的任意一个子菜单中,按"ESC"键后将直接返回到活动窗口。

下面简要介绍各子菜单的功能。

1. File 子菜单

当选中 File 子菜单后,在"FILE"下方将出现一个子窗口,如图 2 所示。在每个子窗口中,有的条目右边还标出了实现该功能的热键。所谓"热键",是指为执行菜单中某一固定功能而设置的键。通过热键来实现某种功能,一般要比通过菜单选择更简单直接,但要求用户熟记这些热键。例如,为了选择“文件子菜单(File)”,除了通过主菜单选择以外,还可以直接用热键“ALT+F”来选择。

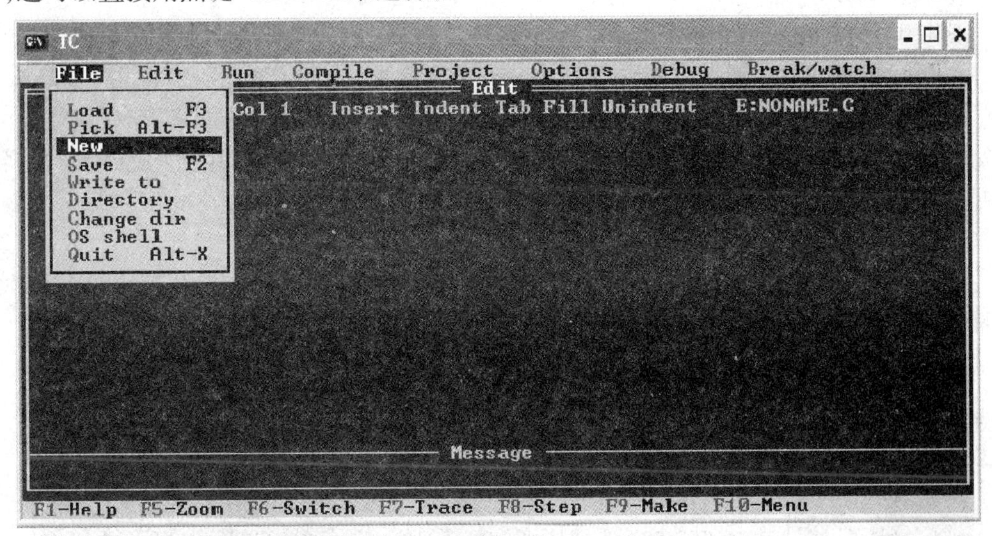

图 2

下面简要说明各项的功能。

(1) Load(加载)。

装入一个文件。当给定的文件名中有文件名通配符(“ * ”或“?”)时,将进行列表选择。

(2) Pick(选择)。

将最近装入编辑窗口的 8 个文件列成表,供用户选择,选择后又装入编辑器,光标置于上次修改过的地方。若选了“…LOAD FILE…”,屏幕上将出现“LOAD FILE NAME”提示框。

(3) New(新文件)。

说明文件是新的,装入编辑器的缺省文件名为 NONAME. C。

(4) Save(存盘)。

将编辑器中的内容存盘。例如,文件名为 NONAME. C,若要存盘,编辑器会询问是否要改名。

(5) Write to(存盘)。

把编辑器中的内容写入指定的文件中。若该文件已经存在,则导致重写。

(6) Directory。

显示目录与所需文件列表(若按“ENTER”键,则选择当前文件)。热键“F4”改变匹配符,选择文件名后,将该文件装入编辑器。

(7) Change dir(改变驱动器)。

显示当前工作目录,改变当前驱动器与目录。

(8) OS Shell(暂时退出)。

暂时退出 Turbo C,转到 DOS 状态。在 DOS 状态下用"Exit"命令又可返回 Turbo C。此功能对于在想运行 DOS 命令但又不想退出 Turbo C 时非常有用。

(9)Quit(退出)。

退出 Turbo C,返回到 DOS 状态。

2. Edit 命令

调用内部编辑器。在编辑器中按"F10"键可返回主菜单(或用"ALT"加所需主菜单命令的首字母),但此时编辑器中的内容仍保持在屏幕上。在主菜单中按"ESC"或"E"键即可回到编辑器(也可按"ALT+E"键,且在任何时候都起作用)。

3. Run 子菜单

当选中 Run 子菜单后,在 Run 下方将出现一个子窗口,如图 3 所示,其中也列出了对应的热键。

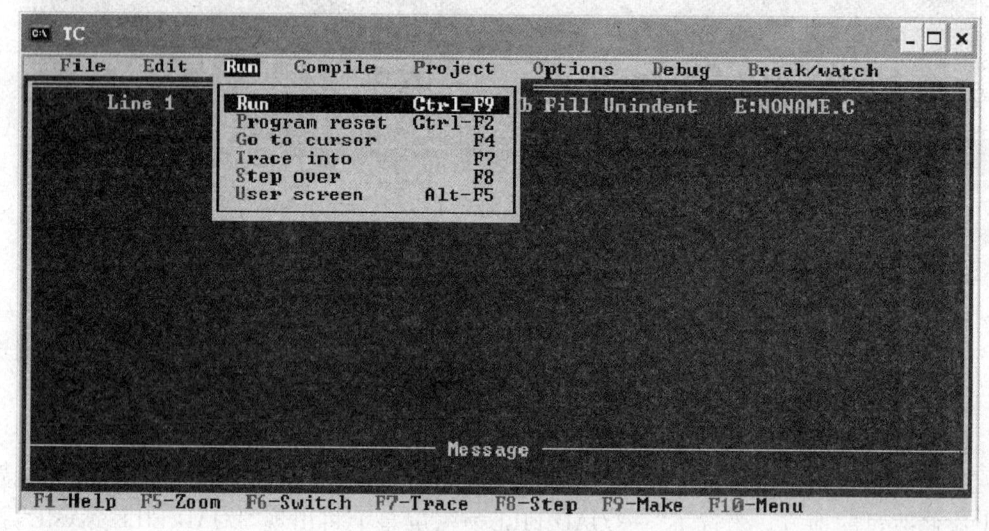

图 3

下面简要说明各项的功能:

(1)Run(运行)。

运行当前程序。

(2)Program reset(程序重启动)。

终止当前调试,释放分配给程序的空间,关闭已打开的文件。

(3)Go to cursor(执行到)。

使程序从执行当条语句运行到编辑窗口中光标所在行。若光标所在行不含可执行代码语句,则显示一个 ESC 框作警告。

(4)Trace into(跟踪进入)。

运行当前函数中的下一个语句。若此语句不含调试器可访问的函数调用,则停在下一条可执行语句上;但若此语句含有调试器可访问的函数调用,则停在函数定义的开始。

(5)Step over(单步执行)。

执行当前函数的下一语句,即使遇到调试语句可访问的函数调用,也不会跟踪进入下一级函数中。

(6) User screen(用户屏幕)。

切换到用户屏幕。

4. Compile **子菜单**

当选中 Compile 子菜单后,在“Compile”下方将出现一个子窗口,如图 4 所示。

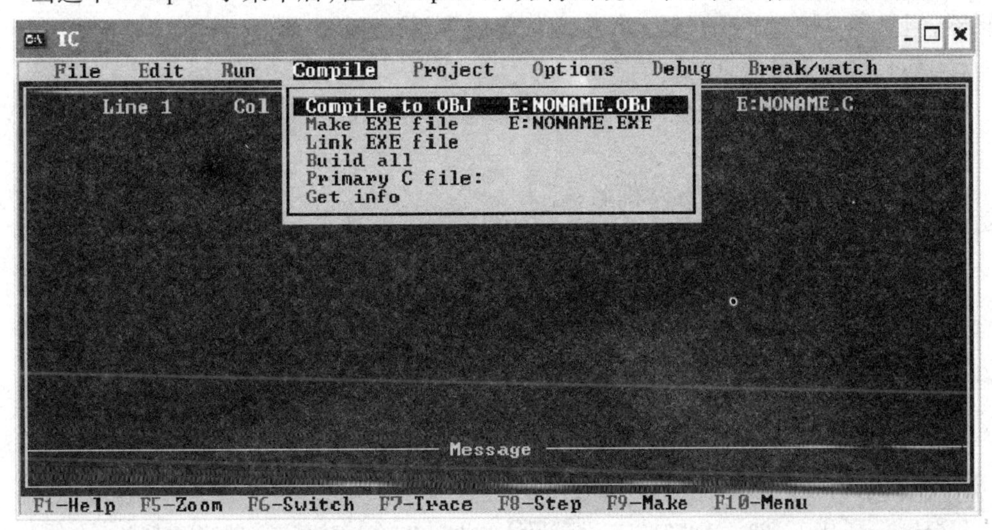

图 4

下面简要说明各项的功能:

(1) Compile to obj(编译生成目标码)。

本命令将一个. C 源文件编译成. OBJ 文件,同时显示生成的文件名。. OBJ 文件由源. C文件名产生;或在没有指定文件名时,由上次装入编辑器的文件名产生。Turbo C 在编译时弹出一个窗口,用于显示编译结果。在编译/组装(MAKE)完后,按任一键将清除编译窗口。此时若发现有错误,则转到消息窗口的第一个错误处(有亮度标志)。本命令的热键为“ALT+F9”。

(2) Make EXE file(生成执行文件)。

本命令调用来生成. EXE 文件,并显示所生成的. EXE 文件名。. EXE 文件名是依次由下列文件名产生的:Project/Project Name 说明的文件名,或 Project C File 说明的文件名,或上次装入窗口的文件名。本命令的热键为“F9”。

(3) Link EXE file(连接执行文件)。

把当前文件与库文件(既可以是缺省的,也可以是定义在当前项目文件中的)连接在一起,生成. EXE 文件。

(4) Build all(建立所有文件)。

重建项目中的所有文件。本命令类似 Compile/make EXE File,只是它是无条件执行的,而 Compile/make EXE File 只重建那些非过时的文件。本命令首先将所有 Project 文件中的. OBJ 的日期与时间置为 0,然后再组装(Make)。这样,若用户因“Ctrl+Break”键中断了 Build all 命令,只要用 Compile/make EXE File 即可恢复。

(5)Primary C file(主 C 文件)。

当编译多个.H 头文件单个.C 文件时,Primary C File 命令是很有用的(但并非是必要的)。若在编译过程中发现错误,包含错误的文件(.C 或.H)将被自动装入编辑器,可对其修改。但必须注意,.H 文件只有在已将 Option/Environment/Message Tracking 缺省设置改为 All file 时才能自动装入,而原缺省设置不会自动加载.H 文件。即使.C 文件不在编辑器,但只要一按“Alt+F9”键,.C 主文件即被重新编译。

(6)Get info(获得信息)。

Compile/Get info 开辟一窗口,给出如下信息:

源文件;

与当前文件相联系的目标文件名;

当前源文件名;

当前源文件字节数;

程序错误、警告数目;

可用空间。

5. Project **子菜单**

当选中 Project 子菜单后,在“Project”下方将出现一个子窗口,如图 5 所示。

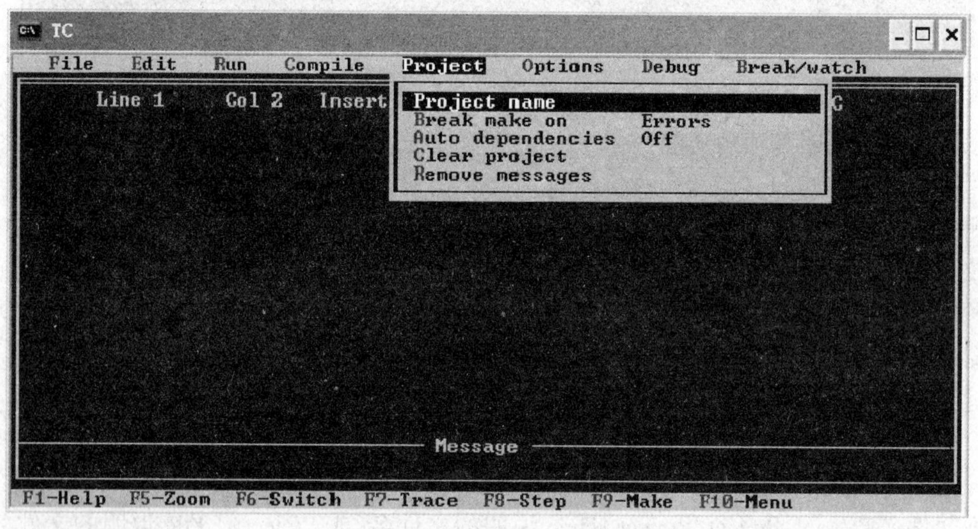

图 5

下面简要说明各项功能:

(1)Project name。

选择一个包含将要编译连接的文件名的 Project 文件,项目名也将是以后要建立的.EXE或.MAP 文件名。典型的项目文件具有.PRJ 的扩展名。

(2)Break make on。

提供用户说明终止 Make 的缺省条件,如警告(Warnings)、错误(Errors)、致命错误(Fatal Error)。

(3)Auto dependencies(自动依赖)。

这是一个开关。当置为"on"为时,项目组装(Project-Make)自动检查每个项目表中在磁盘上有相应.C 文件的那些 .OBJ 文件的源文件的日期/时间信息与.OBJ 文件的依赖关系。所谓自动依赖关系检查是指,项目组装打开.OBJ 文件,寻找包含在源代码的那些文件的有关信息。这种信息总是在编译源模块时即被 TC 或 TCC 放进.OBJ 文件。此时,把每个组成.OBJ 文件的日期/时间信息与.OBJ 中的进行比较,若不同,则重新编译.C 源文件。若 Auto dependencies 开关置为"Off",则不进行这种检查。

(4)Clear project(清除项目)。

改命令清除项目文件名,重置消息窗口(Message Window)。

(5)Remove message(删除信息)。

该命令把错误信息从消息窗口中清除掉。

6. Option **子菜单**

当选中 Option 子菜单后,在"Option"下方将出现一个子窗口,如图 6 所示。

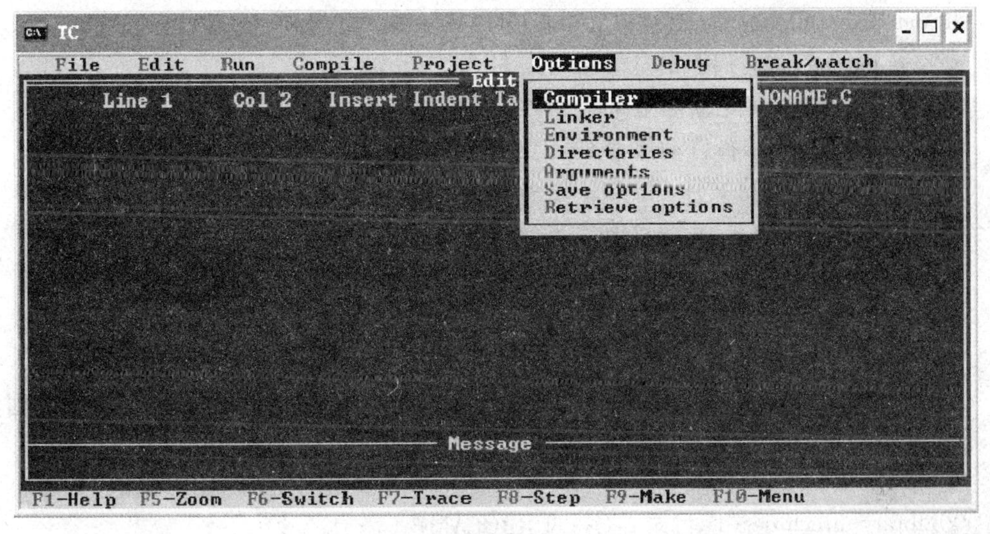

图 6

下面简要说明各项功能:

(1)Compile(编译器)。

本命令将产生一个子菜单,为用户提供说明硬件配置、存储模式、调试技术、代码优化、诊断消息控制以及宏定义等。各菜单条目如下:

①Model:选择存储模型。

②Define:打开一个宏定义框。

③Code generation:代码生成。

④Optimization:优化用户代码。

⑤Source:处理源代码。

⑥Errors:处理和响应诊断信息。

⑦Names:改变代码、数据等。

其中每一个条目又对应一个子菜单,供用户选择各种功能。详细介绍请参看 Turbo C

的用户手册。

(2)Linker(连接器)。

本命令将产生有关连接器的设置。它包括以下内容:

①Map file:选择映射文件的类型 On/Off,缺省值为 Off。

②Initialize segments:段初始化 On/Off,缺省值为 Off。

③Default libraries:缺省库 On/Off,缺省值为 On。

④Graphics library:图形库 On/Off,缺省值为 On。

⑤Warn duplicate symbals:警告重复字符 On/Off,缺省值为 On。

⑥Stack warning:堆栈警告 On/Off,缺省值为 On。

⑦Case-sensitive link:大小写区别连接 On/Off,缺省值为 On。

(3)Environment:环境设置。

本命令将产生编译环境的设置。它包括以下内容:

①Message tracking:消息跟踪 Current File/All Files/Off,缺省值为 Current File。

②Keeping message:保存消息 Yes/No, 缺省值为 No。

③Config auto save:配置自动保存 On/Off, 缺省值为 On。

④Edit auto save:编辑自动保存 On/Off, 缺省值为 Off。

⑤Backup files:备份文件 On/Off, 缺省值为 On。

⑥Tab size:制表健大小,缺省值为 8。

⑦Zoomed window:放大窗口 On/Off, 缺省值为 Off。

⑧Screen size:选择屏幕显示行数。

(4)Directories(目录)。

本命令告诉 Turbo C 到哪里去寻找编译连接所需的文件,生成的可执行文件放到何处,在哪里查找配置文件。具体内容如下:

①Include directories(包含目录):C:\TURBOC\INCLUDE;C:\TURBOC\IN。

②Library directories(库目录):C:\TURBOC\LIB。

③Output directory(输出目录)。

④Turbo C directory(Turbo C 目录)。

⑤Pick file name(Pick 文件名)。

⑥Current pick file(当前 Pick 文件)。

(5)Argument(参数)。

本设置允许用户给出运行程序命令行。

(6)Save option(保存任意项)。

将选择的编辑器、连接器环境、调试和 Project 任选项保存到一个配置文件中(缺省文件名为 TCCONFIG. TC)。启动时,Turbo C 再到 TURBOC 目录中去寻找同样的文件。

(7)Retrieve option(恢复任选项)。

加载以前用 Option/Save options 命令保存的配置文件。

7. Debug **子菜单**

当选中 Debug 子菜单后,在"Debug"下方将出现一个子窗口,如图 7 所示。

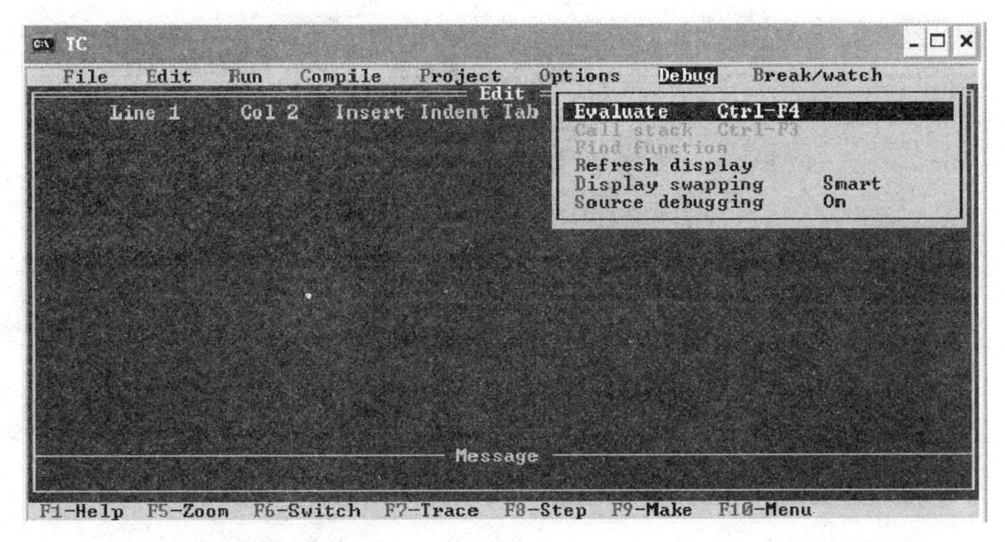

图 7

下面简要说明各项功能：

(1)Evaluate(计算)。

计算变量或表达式值，并显示其结果。

(2)Call stack(调用栈)。

本命令显示一个调用栈的弹出窗口。调用栈显示程序运行到正在运行的函数时调用的函数序列。其中主函数 main 在栈底，正在运行的函数在栈顶。调用函数的每一项显示了函数名及传递给它的参数值。

(3)Find function(查找函数定义)。

显示编辑窗口每一函数的定义。只有在调试阶段才能使用本命令。

(4)Rfresh display(刷新显示器)。

若编辑屏幕被重写，使用本命令可以恢复当前屏幕的内容。

(5)Display swapping(显示转换)。

本命令提供 3 种选择：On(缺省)、Always 和 None。

(6)Sourse debugging(源代码调试)。

本命令提供 3 种选择 On(缺省)、Standalone 和 None。

8. Break/Watch **子菜单**

当选中 Break/Watch 子菜单后，在“Break/Watch”下方将出现一个子窗口，如图 8 所示。使用本命令可以控制断点和监视表达式。

下面简要说明各项的功能：

(1)Add watch(增加监视表达式)。

向监视窗口插入一个监视表达式。

(2)Delete watch(删除监视表达式)。

从监视窗口中删除当前监视表达式。

(3)Edit watch(编辑监视表达式)。

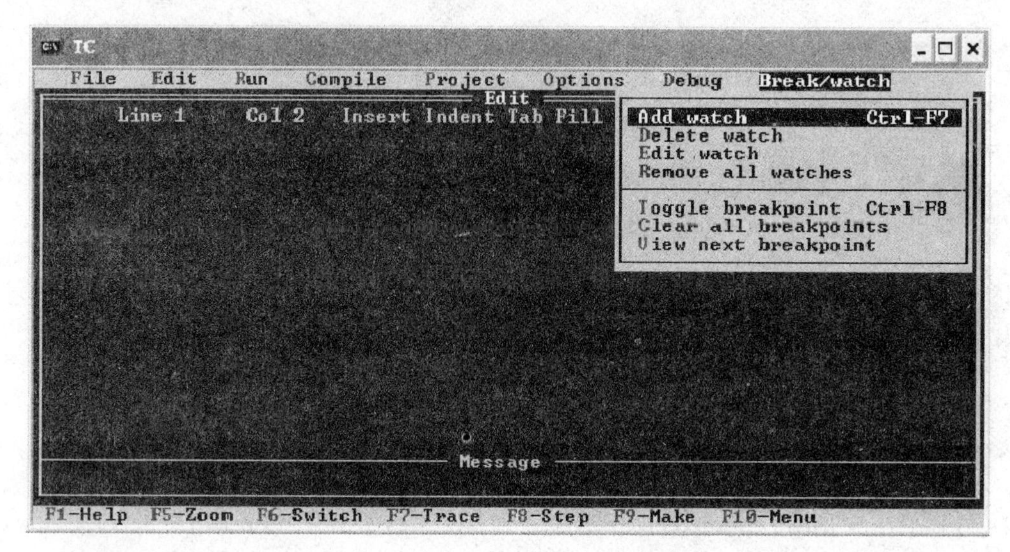

图 8

选择本命令后，调试器弹出一个含有当前监视表达式拷贝的窗口。

(4) Remove all watch(删除所有监视表达式)。

将所有监视表达式从监视窗口中删除。

(5) Toggle breakpoint(打开或关闭断点)。

设置或除去光标所在断点。

(6) Clear all breakpoint(清除所有断点)。

从程序中删除所有断点。

(7) View next breakpoint(显示下一个断点)。

将光标移到程序中的下一个断点。

二、Visual C++实验环境介绍

(一) Visual C++简介

Visual C++是 Microsoft 公司的 Visual Studio 开发工具箱中的一个 C++程序开发包。Visual Studio 提供了一整套开发 Internet 和 Windows 应用程序的工具，包括 VisualC++，Visual Basic，Visual Foxpro，Visual InterDev，Visual J++以及其他辅助工具，如代码管理工具 Visual SourceSafe 和联机帮助系统 MSDN。Visual C++包中除了包括 C++编译器外，还包括所有的库、例子和为创建 Windows 应用程序所需要的文档。

从最早期的 1.0 版本，发展到最新的 6.0 版本，Visual C++已经有了很大的变化，在界面、功能、库支持方面都有许多的增强。最新的 6.0 版本在编译器、MFC 类库、编辑器以及联机帮助系统等方面都比以前的版本有了较大改进。

Visual C++一般分为 3 个版本：学习版、专业版和企业版，不同的版本适合于不同类型的应用开发。实验中可以使用这 3 个版本的任意一种。

1. Visual C++集成开发环境

集成开发环境(IDE)是一个将程序编辑器、编译器、调试工具和其他建立应用程序的

工具集成在一起的用于开发应用程序的软件系统。Visual C++软件包中的 Developer Studio 就是一个集成开发环境,它集成了各种开发工具和 VC 编译器。程序员可以在不离开该环境的情况下编辑、编译、调试和运行一个应用程序。IDE 中还提供大量在线帮助信息协助程序员做好开发工作。Developer Studio 中除了程序编辑器、资源编辑器、编译器、调试器外,还有各种工具和向导(如 AppWizard 和 ClassWizard)以及 MFC 类库,这些都可以帮助程序员快速、正确地开发出应用程序。

2. 向导(Wizard)

向导是一个通过一步步的帮助引导用户工作的工具。Developer Studio 中包含 3 个向导,用来帮助程序员开发简单的 Windows 程序。

(1)AppWizard。AppWizard 用来创建一个 Windows 程序的基本框架结构。AppWizard 向导会一步步向程序员提出问题,询问他所创建的项目的特征,然后 AppWizard 会根据这些特征自动生成一个可以执行的程序框架,程序员然后可以在这个框架下进一步填充内容。AppWizard 支持 3 类程序:基于视图/文档结构的单文档应用、基于视图/文档结构的多文档应用程序和基于对话框的应用程序。也可以利用 AppWizard 生成最简单的控制台应用程序(类似于 DOS 下用字符输入输出的程序)。

(2)ClassWizard。ClassWizard 用来定义 AppWizard 所创建的程序中的类。可以利用 ClassWizard 在项目中增加类、为类增加处理消息的函数等。ClassWizard 也可以管理包含在对话框中的控件,它可以将 MFC 对象或者类的成员变量与对话框中的控件联系起来。

(3)ActiveX Control Wizard。ActiveX Control Wizard 用于创建一个 ActiveX 控件的基本框架结构。ActiveX 控件是用户自定义的控件,它支持一系列定义的接口,可以作为一个可再利用的组件。

3. MFC 库

库(Library)是可以重复使用的源代码和目标代码的集合。MFC(Microsoft Fundamental Casses)是 Visual C++开发环境所带的类库,在该类库中提供了大量的类,可以帮助开发人员快速建立应用程序。这些类可以提供程序框架、进行文件和数据库操作、建立网络连接、进行绘图和打印等各种通用的应用程序操作。使用 MFC 库开发应用程序可以减少很多工作量。

(二)项目开发过程

在一个集成的开发环境中开发项目非常容易。一个用 C++开发的项目的通用开发过程可以用图 9 表示。

建立一个项目的第一步是利用编辑器建立程序代码文件,包括头文件、代码文件、资源文件等。然后,启动编译程序,编译程序首先调用预处理程序处理程序中的预处理命令(如#include,#define 等),经过预处理程序处理的代码将作为编译程序的输入。编译对用户程序进行词法和语法分析,建立目标文件,文件中包括机器代码、连接指令、外部引用以及从该源文件中产生的函数和数据名。此后,连接程序将所有的目标代码和用到的静态连接库的代码连接起来,为所有的外部变量和函数找到其提供地点,最后产生一个可执行文件。一般有一个 makefile 文件来协调各个部分产生可执行文件。

可执行文件分为两种版本:Debug 和 Release。Debug 版本用于程序的开发过程,该版本产生的可执行程序带有大量的调试信息,可以供调试程序使用,而 Release 版本作为最终的发行版本,没有调试信息,并且带有某种形式的优化。学员在上机实习过程中可以采用 Debug 版本,这样便于调试。

选择是产生 Debug 版本还是 Release 版本的方法是:在"Developer Studio"中选择菜单"Build"→"Set Active Configuration",在弹出的对话框中选择所要的类型,然后选择 OK 关闭对话框。Visual C++ 集成开发环境中集成了编辑器、编译器、连接器以及调试程序,覆盖了的开发应用程序的整个过程,程序员不需要脱离这个开发环境就可以开发出完整的应用程序。

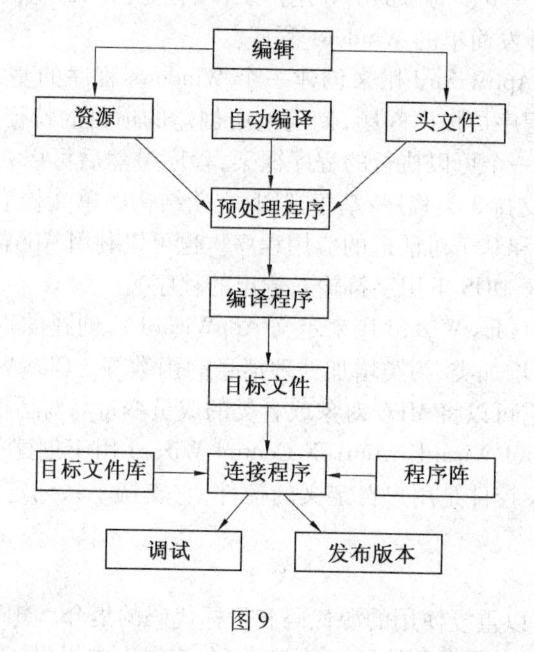

图 9

(三)集成开发环境

1. 进入 Developer Studio

如果你使用的是 Visual C++ 6.0,则要进入 Developer Studio,需要单击任务栏中"开始"后选择"程序",找到 Microsoft Visual Studio 6.0 文件夹后,单击其中的 Microsoft Visual C++6.0 图标,则可以启动 Developer Studio。

如果你使用的是 Visual C++ 5.0,则要进入 Developer Studio,需要单击任务栏中"开始"后选择"程序",找到 Microsoft Visual C++ 5.0 文件夹后,单击其中的 Microsoft Visual C ++5.0 图标,则可以启动 Developer Studio。

2. Developer Studio 的界面

Developer Studio 用户界面是一个由窗口、工具条、菜单、工具及其他部分组成的一个集成界面。通过这个界面,用户可以在同一环境下创建、测试、调试应用程序。

VC5 和 VC6 的 Developer Studio 的初始化界面有一些小的差异,VC5 的界面如图 10 所示。

(1)工具条和菜单,用于提供用户操作的命令接口。菜单以文字和层次化的方式提

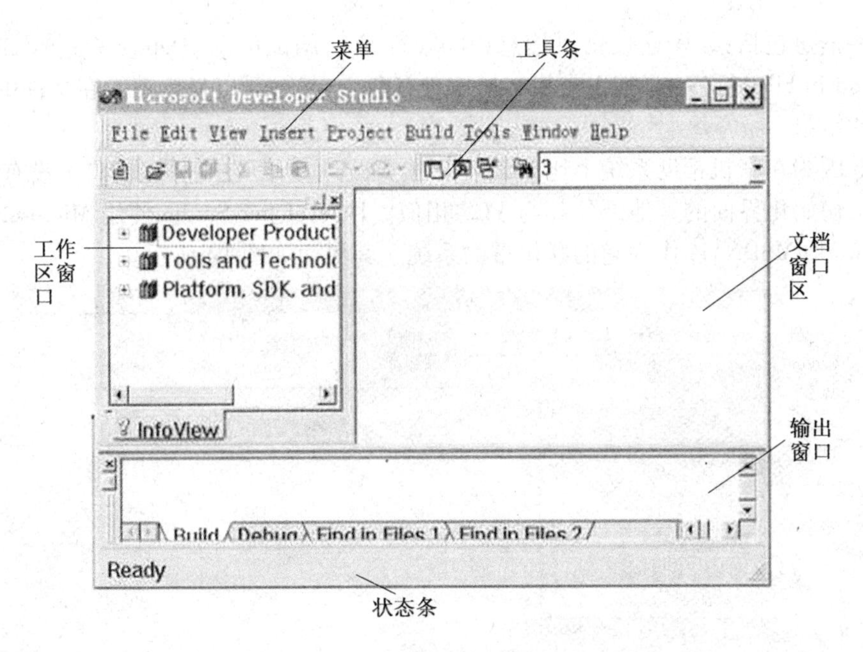

图 10

供命令接口,工具条由一系列按钮组成。这些按钮用一系列小的位图标志。工具条以图标方式提供快速的命令选择。菜单和工具条在开发的不同进程有不同显示内容。当第一次打开 Developer Studio 时,标准的工具条和菜单就会显示出来,随着开发的不同步骤,不同的工具条就会自动显示出来,菜单也会有所变化。工具条有很多种,你可以显示任意多的工具条,只要屏幕空间允许。工具条可以任意移动,也可以放大缩小。工具条和菜单条功能基本相同,唯一的区别是:菜单条总占据一行,并且一般不能隐藏。

(2)工作区窗口包含关于正在开发的这个项目的有关信息。在没有开发任何项目时,该窗口显示系统的帮助目录。当打开一个项目以后,工作区窗口将会显示关于当前项目的文件信息和类的信息。图 11 所示是打开一个项目 hello 以后的工作区窗口(假设该项目由两个文件 cpp1. cpp, cpp2. cpp 组成)。

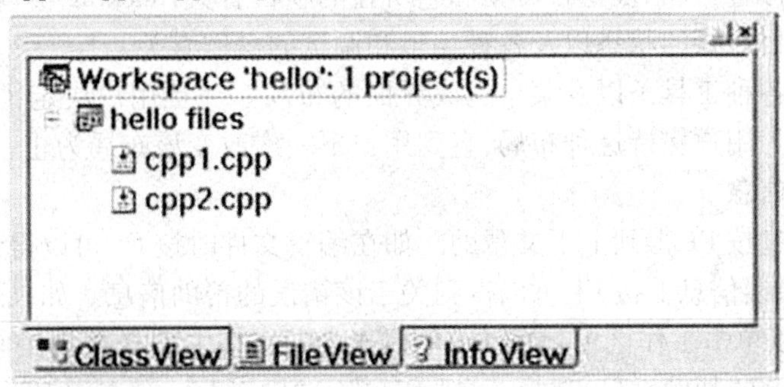

图 11

(3)文档窗口区可以显示各种类型的文档,如源代码文件、头文件、资源文件等,可以同时打开多个文档。

(4)输出窗口,输出窗口用来显示几种信息,可以通过选择不同的标签显示不同的信息。这些信息包括:编译连接结果信息(Build 标签)、调试信息(Debug 标签)、查找结果信息(Find in Files 标签)。其中查找结果信息有两个标签,可以显示两次在文件中查找指定内容的结果。

VC6 因为在联机帮助系统上比 VC5 作了很大改进,所以在工作区窗口中没有 VC5 的 InfoView,初始化界面的其他部分都与 VC5 相似。Deleveloper Studio 使用 Microsoft Developer Network(MSDN)库作为它的联机帮助系统。其界面如图 12 所示。

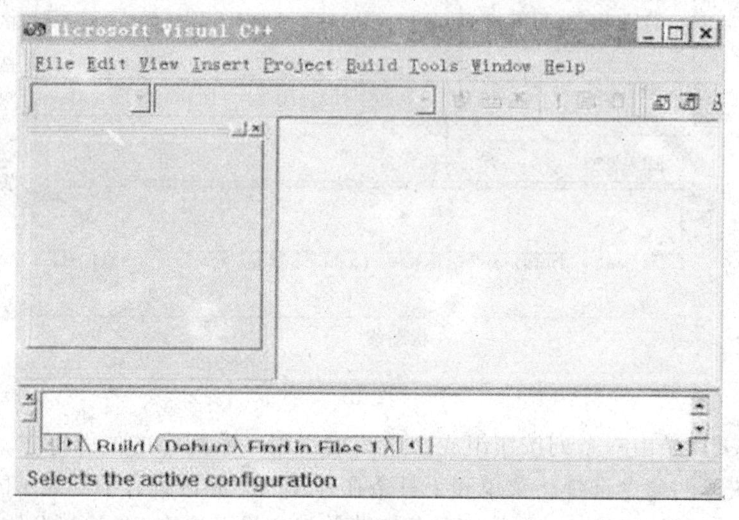

图 12

总的来说,窗口和命令接口(包括工具条和菜单条)是构成界面的最主要组成部分。通常有两种窗口:文档窗口和可附着(docking)窗口。文档窗口显示在文档窗口区,用于显示和编辑文档,其大小和位置可以随其所处的 Developer Studio 窗口的改变而改变,可以最大化和最小化。可附着窗口可以附着于应用程序窗口的边界,也可以浮在屏幕上的任何位置。可附着窗口有:工作区(workspace)窗口、输出(output)窗口、调试窗口(包括 variable, watch, local 等窗口)。

文档窗口的位置、大小及是否可见和它所在的项目有关,docking 窗口的位置、大小及是否可见则与项目进行的状态以及各种编辑和调试的操作有关。

各种窗口和各种工具条以及菜单构成界面的布局。一旦用户决定了一种界面布局,系统就会为一直为用户保持这种布局,直到用户下一次改变该布局为止。

3. 获得帮助信息

通常可以通过按 F1 得到上下文帮助。如在编辑文件时按 F1 可以得到有关编辑的帮助,在编译连接错误信息上按 F1 可以得到关于该错误的帮助信息。如果想系统地获得帮助,在 VC5 中可以单击工作区窗口的 InfoView 标签,从其中选择要想了解的内容。要想查找关于某个话题的帮助,可以选择菜单“Help”→“Search”,在查询对话框中进行查找。在 VC6 中,可以通过选择菜单“Help”→“Contents”来启动 MSDN 查阅器,MSDN 查阅器是一个功能强大的程序,可以方便浏览、查找信息,要想知道具体如何使用 MSDN 查阅器,可以在 MSDN 查阅器中选菜单 Help 下的命令。

4. Visual C++的编辑器

Developer Studio 包含一个功能强大的编辑器,可以编辑将被编译成 Windows 程序的 Visual C++源文件。这个编辑器有点像字处理器,但是没有字处理器具备的复杂的排版、文本格式等功能,它注重的是如何帮助程序员快速高效地编制程序。它具有以下特点:

(1)自动语法。用高亮度和不同颜色的字来显示不同的语法成分,如注释、关键字和一般代码用不同的颜色显示自动缩进。帮助你排列源代码,使其可读性更强。

(2)参数帮助。在编辑时用到预定义的 windows 函数时,可以自动为用户显示函数参数。

(3)集成的关键字帮助。能够使用户快速得到任何关键字、MFC 类或 Windows 函数的帮助信息(按 F1 即可)。

(4)拖放编辑。能够用鼠标选择文本并自由拖动到任意位置.

(5)自动错误定位。能自动将光标移动到有编译错误的源代码处。

(6)当你打开一个源代码文件时,就可以利用编辑器对其进行编辑。源代码文件在文档显示区显示,每个文件有独立的显示窗口。如果选择用其他编辑器编辑源文件,必须将它以纯文本的方式保存。VC 的编译器不能处理其中有特别格式字符的文件。

(四)常用功能健及其意义

为了使程序员能够方便快捷地完成程序开发,开发环境提供了大量快捷方式来简化一些常用操作的步骤。键盘操作直接、简单,而且非常方便,因而程序员非常喜欢采用键盘命令来控制操作。下面是一些最常用的功能键,希望读者在实验中逐步掌握。

表 1

操作类型	功能键	对应菜单	含义
文件操作	Ctrl+N	File|New	创建新的文件、项目等
	Ctrl+O	File|Open	打开项目、文件等
	Ctrl+S	File|Save	保存当前文件
编辑操作	Ctrl+X	Edit|Cut	剪切
	Ctrl+C	Edit|Copy	复制
	Ctrl+V	Edit|Paste	粘贴
	Ctrl+Z	Edit|Undo	撤销上一个操作
	Ctrl+Y	Edit|Redo	重复上一个操作
	Ctrl+A	Edit|Select All	全选
	Del	Edit|Del	删除光标后面的一个字符
建立程序操作	Ctrl+F7	Build| Compiler current file	编译当前源文件
	Ctrl+F5	Build|Run exe	运行当前项目
	F7	Build|Build exe	建立可执行程序
	F5	Build|Start Debugging	启动调试程序

续表 1

操作类型	功能键	对应菜单	含义
调试	F5	Debug|Go	继续运行
	F11	Debug|Step into	进入函数体内部
	shift+F11	Debug|Step out	从函数体内部运行出来
	F10	Debug|Step over	执行一行语句
	F9		设置/清除断点
	Ctrl+F10	Debug|Run to cursor	运行到光标所在位置
	shift+F9	Debug|QuickWatch	快速查看变量或表达式的值
	Shift + F5	Debug|Stop debugging	停止调试

第二部分　C 语言上机实验

实验一　熟悉 C 语言运行环境

（预备实验）

一、实验目的与要求

(1)学会 Turbo C 2.0 的安装方法(参看本书第一部分),熟悉 C 语言程序的运行环境,了解所用计算机系统软、硬配置。

(2)初步了解在该集成环境下如何编辑、编译、连接和运行一个 C 程序,即运行一个 C 程序的全过程。

(3)通过运行简单的 C 程序,初步了解 C 程序的基本结构及特性。

二、实验内容和步骤

(1)从开机开始进行操作,熟悉一些常用的 DOS 命令,包括如何建立子目录、文件拷贝、删除文件等。

(2)建立自己的子目录,以备存放文件。

(3)进入 Turbo C 集成环境,熟悉 Turbo C 主菜单下各选择项的功能及功能键的使用。

(4)输入一个简单 C 程序(可用教材上的例题),了解 C 程序运行的全过程。

(5)用 printf 语句编写字符串。将 3 个字符串:good morning, floppy disk, hard disk 在同一行显示的程序。

例如:

```
main( )
{ printf ("good morning"); /* 显示不换行 */
  printf ("floppy disk");
  printf ("hard disk \n");
}
```

运行结果:good morning floppy disk hard disk

(6)把上面的程序改为每行显示一个字串,修改程序并运行。

(7)编写一程序,用键盘输入语句及输入3个数,然后分别求它们的和、积及余。

实验二　数据描述与基本操作

一、实验目的与要求

(1)进一步掌握运行一个C语言程序的方法和步骤。

(2)分清C语言的符号、标识符、保留字的区别。

(3)掌握C语言的数据类型,会定义整型、实型、字符型变量以及对它们的赋值方法。

(4)学会数据输入方式和数据输出格式及各种格式转意符。

(5)学会使用C语言的运算符以及用这些运算符组成的表达式,特别是自加(++)和自减(--)运算符的使用。

二、实验内容和步骤

(1)输入并运行下列程序,分析其运行结果。

```
main()
{ char c1,c2;
  c1=46;c2=47;
  printf("%3c%3c", c1,c2);
  printf("%3d%3d", c1,c2);
}
```

将程序第二行改为:int c1,c2;再运行,分析其结果。

注:实际本例体现出C语言的一种特性(灵活),整型变量与字符型变量可以相互转换。

(2)输入并运行下列程序。

```
main()
{ int a,b;
  float c,d;
  long e,f;
  unsigned int u,v;
  char c1,c2;
  scanf("%d,%d",&a,&b);
  scanf("%f,%f", &c,&d);
  scanf("%ld,%ld",&e,&f);
  scanf("%o,%o",&u,&v);
  scanf("%c,%c", &c1,&c2);
  printf("\n");
```

```
    printf("a=%4d,b=%4d\n",a,b);
    printf("c=%8.2f,d=%8.2f\n",c,d);
    printf("e=%16ld,f=%16ld\n",e,f);
    printf("u=%o,v=%o\n",u,v);
    printf("c1=%c,c2=%c\n",c1,c2);
}
```

运行以上程序,分析结果,特别注意输出 c1,c2 的值是什么?什么原因?

(1)将输入 e 和 f、u 和 v 的语句分别改为:

```
scanf("%d,%d",&e,&f);
scanf("%d,%d",&u,&v);
```

运行并分析结果。

(2)将程序的第一行加命令行:

```
#include <math.h>
```

运行并分析结果。

(3)编写一个程序,求表达式 x-z%2*(x+y)%2/2 的值。设 x=8.5 ,y=2.5 ,z=4。

(4)先分析下列程序的结果,然后再上机运行,看结果是否一致。

```
main()
{ int x,y,z;
  x=y=z=3;
  y=x++ -1; printf("%4d%4d",x,y);
  y=++x - 1; printf("%4d%4d",x,y);
  y=z - -+1; printf("%4d%4d",z,y);
  y= - -z+1; printf("%4d%4d",z,y);
}
```

注:自增自减运算符,先赋值后自增(自减)和先自增(自减)后赋值。

*(5)编写一个程序,将输入的小写字母改写成大写字母并输出。提示:可采用 getchar( )函数输入字符,并利用 for( )循环语句。当然也可用其他方法,只要能实现其功能即可。

下面给出一个语句段,学生补充一个完整的程序后,上机进行调试。

```
for(i=1;i<=10;i++)
{ c1=getchar( );
  c2=c1-32;
  printf("string %c\n",c2);
}
```

实验三　程序的分支

一、实验目的及要求

(1)熟悉关系表达式和逻辑表达式的使用。

(2)掌握 break 和 continue 语句的使用,以及它们之间的区别。

(3)熟悉掌握 if 语句和 switch 语句的应用。

二、实验内容和步骤

(1)三个整数 a,b,c,由键盘输入这 3 个数,求 3 个数中最大的值。

```
main()
{ int a,b,c;
  printf("input a,b,c:");
  scanf("%d;%d;%d",&a,&b,&c);
  if(a<b)
     if(b<c)
        printf("max=%d\n",c);
     else
        printf("max=%d\n",b);
  else if(a<c)
     printf("max=%d\n",c);
     else
      printf("max=%d\n",a);
}
```

运行下列程序,分析 if 和 else 是哪两个相互“配对”。在书写程序时,分出层次,这样有利于程序的可读性,容易查找出错误。此程序还有更加简明的方法实现,就是利用条件表达式。

```
main()
{ int a,b,c,max,t;
  printf("input a,b,c:");
  scanf("%d,%d,%d",&a,&b,&c);
  t=(a>b)? a : b;
  max=(t>c)? t : c;
  printf("max=%d",max);
}
```

读者可利用此程序,考虑怎样修改求出 3 个数中的最小值。

(2)先读下列程序,分析程序的执行结果,然后再上机运行,结果是否一致。

```
main( )
{ int x,y=1,z;
  if (y! =0) x=5;
  printf("x=%d\t",x);
  if (y= =0) x=3;
  else x=5;
  printf("x=%d\t\n",x);
  x=1;
  if(z<0)
  if(y>0) x=3;
  else x=5;
  printf("x=%d\t\n",x);
  if (z=y<0) x=3
  else if (y= =0) x=5;
 else x=7;
 printf("x=%d\t",x);
 printf("z=%d\t\n",z);
 if (x=z=y) x=3;
 printf("x=%d\t",x);
 printf("z=%d\t\n",z);
 }
```

(3)有一函数

$$y=\begin{cases} x & (x<0) \\ 3x-2 & (10\leqslant x<50) \\ 4x+1 & (50\leqslant x<100) \\ 5x & (x\geqslant 100) \end{cases}$$

输入 x 的值,求 y 的值。

程序如下:

```
main( )
{ int x,y,t;
  printf("input x=:");
  scanf("%d",&x);
  if(x<10) t=0;
    if(x>=100) t=10;
    else t=x/10;
 switch(t)
 { case 0: y=x; break;
   case 1:
```

```
    case 2:
    case 3:
    case 4: y=3 * x - 2;break;
    case 5:
    case 6:
    case 7:
    case 8:
    case 9: y=4 * x+1;break;
    case 10: y=5 * x;
  }
  printf("y=%d",y);
  }
```

运行程序,写出执行结果。本题还可以单独用 if 语句实现,方法简单,程序可读性好,读者自己编程并上机运行。

*(4)学生自己编程,上机调试,并记录运行的结果。

由键盘输入 3 个数,计算以这 3 个数为边长的三角形面积。

提示:编程时要考虑到能构成三角形的条件为:两边之和大于第三边。求三角形面积公式为 $l=(a+b+c)/2$; $s=\sqrt{l*(l-a)*(l-b)*(l-c)}$。

参考程序如下:

```
#include "math.h"
main()
{ float a,b,c,s,s1;
  printf("Please enter 3 reals:\n");
  scanf("%f%f%f",&a,&b,&c);
  if((a+b)>c&&(a+c)>b&&(b+c)>a)
   { l=(a+b+c)*0.5;
     s1=l*(l-a)*(l-b)*(l-c);
     s=sqrt(s1);
     printf("Area of the triangle is %f\n",s);
   }
 else
   printf("It is not triangle!"\n);
}
```

实验四　循环控制

一、实验目的及要求

(1)一般了解 goto 语句与 if 语句构成的循环。

(2)熟悉掌握 3 种循环语句的应用。

(3)学会使用循环嵌套进行编程。

二、实验内容和步骤

(1)分别用 3 种循环语句(while 语句、do... while 语句、for 语句),实现求 1 ~ 100 的累加和。编程上机调试,总结出 3 种循环语句中哪种实现起来更方便、灵活。

(2)求 ∑ n!(1!+2!+3!+…+25!),其中 n=1。

程序如下:

```
main()
{ float n,s=0,t=1;
  for(n=1;n<=25;n++)
     { t=t*n;
       s=s+t;
     }
  printf("1!+2!+3!+…+25!=%e\n",s);
}
```

上机运行,并记录结果。然后用另外两种循环语句实现上述功能。

(3)指出下面 3 个程序的功能,当输入"quit?"时,它们的执行结果是什么?

①
```
#include<stdio.h>
main()
   { char c;
     c=getchar();
     while(c!='?')
        {putchar(c);
         c=getchar();
        }
   }
```

②
```
#include<stdio.h>
main()
   { char c;
     while((c=getchar())!='?') putchar(++c);
   }
```

```
③#include<stdio.h>
main()
    { while(putchar(getchar())!='?');
    }
```

分析输出的3种不同结果,在实验报告中写出原因。

(4)从数字1到200之间,求能被3整除的数,然后求这些数的累加和,直到和的值不大于100为止。输出这些数及累加和。

参考程序如下:

```
main()
    { int i,sum=0;
      for(i=1;i<=200;i++)
        { if(i%3!=0)
          continue;
          sum=sum+i;
          printf("i=%6d",i);
        }
    printf("sum=%6d",sum);
    }
```

此程序的目的在于理解continue语句的用法。读者可以自己选做一些题目,理解break和continue语句之间的区别,以免混淆。

注:break语句可以从循环体内跳出循环体外,提前结束循环,接着循环下面的语句(从第(3)题可看出)。continue语句是结束本次循环,即跳过循环体中下面尚未执行的语句,接着进行下一次执行循环的判定。

*(5)换零钱。把一元钱全部兑换成硬币,有多少种兑换方法?

参考程序如下:

```
main()
    { int i,j,k,n;
      n=100,k=0;
      for(i=0;i<=n/5;i++)
         for(j=0;j<=(n-i*5)/2;j++)
           { printf(" 5 cent=%d\t 2 cent=%d\t 1 cent=%d\n",i,j.n-i*5-j*2);
             k++;
           }
      printf("total times=%d\n",k);
    }
```

*(6)穿越沙漠。用一辆吉普车穿越1 000 km的沙漠。吉普车的总装油量为500加仑(1加仑=4.546 L),耗油量为1加仑/km。由于沙漠中没有油库,必须先用车在沙漠中建立临时加油站,该吉普车要以最少的油耗穿越沙漠,应在什么地方建立临时油库,以及

在什么地方安放多少加仑油最好？

参考程序如下：

```
main()
  { int k=1;
    float station,distation,total;
    station=distation=total=500.0;
while(distation<1000.0)
  { printf("station(%d)=%9.4f oil's total(%d)=%10.4f\n", k,station,k,total);
    total=500.0 * ++k;
    station=500.0/(2 * k-1);
    diststion + =station;
    distation - =station;
    station=1000.0-distation;}
    printf("station(%d)=%9.4f oil's total(%d)=%10.4f\n",
           k,station,k,(k-1) * 500.0+(2 * k-1) * station);
  }
```

实验五　数组的使用

一、实验目的及要求

(1)掌握数组的概念和使用方法。

(2)掌握数组初始化的方法。

(3)学会字符数组和字符串的应用。

(4)学会用数组名做函数的参数。

二、概念提示

(1)只有静态数组和外部数组才能初始化。

(2)引用数组时,对下标是否越界不作检查。如定义 int a[5];在引用时出现 a[5],不给出错信息,而是引用 a[4]下面一个单元的值。

(3)字符串放在字符数组中,一个字符串以'/o'结束,有一些字符串函数如 strcpy,strcmp,strlen 等可以方便地进行字符串运算。

(4)有如下定义：

char * str="I love China";

str 是一个字符型指针变量,它的值是一个字符数据的地址。不要认为 str 是字符串变量,在其中存放一个字串“I love China”。

(5)用数组名做函数实参时,转到形参的是数组的首地址。

三、实验内容和步骤

(1)定义3个数组。

```
int a[5];
int b[2][2];
char c[10];
```

①分别在函数体外和函数体内对它们进行初始化,然后输出它们的值。

②在程序中再加一语句,输出a[5],b[2][2],分析结果。

③对c数组改为用赋值语句给各元素赋初值:c[0]~c[9]各元素分别为:'I',' ','a','m',' ','b','o','y'。然后用printf("%s",c)输出字符串,分析结果。

参考程序如下:

```
main()
{ int i,x,y;
   static int a[5]={1,2,3,4,5};
  static int b[3][2]={{3,4},{6,7},{9,5}}
  static char c[10]={ 'i', 'l', 'p', 'q', 'k', 's', 'd', 'e', 'a'};
  for(i=0;i<5;i++)
     printf( "%5d",a[i]);
  for(x=0;x<3;x++)
     for(y=0;y<2;y++)
        printf("%5d",b[x][y]);
  for(i=0;i<10;i++)
     printf("%3c",c[i]);
}
```

结果无此值,在上面程序中要输出a数组第5个元素和b数组的第3行第2列元素,应加以下程序行:

```
printf("%d",a[4]);
printf("%d",b[2][1]);
```

(2)有一数组,内放10个整数,要求找出最小的数和它的下标。然后把它和数组中最前面的元素对换位置。

编写程序,上机运行,并记录结果。

提示:数组的10个元素可用输入函数scanf()通过键盘输入,找出数组中最小的元素可通过循环语句和条件语句来实现。

设min是存放数组中最小元素的变量,array[k]为一个暂存单元。实现最前面的元素与最小元素对换可通过下列语句实现:

```
array[k]=array[0];
array[0]=min;
```

参考程序如下:

```
main()
{i,array[10],min,k=0;
  printf("Please input 10 data\n");
  for(i=0;i<10;i++)
    scanf("%d",&array[i]);
  printf("Before exchang:\n");
  for(i=0;i<10;i++)
    printf("%5d",array[i]);
  min=array[0];
  for(i=1;i<10;i++)
    if(min>array[i])
      { min=array[i];
        k=i;
      }
    array[k]=array[0];
    array[0]=min;
 printf("After exchange:\n");
 for(i=0;i<10;i++)
   printf("%5d",array[i]);
 printf("k=%d\t min=%d\n",k,min)
 }
```

(3)在一个已排好序的数列中(由小到大)再插入一个数,要求仍然有序。编程并上机运行。

提示:编程时应考虑到插入的数的各种可能性(比原有所有的数大;比原有所有的数小;在最大数和最小数之间)。

参考程序如下:

```
#include<stdio.h>
main()
{ int i,n;
  folat a,x[20],y[21];
  printf("Please input n value\n");
  scanf("%d",&n);
  printf("Please input value (from small to big)\n");
  for(i=0;i<n;i++)
    scanf("%f",&x[i]);
  printf("Insert value=?");
    scanf("%f",&a);
  i=0;
```

```
while(a>x[i]&&i<n)
   { y[i]=x[i];
     i++;
   }
y[i]=a;
for(i=i+1;i<n+1;i++)
   y[i]=x[i-1];
printf("\n");
for(i=0;i<n+1;i++)
   { printf("%8.2f",y[i]);
     if((i+1)%5==0 ) puts("\n");
   }
}
```

(4)编写一程序,一班级有n名学生,要求他们的姓名按汉语拼音的字母顺序排列,并按程序输出。

参考程序如下:

```
#include "stdio.h"
void strup(char str[])
main()
{ char str[20];
  char name[20][20];
  int i,j,t,n;
  printf("Please input name number of sorting\n");
  scanf("%d",&n);
  printf("Please input name\n");
  for(i=0;i<n;i++)
     { gets(name[i]);
       strup(name[i]);
     }
for(i=0;i<n;i++)
   {for(j=i+1;j<n;j++)
    { for(k=0;;k++)
      if(name[i][k]<name[j][k])
         break;
      else if(name[i][k]>name[j][k])
         {strcpy(str,name[j]);
         strcpy(name[j],name[i]);
         strcpy(name[i],str);
```

```
            break;
          }
        }
    }
    for(i=0;i<n;i++)
      printf("%s",name[i]);
    }
    void strup(char str[])
    { int i;
      for(i=0;str[i]! ='0';i++)
        if(str[i]>='a'&&str[i]<='z')
          str[i]=str[i]+'A'-'a';
    }
```

*(5)打印魔方阵。所谓魔方阵是指,它的每行每列的和和对角线之和均相等。

例如,三阶魔方阵为

8	1	6
3	5	7
4	9	2

要求打印由 1 到 n^2 的自然数构成的魔方阵。

提示:魔方阵中各数排列规律为:

①将"1"放在第一行中间一列;

②从"2"开始直到 n*n 止,各数依次按下列规则存放:每一个数存放的行比前一个数的行数减 1,列数加 1;

③如果上一数的行数为 1,则下一个数的行数应为 n(指最后一行);

④当上一个数的列数为 n 时,下一个数的列数应为 1,行数减 1。

⑤如果按上面的规则确定的位置上已有数,或上一个数是第 1 行第 n 列时,则把下一个数放在上一个数的下面。

参考程序如下:

```
main()
{ int a[16][16],i,j,k,p,m,n;
  p=1;                /* 初始化 */
  while(p==1)
    { printf("Please input n:\n");
      scanf("%d",&n);
      if (n! =0)&&(n<=15)&&(n%2! =0)
        { printf("矩阵阶数是%d\n",n);
          p=0;
        }
```

```
    }
    for(i=1;i<=n;i++)
      for(j=1;j<=n;j++)
         a[i][j]=0;
     j=n/2+1;
     a[1][j]=1;
    for(k=2;k<= n*n;k++)
      { i=i-1;
        j=j+1;
        if((i<1)&&(j>n))
          { i=i+2;
            j=j-1;
          }
        else
          { if(i<1) i=n;
            if(j>n) j=1;
          }
        if(a[i][j]= =0)
          a[i][j]=k;
        else
          { i=i+2;
            j=j-1;
            a[i][j]=k;
          }
      }
    for(i=1;i<=n;i++)                /* 输出 */
      { for(j=1;j<=n;j++)
          printf("%4d"a[i][j]);
        printf("\n");
      }
}
```

实验六　函数的使用

一、实验目的及要求

(1)掌握函数的定义和调用方法。

(2)掌握函数实参与形参的对应关系以及“值传递”的方式。

(3)掌握函数的嵌套调用和递归函数编写的规律。

(4)学会使用宏替换编写程序,弄清"文件包含"的作用。

(5)学会全局变量和局部变量,动态变量和静态变量的概念和使用方法。

二、概念提示

(1)变量的生存期是一个静态的概念,是不变的,作用域是一个动态的概念,随程序的运行而变。

①从作用域角度分,有局部变量和全局变量。

②从变量存在的时间来分,有动态存储和静态存储。

(2)C语言中的参数调用为值调用,名调用(地址)通过指针实现的。

(3)用递归方式编写程序,一般由3部分组成:

①递归条件;

②递归化简;

③递归出口。

一个递归总是可分为"回推"和"递推"两个阶段,即从要解决问题出发,一步步推到已知条件,然后再由已知条件一步步找到结论。

三、实验内容和步骤

(1)通过运行下面程序,熟悉函数的调用方法。

```
main()
  { int x,y,z;
    x=4;y=12;z=6;
    fun(x,y,z);
    printf("%x=%d;y=%d;z=%d\n",x,y,z);
    }
    fun(int i, int j, int k)
      { int t;
        t=(i+j+k)/2;
        printf("t=%d\n",t);
      }
```

(2)运行下列程序,写出执行结果。

```
main()
  { int i,j,x,y,n,g;
     i=4;j=5;g=x=6;y=9;n=7;
     f(n,6);
     printf("g=%d;i=%d;j=%d\n",g,i,j);
     printf("x=%d;y=%d\n",x,y);
    f(n,8);
```

```
}
f(int i,int j)
  {int x,y,g;
  g=8;x=7;y=2;
  printf("g=%d;i=%d;j=%d\n",g,i,j);
  printf("x=%d;y=%d\n",x,y);
  }
```

(3)编写一个判断素数的函数,在主函数输入一个整数,输出是否是素数的信息。

参考程序如下:

```
#include"match.h"
main()
  { int m;
    printf("Please input a data m=:");
    scanf("%d",m);
    prime(m);
  }
prime(int n)
{ int i,k;
  k=n/2;
  for(i=2;i<=k;i++)
    if (n%i==0) break;
    if(i>=k+1)
    printf("This is a prime number");
    else   printf("This isn't a prime number");
}
```

(4)先读懂程序,分析结果,然后上机运行此程序。

```
# define   fuk(K)   k+3.14159
# define   pr(a)    printf("a=%d\t", (int)(a))
# define   print(a)   pr(a) ; putchar('\n')
# define   print2(a,b)   pr(a); print(b)
# define   print3(a,b,c)   pr(a); print(b,c)
# define   max(a,b)   (a<b? b:a)
main()
  { int x=2;
  print(x * fue(4));
  }
  { int f;
  for(f=0;f<=60;f+=20)
```

```
    print2 ( f,5.12 * f+45);
  }
  { int x=1,y=2;
    print3(max(x++,y),x,y);
    print3(max(x++,y),x,y);
  }
  }
```

*(5) 编写一函数,由实参传来一个字符串,统计此字符串中字母、数字、空格和其他字符的个数,在主函数中输入字符串,输出上述结果。

此程序编写时最好把存放字母、数字、空格和其他字符的变量定义为全程变量,这样在函数中就不必定义了。用其他方法也可以。

(6)写出计算 ackermann 函数 ack(m,n)的递归函数,对于 m≥0,n≥0,ack(m,n)定义为:

ack(0,n)=n+1

ack(m,0)=ack(m-1,1)

ack(m,n)=ack((m-1),ack(m,n-1))

对于 m>0,n>0,要显示出计算结果。

编程并上机调试。

```
#include <stdio.h>
long int ack(int m,int n)
long int value;
if(m<0||n<0)
{ printf("The condiction of caculating is ont exist,EXIT! \n");
  exit();
}
if(m==0)
  { value=n+1;
    printf("ack(0,%d)=%d\n",n,n+1);
  }
else if(n= =0)
  { value=ack(m-1,1);
    printf("ack(%d,1)=%d\n",m-1,ack(m-1,1));
  }
else
  { printf("ack(%d,%d)=ack(%d,ack(%d,%d))\n",m,n,m-1,m,n-1);
    value=ack((m-1),ack(m,n-1));
  }
return(value);
```

```
}
long int ack(int m,int n);
main()
  { int mm,nn;
   long int a;
   printf("Please enter m,n:");
   scanf("%d%d",&mm,&&nn);
   a=ack(mm,nn);
   printf("ack(%d,%d)=%ld\n",mm,nn,a);
   getchar();
   }
```

*(7)写一函数,输入一行字符,将此字符串中最长的单词输出。编写程序并上机调试运行,记录程序运行的结果。

提示:笔者认为每行字符都是由字母组成的字符串,在程序中设 longest 函数为实现寻找最长的字符串。设标记 flag 表示单词是否开始,flag=1 表示单词开始,flag=0 表示单词未开始。point 代表当前单词的起始位置;place 代表最长单词的起始位置;len 代表当前单词已累计字母的个数;length 代表当前单词中最长单词的长度。

下面给一个程序段,以实现寻找最长的单词。

```
int longest(string)
char string[];
{ int len=0,i,length=0,flag=1,place,point;
for(i=0;i<=strlen(string);i++)
  if(alphab(string[i]))
    if(flag)
       { point=i;
         flag=0;
       }
    else  len++;
  else
    { flag=1;
      if(len>length)
         { length=len;
           place=point;
           len=0;
         }
    }
       return(place);
}
```

实验七　指针(一)

一、实验目的及要求

(1)掌握指针变量的定义,会使用指针变量。

(2)掌握指针与变量,指针与数组,指针与字符串的关系。

(3)学会用指针作为函数参数的方法。

二、概念提示

(1)指针就是地址。指针变量是存放另一个变量地址的变量,不要把指针和指针变量两个概念混淆。

(2)定义指针变量后,一定要给指针变量赋初值,使用没有赋初值的指针是非常危险的。

(3)指针变量做函数形参,可以接受来自实参的值(地址)。

三、实验内容和步骤

(1)有 3 个整数 x,y,z,设置 3 个指针变量 p1,p2 ,p3 分别指向 x,y,z。然后通过指针变量使 x,y,z 3 个变量交换顺序,即把原来 x 的值给 y,把 y 的值给 z,把 z 的值给 x。x,y,z 的原值由键盘输入,要求输出 x,y,z 的原值和新值。

读懂下列程序,并上机运行。

程序如下:

```
main()
{ int x,y,z,t ;
  int *p1, *p2, *p3;
  printf("Please input 3 numbers:");
  scanf("%d,%d,%d",&x,&y,&z);
  p1=&x;
  p2=&y;
  p3=&z;
  printf("old values are :\n");
  printf("%d%d%d\n",x,y,z);
  t= *p3;
   *p3= *p2;
   *p2= *p1;
   *p1=t;
  printf("new valies are:\n");
  printf("%d%d%d \n",x,y,z);
  }
```

请读者考虑第 6 ~ 8 行为什么不写成：* p1 = &x；* p2 = &y；* p3 = &z，而第 11 ~ 14 行为什么不写成：t = p3；p3 = p2；p2 = p1；p1 = t；。

(2) 编写一个函数 sort，使 20 个整数按由小到大的顺序排列。在主函数中输出排好序的数。

本程序编写函数部分要求要用指针来解决。

参考程序如下：

```
main()
{ int *p,a[20],i;
  printf("Please input 10 numbers\n");
  for(i=0;i<10;i++)
    scanf("%d",&a[i]);
  printf("The original array is:");
  for(p=data;p<data+20;p++)
    { if((p-&data[0])%5==0)   printf("\n");
      printf("%4d",*p);
    }
    sort(data,20);
    printf("the present array is:");
    for(p=data;p<data+20;p++)
      { if((p-&data[0]%5= =0) printf("\n");
          printf("%4d",*p);
      }
}
void   sort(int array[],int n)
  { int   *p1,*p2,t;
    for(p1=array; p1<array+(n-1);p1++)
      for(p2=p1+1;p2<array+n;p2++)
          if(*p1>*p2)
            { t=*p1;
              *p1=*p2;
                *p2=t;
            }
  }
```

通过此题，学生可进一步理解指针的定义与赋初值的方法。

(3) 有一个 3 * 4 的矩阵，矩阵元素为：

```
2   4   6   8
1   3   5   7
10  11  12  13
```

编写一程序实现矩阵的转置,上机调试并运行。下面给出利用指针变量实现矩阵转置的程序段可做参考。

```
move(p1)
int *p1;
{ int i,j,t;
  for(i=0;i<3;i++)
     for(j=i;j<4;j++)
        { t=*(p1+3*i+j);
          *(p1+3*i+j)=*(p1+3*j+i);
          (p1+3*j+i)=t;
        }
}
```

(3)有一个整型二维数组,大小为 m * n,找出最大值所在的行和列,以及该最大值。此程序要求用一个函数 max 实现最大值的寻找,并在 max 函数中最好使用指针解决,m 和 n 为该函数的形参,数组元素的值在主函数中输入。

```
main()
  { void maxval( int arr[][4],int m,int n);
    int array[3][4],i,j,l,c;
    printf("input lines of array:");
    scanf("%d",&l);
     printf("input column of array:");
    scanf("%d",&c);
    printf("input data use comma between data\n");
    for(i=0;i<l;i++)
       for(j=0;j<c;j++)
       scanf("%d",&array[i][j]);
       printf("\n");
     for(i=0;i<l;i++)
          { for(j=0;j<c;j++)
            printf("%5d",array[i][j]);
            printf("\n");
          }
  maxval(array,l,c);
  }
```

```
void maxval( int arr[ ][4],int m,int n)
 { int i,j,max,line=0,col=0;
  int( *p)[4];
  max=arr[0][0];
  p=arr;
  for(i=0;i<m;i++)
     for(j=0;j<n;j++)
if(max< *( *(p+i)+j))
    { max= *( *(p+i)+j);
     line=i;
     col=j;
    }
printf("the maximum value is %d",max);
printf(" the line is:%d",line);
printf(" the column is :%d\n",col);
}
```

*(5)在主函数中输入10个等长的字符串。用另一个函数对它们排序,然后输出这10个已排好序的字符串。

要求用指针解决该问题,编好程序上机运行。

实验八　指针(二)

一、实验目的及要求

(1)学会使用字符串的指针和指向字符串的指针变量。

(2)学会使用函数的指针和指向函数的指针变量。

(3)了解指向指针的指针概念及其使用方法。

二、概念提示

(1)字符数组的属性和数组一样,数组名代表字符数组的首地址。例如:

static char string[ ]=" I am a teacher";

字符串指针不是定义字符数组,而是定义一个字符指针,用字符指针指向字符串中的字符。

(2)函数的指针指用一个指针变量指向函数,然后通过该指针变量调用函数。

三、实验内容和步骤

(1)有4个字符串Changhua,Liping,Chenmei,Gaofeng,代表4个人的名字,要求按字母顺序输出这4个字符串。编写此程序,用数组处理,上机调试并运行,记录输出结果。

参考程序如下:

```
main( )
  {void sort(char  * a[  ],int n)
    static char  * name[ ] = {"Changhua" , "Liping" , "Chenmei" , "Gaofeng"}  ;
    int n=4,i;
    sort(name,n);
    for(i=0;i<5;i++)
     printf("%s\n",name[i]);
    }
void sort(char  * a[ ],int n)
  { char  * temp;
    int i,j;
    for(i=0;i<n-1;i++)
       for(j=0;j<n-i-1,j++)
          if(strcmp(a[j],a[j+1])>0)
             { temp=name[j];
               name[j]=name[j+1];
               name[j+1]=temp;
             }
  }
```

(2)设一个函数 process,在调用它的时候,每次实现不同的功能。用键盘输入语句输入 a,b,c3 个数,第一次调用 process 求 a,b,c 的和,第二次调用求 a,b,c 中的最大者,第三次调用求 a,b,c 中的最小者。运行此程序,分析指针函数是怎样传递函数的地址的。

参考程序如下:

```
main( )
{ int add( ),max( ),min( );
  int a,b,c;
  printf("Please input 3 data:");
  scanf("%d,%d,%d",&a,&b,&c);
  printf("add=");
  process(a,b,c,add);
  printf("max=");
  process(a,b,c,max);
  printf("min=");
  process(a,b,c,min);
  }
  add(int x,int y,int z)
    { int k;
```

```
      k=x+y+z;
      return(k);
    }
  max(int x,int y,int z)
    { int k,t;
      t=(x>y)? x:y;
      k=(t>z)? t: z;
      return(k);
    }
  min(int x,int y,int z)
    { int k,t;
       t=(x<y)? x:y;
       k=(t<z)? t: z;
       return(k);
    }
process(x,y,z,fun)
int x,y,z;
int (*fun)();
  { int result;
    result=(*fun)(x,y,z);
    printf("%d\n",result);
  }
```

(3)输入 3 行字符,每行 40 个字符,要求统计出其中共有多少大写字母、小写字母、空格、标点符号。

编写程序,并上机调试运行。

参考程序如下:

```
#include<stdio.h>
main()
{ char str[3][40],(*p)[40];
  int i,j,up,low,space,comma;
  up=0;low=0;space=0;comma=0;
  printf("input three strings\n");
  for(i=0;i<3;i++)
    gets(str[i]);
  p=str;
  for(i=0;i<3;i++)
    for(j=0;j<strlen(str[i]);j++)
      { if(*(*(p+i)+j)>='a' && *(*(p+i)+j)<='z')
```

```
        low++;
      else if( *( *(p+i)+j)>='A' && *( *(P+i)+j)<='Z')
        up++;
      else if( *( *(p+I)+j)= =',')
        comma++;
      else if( *( *(p+i)+j)= =' ')
        space++;}
  printf("low=%d up=%d space=%d comma=%d",low,up,space,comma);
}
```

实验九　结构体与共同体

一、实验目的及要求

(1)掌握结构体类型变量的定义和使用。

(2)掌握结构体类型数组的概念和使用。

(3)学会使用结构体指针变量。

(4)巩固冒泡排序的方法。

(5)掌握链表的基本概念及插入输出等常用操作方法。

(6)熟悉共同体的概念与使用。

二、实验内容和步骤

(1)表1为学生学习情况,编写一个C程序,用冒泡法对此学生学习情况表按成绩(grade)从高到低进行排序。

表1

学号(num)	姓名(name)	性别(sex)	年龄(age)	成绩(grade)
101	Wangyi	M	16	82.7
102	Zhaoyi	M	17	99.0
103	Liming	M	15	85.6
104	Gaoben	F	16	77.8
105	Chenping	F	17	67.4
106	Zhangjing	F	16	99.5
107	Handong	M	15	82.7
108	Mengguang	M	16	60.5
109	Xucong	F	17	94.5
110	Chengcheng	F	16	96.7

对程序要求如下:

①定义结构体类型为：

```
struct stu
{ int num;
  char name[15];
  char sex;
  int age;
  double grade;
}
```

②在程序中用一个结构体指针数组，其中每一个指针元素指向结构体类型数组的各元素。

③要求先输出排序前的情况，再输出排序后的结果(表的框线可以不要)。

方法提示：冒泡排序过程为，从前到后扫描结构体数组中各元素，比较相邻两元素(成绩 grade)的大小，若发现逆序就交换元素，最后使最小者换到最后。第二轮同样可以把剩余元素(成绩)最小者换到后面，剩余元素排序原理相同。

在实际排序过程中，并不交换结构体数组的各元素，由于用指针指向各元素，所以只是交换指针数组中的各指针。因此，排序的最后结果，其结构体数组中的各元素的存储顺序关系并没有改变，而只是按结构体指针数组中各指针元素顺序指向，使结构体数组元素成绩是有序的。

*(2)链表的基本操作。

对程序要求如下：

①初始化链表的头指针为空。

②对表 1，依次将每个学生的情况作为一个结点插入到单链表的表头(即当前插入的结点成为第一个结点)。每个学生的结点结构为：

```
struct stu{int num;
        char name[15];
        char sex;
        int age;
        double grade;
        struct stu *next;}
```

③建完链表后，从头开始，依次输出链表中各结点值(即每个学生学习情况)。

提示：为了给每个学生学习情况的结点 P 分配动态存储区，可用如下语句：

```
P=(struct stu *)malloc(sizeof(struct stu));
```

其中，P 为结构体类型 struct stu 的指针。

为了使用库函数 malloc()，要包含头文件"stdlib.h".

三、分析讨论

(1)若用选择法排序，如何改动你的程序？简单讨论改进的选择法与普通的选择法的差别。

(2)写出交换两个结构体类型数组元素的语句(不用指针),与程序中用指针进行交换的方法进行比较,看看哪个更简单、方便。

(3)在建好的链表中若要删除 num=103 的结点,应如何进行?写出相应的函数。

实验十 位运算

一、实验目的要求

(1)掌握按位运算的概念和方法,学会使用位运算符。

(2)学会通过位运算实现对某些位的操作。

(3)掌握有关位运算的算法。

二、实验内容和步骤

编写程序上机调试并运行。

(1)编写一程序,检查所用计算机系统的 C 编译执行右移时是按逻辑右移的原则还是按照算术右移的原则?如为逻辑右移,写一函数实现算术右移,如是算术右移,编写一函数实现逻辑右移。

(2)编写一程序,将一个整数 i 的高字节和低字节分别输出(用位运算方法)。

(3)编写一个函数 getbits,从一个 16 位的单元中取出某几位(取出的几位保留原值,其余位为 0)。函数调用形式为 getbits(value,n,m),其中 value 为该 16 位数的值,n 为要取出的起始位,m 为要取出的结束位。如 getbits(016135,4,7) 表示对八进制数 16135 取出左边起的第 4 位到第 7 位。

*(4)设计一函数,当给出一个整数后,能得到该数的补码(注:此整数可正可负)。

实验十一 文件

一、实验目的及要求

(1)掌握文件和文件指针的概念及文件的定义方法。

(2)学会使用文件的打开、关闭、读、写等文件操作函数。

(3)掌握用缓冲文件系统对文件进行基本的操作。

二、实验内容和步骤

编写程序并上机调试运行。

(1)表 2 为 5 个学生的学习成绩表,从键盘上输入这些数据,计算平均成绩,将原有数据及计算出的平均成绩存放在磁盘文件“stud”中。

表 2

学号(num)	姓名(name)	成绩 1(grad1)	成绩 2(grad2)	成绩 3(grad3)
20101	Wangming	85	88.5	96
20103	Lilin	86.5	82.5	95
20109	Zhangming	98	96.5	91.5
20111	Zhaohan	72.5	77.5	89.5
20113	Xujun	61.5	68	88.5

(2)将上题"stud"文件中的学生数据,按平均分排序(降序)处理,将已排序的学生数据存入一个新文件"studsort"中。

(3)将已经排好序的学生成绩文件进行插入处理,要插入学生数据(表 3):

表 3

学号(num)	姓名(name)	成绩 1(grade)	成绩 2(grade2)	成绩 3(grade3)
20106	Liulei	82.5	91.5	96

要求插入后按平均成绩仍为有序的;插入后建立一个新文件。

第三部分　C 语言习题

第 1 章　C 语言基础知识

（一）选择题

1. C 语言规定，必须用________作为主函数名。

A. function　　B. include　　C. main　　D. stdio

2. 一个 C 程序可以包含任意多个不同名的函数，但有且仅有一个________。

A. 过程　　B. 主函数　　C. 函数　　D. include

3. ________是 C 程序的基本构成单位。

A. 函数　　B. 函数和过程　　C. 超文本过程　　D. 子程序

4. 下列说法正确的是________。

A. 一个函数的函数体必须要有变量定义和执行部分，二者缺一不可

B. 一个函数的函数体必须要有执行部分，可以没有变量定义

C. 一个函数的函数体可以没有变量定义和执行部分，函数可以是空函数

D. 以上都不对

5. 下列说法正确的是________。

A. main 函数必须放在 C 程序的开头

B. main 函数必须放在 C 程序的最后

C. main 函数可以放在 C 程序的中间部分，但在执行 C 程序时是从程序开头执行的

D. main 函数可以放在 C 程序的中间部分，但在执行 C 程序时是从 main 函数开始的

6. 下列说法正确的是________。

A. 在执行 C 程序时不是从 mian 函数开始的

B. C 程序书写格式严格限制，一行内必须写一个语句

C. C 程序书写格式自由，一个语句可以分写在多行上

D. C 程序书写格式严格限制，一行内必须写一个语句，并要有行号

7. 在 C 语言中，每个语句和数据定义是用________结束。

A. 句号　　B. 逗号　　C. 分号　　D. 括号

8. 下列字符串是标识符的是________。

A. _HJ　　B. 9_student　　C. long　　D. LINE 1

9. 以下说法正确的是________。

A. C 语言程序总是从第一个定义的函数开始执行

B. 在 C 语言程序中,要调用的函数必须在 main( )函数中定义

C. C 语言程序总是从 main( )函数开始执行

D. C 语言程序中的 main( )函数必须放在程序的开始部分

10. ________不是 C 语言提供的合法关键字。

A. switch　　B. print　　C. case　　D. default

11. C 语言提供的合法关键字是________。

A. break　　B. print　　C. funiton　　D. end

12. C 语言提供的合法关键字是________。

A. continue　　B. procedure　　C. begin　　D. append

13. C 语言规定：在一个源程序中，main 函数的位置________。

A. 必须在最开始　　B. 必须在系统调用的库函数的后面

C. 可以在任意位置　　D. 必须在源文件的最后

14. 一个 C 语言程序是由________。

A. 一个主程序和若干个子程序组成

B. 函数组成，并且每一个 C 程序必须且只能有一个主函数

C. 若干过程组成

D. 若干子程序组成

(二)填空题

1. 一个 C 程序至少包含一个________,即________。

2. 一个函数由两部分组成,它们是________ 和________。

3. 函数体的范围是________。

4. 函数体一般包括________和________。

5. C 语言是通过________来进行输入输出的。

6. 在 C 语言中,凡在一个标识符后面紧跟着一对圆括弧,就表明它是一个________。

7. 主函数名后面的一对圆括号中间可以为空,但一对圆括号不能________。

第 2 章　C 语言程序设计的初步知识

本章习题包含 C 语言程序设计的有关初步知识。其中包含数据类型、用户自定义标识符、常量、变量、运算符等。

一、知识点回顾

1. 数据类型

C 语言不仅提供了多种数据类型,还提供了构造更加复杂的用户自定义数据结构的

机制。C 语言提供的主要数据类型见图 1。

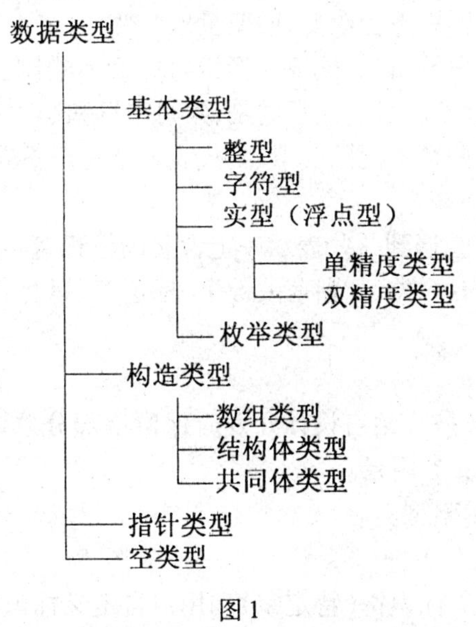

图 1

2. 常量

在程序执行过程中,其值不发生改变的量称为常量。常量区分为不同的类型,如 68,0,-12 为整型常量,3.14,9.8 为实型常量,'a','b','c'则为字符常量。常量即为常数,一般从其字面即可判别。有时为了使程序更加清晰和便于修改,用一个标识符来代表常量,即给某个常量取个有意义的名字,这种常量称为符号常量。如:

```
#define PI 3.14
main( )
{
  float aera;
  aera = 10 * 10 * PI;
  printf( " aera = %f\n" , aera);
}
```

程序中用#define 命令行定义 PI 代表圆周率常数 3.14,此后凡在文件中出现的 PI 都代表圆周率 3.14,可以和常量一样进行运算,程序运行结果为:

aera = 314.000000

有关#define 命令行的详细用法参见教材第 9 章。

这种用一个标识符代表一个常量的,称为符号常量。注意符号常量也是常量,它的值在其作用域内不能改变,也不能再被赋值。如再用以下语句给 PI 赋值:

PI = 3.14;

是错误的。

习惯上,符号常量名用大写字母来表示,变量名用小写表示,以示区别。

3. 变量

在程序执行过程中,取值可变的量称为变量。一个变量必须有一个名字,在内存中占据一定的存储单元,在该存储单元中存放变量的值。请注意变量名和变量值是两个不同的概念。变量名在程序运行中不会改变,而变量值会变化,在不同时期取不同的值。

变量的名字是一种标识符,它必须遵守标识符的命名规则。习惯上变量名用小写字母表示,以增加程序的可读性。必须注意的是,大写字符和小写字符被认为是两个不同的字符,因此,sum 和 Sum 是两个不同的变量名,代表两个完全不同的变量。

4. 标识符

在 C 语言的源程序中会遇到一些表示一定含义的标识符号,每一个标识符号有特定的含义。常见的标识符号有 6 类,分别是关键字、标识符、运算符、分隔符、数据及其他符号。

(1)关键字。

关键字又称为保留字,是 C 语言设计开发时保留一部分单词表示特定的含义。C 语言有 39 个关键字,详情请查看附录。

例如:关键字 int 表示整型。

(2)标识符。

标识符分为系统预定义标识符(特定字)和用户自定义标识符。

顾名思义,系统预定义标识符是系统预先定义好的表示一定意义的标识符。在第七章函数中将讲到系统提供的系统函数。系统函数名就是典型的系统预定义标识符,如主函数名 main、输入输出库函数名等。

用户自定义标识符(人们习惯称为标识符,在本书提到的标识符都为用户自定义标识符),是用户自己定义用来表示变量、常量、数据类型和函数的字符序列。它有着一定的命名规则。

C 语言标识符命名语法规则:

①由字母、数字、下划线构成。第一个字符必须是字母或下划线。

②关键字和系统预定义标识符不能作为标识符。

③严格区分大小写。

5. 各种类型混合运算

各种变量类型之间可以进行混合运算,存在着两种转换:一种是必需转换;另一种是可转换,转换的原则遵循图 2。

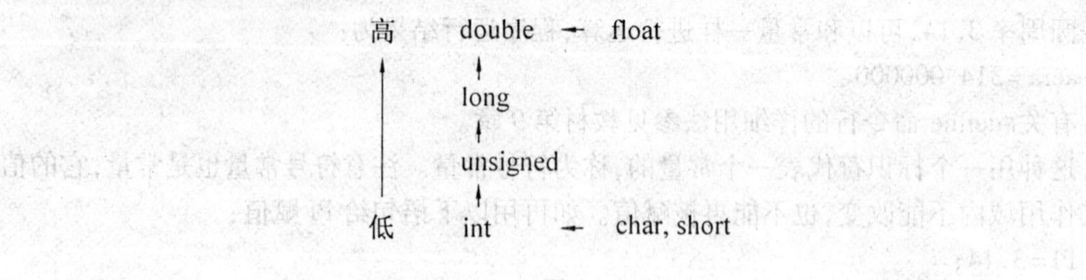

图 2

6. 运算符

运算是对数据进行加工的过程,用来表示各种不同运算的符号称为运算符。C 语言提供了相当丰富的一组运算符。除了一般高级语言所具有的算术运算符、关系运算符、逻辑运算符外,还提供了赋值运算符、位运算符和自增自减运算符等。C 语言的运算符见表 1。

表 1

运算符种类	运算符
算术运算符	+,-, * ,/,%
自增、自减运算符	++,--
关系运算符	>,<,= =,>=,<=,! =
逻辑运算符	!,&&,||
位运算符	<<,>>,-,|,^,&
赋值运算符	=及其扩展赋值运算符
条件运算符	? :
逗号运算符	,
指针运算符	* ,&
求字节数运算符	Sizeof
强制类型转换运算符	(类型)
分量运算符	.,->
下标运算符	[ ]
其他	如函数调用运算符( )

二、习题

(一)选择题

1. 在 C 语言中,下列类型属于构造类型的是________。

   A. 整型　　B. 字符型　　C. 实型　　D. 数组类型

2. 在 C 语言中,下列类型属于构造类型的是________。

   A. 空类型　　B. 字符型　　C. 实型　　D. 共用体类型

3. 在 C 语言中,下列类型属于构造类型的是________。

   A. 整型　　B. 指针类型　　C. 实型　　D. 结构体类型

4. 在 C 语言中,下列类型属于基本类型的是________。

   A. 整型、实型、字符型　　B. 空类型、枚举型

   C. 结构体类型、实型　　D. 数组类型、实型

5. 下列类型属于基本类型的是________。

   A. 结构体类型和整型　　B. 结构体类型、数组、指针、空类型

   C. 实型　　D. 空类型和枚举类型

6. 下列字符串属于标识符的是________。

A. INT　　B. 5_student　　C. 2ong　　D. ! DF

7. 下列字符串属于标识符的是________。

A. _WL　　B. 3_3333　　C. int　　D. LINE 3

8. 下列字符串不属于标识符的是________。

A. sum　　B. average　　C. day_night　　D. M. D. JOHN

9. 下列字符串不属于标识符的是________。

A. total　　B. lutos_1_2_3　　C. _night　　D. $ 123

10. 下列字符串不属于标识符的是________。

A. _above　　B. all　　C. _end　　D. # dfg

11. C 语言中不能用来表示整常数的进制是________。

A. 十进制　　B. 十六进制　　C. 八进制　　D. 二进制

12. C 语言中能用来表示整常数的进制是________。

A. 十进制、八进制、十六进制　　B. 十二进制、十进制

C. 六进制、八进制　　D. 二进制、十进制

13. 在 C 语言中,回车换行符是________。

A. \n　　B. \t　　C. \v　　D. \b

14. 在 C 语言中,退格符是________。

A. \n　　B. \t　　C. \v　　D. \b

15. 在 C 语言中,反斜杠符是________。

A. \n　　B. \t　　C. \v　　D. \ \

16. 在 ASCII 码表中可以看到每个小写字母的 ASCII 码比它相应的大写字母的 ASCII 码________。

A. 大 32　　B. 大 64　　C. 小 32　　D. 小 64

17. 设 d 为字符变量,下列表达式不正确的是________。

A. d=97　　B. d='a'　　C. d="a"　　D. d='g'

18. 设 d 为字符变量,下列表达式正确的是________。

A. d=678　　B. d='a'　　C. d="d"　　D. d='gjkl'

19. 10+'a'+1.5-567.345/'b'的结果是________型数据。

A. long　　B. double　　C. int　　D. unsigned float

20. 语句 int i=3;k=(i++)+(i++)+(i++);执行后,k 的值为________,i 的值为________。

A. 9,6　　B. 12,5　　C. 18,6　　D. 15,5

21. 如果 i=3,则 k=(i++)+(++i)+(i++);执行后,k 的值为________,i 的值为________。

A. 12,6　　B. 12,5　　C. 18,6　　D. 15,5

22. 如果 i=3,则 k=(++i)+(++i)+(i++);执行后,k 的值为________,i 的值为________。

A. 15,6　　B. 12,5　　C. 18,6　　D. 15,5

23. 如果 i=3,则 k=(++i)+(++i)+(++i);执行后,k 的值为________,i 的值为________。

A. 9,6　　B. 12,5　　C. 18,6　　D. 15,5

24. 如果 int i=3,则 printf("%d",-i++)的结果为________,i 的值为________。

A. -3,4　　B. -4,4　　C. -4,3　　D. -3,3

25. 如果 int i=3,int j=4,则 k=i+++j 执行后,k,i 和 j 的值分别为________。

A. 7,3,4　　B. 8,3,5　　C. 7,4,4　　D. 8,4,5

26. 已知在 ASCII 字符集中,数字 0 的序号为 48,下面程序的输出结果为________。

```
#include <stdio.h>
main()
{ char x,y;
  x='0';y='9';
  printf("%d,%d\n",x,y);
  }
```

A. 48,57　　B. 因输出格式不合法,输出错误信息

C. 0,9　　D. 48,58

27. 已知在 ASCII 字符集中,字母 A 的序号为 65,下面程序的输出结果为________。

```
#include <stdio.h>
main()
{ char c='A';int i=10;
  c=c+10;
  i=c%i;
  printf("%c,%d\n",c,i);
  }
```

A. 75,7　　B. 75,5

C. K,5　　D. 因存在非图形字符,无法直接显示出来

28. 已知在 ASCII 集中,字母 A 的序号为 65,下面程序的输出结果为________。

```
main()
{ char c1='B',c2='Y';
  printf("%d,%d\n",++c1,--c2);
  }
```

A. 输出格式不合法,输出错误信息　　B. 67,88

C. 66,89　　D. C,X

29. C 语言中最简单的数据类型包括________。

A. 整型,实型,逻辑型　　B. 整型,实型,字符型

C. 整型,字符型,逻辑型　　D. 整型,实型,逻辑型,字符型

30. 在 C 语言中,运算对象必须是整型数的运算符是________。

A. %　　B. \　　C. % 和 \　　D. * *

31. 下列常数中,C 常量合法的是________。

A. -0.　　B. '105'　　C. 'AB'　　D. 3+5

32. 在下列常数中,合法的 C 常量是________。

A. "x-y"　　B. '105'　　C. 'Be'　　D. 7ff

33. 在下列常数中,合法的 C 常量是________。

A. '\n'　　B. e-310　　C. 'DEF'　　D. '1234'

34. 在下列常数中,不合法的 C 常量是________。

A. -0x2al　　B. lg3　　C. '\'　　D. "CHINA"

35. 在下列常数中,不合法的 C 常量是________。

A. -0x3bl　　B. 123e+2.3　　C. '}'　　D. 6e+7

36. 在下列符号中,可以作为变量名的是________。

A. +a　　B. 12345e　　C. a3B　　D. 5e+0

37. 在下列符号中,可以作为变量名的是________。

A. +c　　B. *X　　C. _DAY　　D. next day

38. 下列程序的输出结果是________。

```
main()
{int x;
  x=-3+4*5-6;printf("%d",x);
  x=3+4%5-6; printf("%d",x);
  x=-3*4%-6/5; printf("%d",x);
  x=(7+6)%5/2; printf("%d",x);
}
```

A. 11 1 0 1　　B. 11 -3 2 1

C. 12 -3 2 1　　D. 11 1 2 1

39. 下列程序的输出结果是________。

```
mian()
{int x=2,y=0,z;
  x*=3+2; printf("%d",x);
  x*=y=z=4; printf("%d",x);
}
```

A. 8 40　　B. 10 40

C. 10,4　　D. 8,4

40. 下列程序的输出结果是________。

```
main()
{int x=2,y=0,z;
x+=3+2; printf("%d",x);
x*=y=z=4; printf("%d",x);
}
```

A. 7 28　　B. 无法计算　　C. 7 ,4　　D. 8 ,4

41. 下列程序的输出结果是________。

```
#include <stdio. h>
main( )
{int x=4,y=0,z;
x * =3+2; printf("%d",x);
x * =y= =(z=4); printf("%d",x);
}
```

A. 14 40　　B. 20 0　　C. 20 4　　D. 14 4

42. 下列程序的输出结果是________。

```
#include <stdio. h>
main( )
{inti,j;
i=16;j=(i++)+i;printf("%d",j);
i=15;printf("%d  %d",++i,i);
}
```

A. 32 16 15　　B. 33 15 15

C. 34 15 16　　D. 34 16 15

43. 在 C 语言中,以下合法的字符常量是________。

A. '\084'　　B. "\x43"　　C. '0'　　D. "\0"

44. 若已定义 x 和 y 为 double 类型,则表达式:x=1,y=x+3/2 的值为________。

A. 1　　B. 2　　C. 2.0　　D. 2.5

45. 下列程序的执行结果是________。

```
#include<stdio. h>
#define sum 10+20
main( )
{
int b=0,c=0;
b=5;
c=sum * b;
printf("%d",c);
}
```

A. 100　　B. 110　　C. 70　　D. 150

46. 下列程序的执行结果是________。

```
#include<stdio. h>
#define sum(10+20)
mian( )
{
```

```
int a=0,b=0,c=0;
a=sum;
b=5;
c=sum * b;
printf("%d",c);
}
```

A. 100　　B. 110　　C. 70　　D. 150

47. 表达式(int)2.141 6 的值为________。

A. 2　　B. 2.1　　C. 0　　D. 3

48. 表达式(double)(20/3)的值为________。

A. 6　　B. 6.0　　C. 2　　D. 3

49. 以下说法正确的是 ________。

A. 在 C 程序中，每行只能写一条语句

B. 在 C 程序中，无论是整数还是实数，其存放形式都一致

C. 在 C 程序中，% 是只能用于整数运算的运算符

D. 在 C 程序中，变量可以不必先定义就可使用

50. 假设所有变量均为整型，则表达式(a=5, b=2, a++, a+b) 的值是 ________。

A. 8　　B. 7　　C. 6　　D. 5

51. 若有以下定义，则正确的赋值语句为 ________。

```
int  a, b ;
float  x;
```

A. a=1, b=2;　　B. b++

C. a=b=5　　D. b= int (x)

52. C 语言规定标识符由________等字符组成。

A. 字母、数字、下划线　　B. 中划线、字母、数字

C. 字母、数字、逗号　　D. 字母、下划线、中划线

53. 若有如下定义：int a=2,b=3; float x=3.5,y=2.5; 则表达式：(float)(a+b)/2+(int)x%(int)y 的值是________。

A. 2.500000　　B. 3.500000　　C. 4.500000　　D. 5.000000

54. 以下表达式：2+'a'+i * f，其中 i 为整型变量，f 为 float 型变量，则表达式的最终数据类型为________。

A. int　　B. float　　C. char　　D. double

55. 若有：int a,b=2;则 a=(b * 100+1.5,100)，则 a 的值是________。

A. 100　　B. 100.5　　C. 200.5　　D. 300.5

56. 有如下语句：

```
printf("%s,%5.3s\n","COMPUTER","COMPUTER");
```

执行语句后的最终结果为________。

A. COMPUTER ,CMP.　　B. COMPUTER, COM.

C. COMPU,CMP.　　　　D. COMPU, CMP

57. 已知 ch 是字符型变量,下列不正确的赋值语句是________。

A. ch='\0';　　　　B. ch='a+b';

C. ch='7'+'9';　　　　D. ch=7+9;

58. 若 x 和 y 都为 float 型变量,且 x=3.6, y=5.8 执行 printf("%f",(x,y))语句后,输出结果为________。

A. 3.600000　　　　B. 5.800000

C. 3.600000,5.800000　　　　D. 输出符号不够,输出值不正确

59. 设变量 a 是整型,变量 f 是实型,变量 I 是双精度型,则表达式 10 + 'a'+I * f 值的数据类型为________。

A. int　　B. float　　C. double　　D. 不确定

60. 已知字母 A 的 ASCII 码为十进制 65,下面程序段的运行结果为________。

```
char  ch1,ch2;
ch1= 'A'+5-3;   ch2= 'A'+6-3;
printf("%d, %c\n", ch1,ch2);
```

A. 67,D　　B. B,C　　C. C,D　　D. 不确定值

61. 以下不正确的 C 语言标识符是________。

A. ABC　　B. abc　　C. a_bc　　D. ab. c

62. 设 x,y 均为 float 型变量,则以下不合法的赋值语句是________。

A. + + x;　　　　B. y = (x%2) / 10;

C. x * = y + 8;　　　　D. x = y = 0;

63. 若有说明语句:char　c='\64'; 则变量 C 包含________。

A. 1 个字符　　　　B. 2 个字符

C. 3 个字符　　　　D. 说明不合法,C 值不确定。

64. 表达式 18/4 * sqrt(4.0)/8 值的数据类型为________。

A. int　　B. float　　C. double　　D. 不确定

65. 设整型变量 a 值为 9,则下列表达式中使 b 的值不为 4 的表达式是________。

A. b=a/2　　　　B. b=a%2

C. b=8-(3,a-5)　　　　D. b=a>5? 4:2

66. 设 int　k=7, x=12,则能使值为 3 的表达式是________。

A. x% =(k% =5)　　　　B. x% =(k-k%5)

C. x% =k　　　　D. (x% =k)-(k% =5)

67. 以下选项中是 C 语言的数据类型的是________。

A. 复数型　　　　B. 逻辑型

C. 双精度型　　　　D. 集合型

(二)填空题

1. C 语言的数据类型有四大类,分别是________、________、________和________。

2. C 语言数据类型中构造类型包括 3 种,分别是________、________和________。

3. C语言基本数据类型包括________、________、________和________。

4. 在C语言中,程序运行期间,其值不能被改变的量叫做________。

5. 在C语言中,常量有不同的类型,包括________、________、________和________等。

6. 符号常量是指______________________________。

7. 整型常量和实型常量也称为________,它们有正负之分。

8. 在C语言中,在习惯上符号常量名用________,变量用________。(选填"大写"或"小写")

9. 在C语言中,变量是______________________________。

10. 变量也有不同类型,如________、________和________等。

11. C语言在定义变量的同时说明变量的________,系统在编译时就能根据变量定义及其________为它分配相应数量的存储空间。

12. 在C语言中,用来标识变量名、符号常量名、函数名、数组名、类型名、文件名的有效字符序列称为________。

13. 在C语言中,标识符只能由________、________和________3种字符组成,且第一个字符必须是________或________。

14. 在C语言中,要求对所有用到的变量,遵循先定义后________的原则。

15. 可以用来表示C的整常数的进制是________、________和________。

16. 整型变量可分为________、________、________和________4种,分别用________、________、________、________表示。

17. 在一个整常量后面加一个字母________和________,则认为是long int型常量。

18. 在C语言中,实数有两种表现形式,即________和________。

19. 实型变量分为________和________,即float型和double型。

20. C的字符常量是用________括起来的一个字符。

21. 在一个变量定义语句中可以同时定义多个变量,变量之间用________隔开。

22. C语言规定,在变量定义的同时也可以给变量赋初值,叫做________。

23. 下列程序的运行结果是________________。

```
mian()
{printf("abc\tde\rfg\n");
printf("h\ti\b\bjk");
}
```

24. int型的取值范围是________________。

25. 在C语言中,字符型数据和整型数据之间可以通用,一个字符数据既能以________输出,也可以________输出。

26. 下面的程序的运行结果为________。

```
main()
{char c1,c2;
  c1='a';c2='b';
```

```
  c1=c1-32;c2=c2-32;
printf("%c %c",c1,c2);
}
```

27. 在 ASCII 代码表中可以看到每一个小写字母比相应的大写字母的 ASCII 代码大________。

28. C 的字符串常量是用________括起来的字符序列。

29. 在 C 语言中,系统在每一个字符串的结尾自动加一个"字符串结束标志符",即________,以便系统根据此数据判断字符串是否结束。

30. 表达式 10+'a'+1.5-0.5 * 'b'的结果是________。

31. 表达式 10+'a'+1.5-567.345/'b'的结果是________型数据。

32. 在 TURBO 中,单精度实数的取值范围在________之间。

33. 在 C 语言中,加、减、乘、除这些运算符需要两个运算对象,称为________运算符。

34. 在 C 语言中,算术运算符的结合性是________。

35. 下列程序的运行结果为________。

```
mian()
{float x;int i;
  x=3.6;i=(int)x;
  printf("x=%f,i=%d",x,i);
}
```

36. 如果 int i=3,则 printf("%d",-i++)执行后输出是________,i 的结果是________。

37. 在 C 语言中,表达式的类型有________、________、________、________、________和________。

38. 逗号表达式的形式如下:

　表达式 1,表达式 2

则逗号表达式的结果是________的值。

39. 表达式 x=(a=3,6*3)和表达式 x=a=3,6*a 分别是________表达式和________表达式,两个表达式执行完的结果是________和________。执行后 x 的值分别是________,________.

40. 下列程序运行后,i,j,m,n 的值是________。

```
main()
{int i,j,m,n;
i=8;j=10;
  m=++i;n=j++;
  printf("%d,%d,%d,%d",i,j,m,n);
}
```

41. 在 C 语言中的运算符优先级最小的是________运算符。

42. 在 C 语言中,可以利用________,将一个表达式的值转换成指定的类型。

第3章　顺序结构程序设计

从程序流程的角度来看,程序可以分为3种基本结构，即顺序结构、分支结构和循环结构。这3种基本结构可以组成所有的各种复杂程序。C语言提供了多种语句来实现这些程序结构。本章介绍这些基本语句及其在顺序结构中的应用,使读者对C程序有一个初步的认识，为后面各章的学习打下基础。

一、知识点回顾

1.数据输入、输出的概念及在C语言中的实现

(1)所谓输入、输出是以计算机为主体而言的。

(2)本章介绍的是向标准输出设备显示器输出数据的语句。

(3)在C语言中,所有的数据输入/输出都由库函数完成，因此都是函数语句。

(4)在使用C语言库函数时,要用预编译命令。

```
#include
```

将有关"头文件"包括到源文件中。

使用标准输入、输出库函数时要用到 "stdio.h"文件,因此源文件开头应有以下预编译命令:

```
#include< stdio.h >
```

或

```
#include" stdio.h"
```

stdio是standard input&outupt的意思。

(5)考虑到printf和scanf函数使用频繁,系统允许在TC2.0环境使用这两个函数时可不加

```
#include< stdio.h >
```

或

```
#include" stdio.h"
```

2.字符数据的输入、输出

(1)putchar函数(字符输出函数)。

putchar函数是字符输出函数，其功能是在显示器上输出单个字符。

其一般形式为:

putchar(字符变量);

例如:

```
putchar('A');        (输出大写字母A)
putchar(x);          (输出字符变量x的值)
putchar('\101');     (也是输出字符A)
putchar('\n');       (换行)
```

对控制字符则执行控制功能,不在屏幕上显示。

使用本函数前必须要用文件包含命令：

```
#include<stdio.h>
```

或

```
#include"stdio.h"
```

【例1】 输出单个字符。

```
#include<stdio.h>
main()
{ char a='B',b='o',c='k';
  putchar(a);putchar(b);putchar(b);putchar(c);putchar('\t');
  putchar(a);putchar(b);
  putchar('\n');
  putchar(b);putchar(c);
}
```

(2)getchar函数(键盘输入函数)。

getchar函数的功能是从键盘上输入一个字符。

其一般形式为：

```
getchar();
```

通常把输入的字符赋予一个字符变量，构成赋值语句，如：

```
char c;
c=getchar();
```

【例2】 输入单个字符。

```
#include<stdio.h>
void main()
{ char c;
  printf("input a character\n");
  c=getchar();
  putchar(c);
}
```

使用getchar函数还应注意以下几个问题：

①getchar函数只能接受单个字符，输入数字也按字符处理。输入多于一个字符时，只接收第一个字符。

②使用本函数前必须包含文件“stdio.h”。

③在TC屏幕下运行含本函数程序时，将退出TC屏幕进入用户屏幕等待用户输入。输入完毕再返回TC屏幕。

④程序最后两行可用下面两行的任意一行代替：

```
putchar(getchar());
printf("%c",getchar());
```

3. 格式输入与输出

(1)printf函数(格式输出函数)。

printf函数称为格式输出函数,其关键字最末一个字母f即为“格式”(format)之意。其功能是按用户指定的格式,把指定的数据显示到显示器屏幕上。在前面的例题中已多次使用过该函数。

①printf函数调用的一般形式。

printf函数是一个标准库函数,它的函数原型在头文件“stdio. h”中。但作为一个特例,不要求在使用printf函数之前必须包含stdio. h文件。

printf函数调用的一般形式为:

printf("格式控制字符串",输出表列)

其中格式控制字符串用于指定输出格式。格式控制串可由格式字符串和非格式字符串两种组成。格式字符串是以“%”开头的字符串,在“%”后面跟有各种格式字符,以说明输出数据的类型、形式、长度、小数位数等。如:

"%d"表示按十进制整型输出;

"%ld"表示按十进制长整型输出;

"%c"表示按字符型输出等。

非格式字符串在输出时按非格式字符串的原样输出,在显示中起提示作用。

输出表列中给出了各个输出项,要求格式字符串和各输出项在数量和类型上应该一一对应。

【例3】 将a,b两个整型变量,以不同格式输出。

```
#include<stdio.h>
main()
{
  int a=88,b=89;
  printf("%d %d\n",a,b);
  printf("%d,%d\n",a,b);
  printf("%c,%c\n",a,b);
  printf("a=%d,b=%d",a,b);
}
```

本例中4次输出了a,b的值,但由于格式控制串不同,输出的结果也不相同。第四行的输出语句在格式控制串中,两格式串“%d”之间加了一个空格(非格式字符),所以输出的a,b值之间有一个空格。第五行的printf语句格式控制串中加入的是非格式字符逗号,因此输出的a,b值之间加了一个逗号。第六行的格式串要求按字符型输出a,b值。第七行中为了提示输出结果又增加了非格式字符串。

②格式字符串。

在Turbo C中格式字符串的一般形式为:

[标志][输出最小宽度][.精度][长度]类型

其中方括号[]中的项为可选项。

各项的意义介绍如下：

a. 类型。类型字符用以表示输出数据的类型，其格式符和意义如表 2 所示。

表 2

格式字符	意　义
d	以十进制形式输出带符号整数（正数不输出符号）
o	以八进制形式输出无符号整数（不输出前缀 0）
x,X	以十六进制形式输出无符号整数（不输出前缀 0x）
u	以十进制形式输出无符号整数
f	以小数形式输出单、双精度实数
e,E	以指数形式输出单、双精度实数
g,G	以%f 或%e 中较短的输出宽度输出单、双精度实数
c	输出单个字符
s	输出字符串

b. 标志。标志字符为-、+、#、空格 4 种，其意义如表 3 所示。

表 3

标 志	意　义
-	结果左对齐，右边填空格
+	输出符号（正号或负号）
空格	输出值为正时显示空格，为负时显示负号，是表示正负数符号的显示
#	对 c,s,d,u 类无影响；对 o 类，在输出时加前缀 o；对 x 类，在输出时加前缀 0x；对 e,g,f 类，当结果有小数时才给出小数点

c. 输出最小宽度。用十进制整数来表示输出的最少位数。若实际位数多于定义的宽度，则按实际位数输出；若实际位数少于定义的宽度，则补以空格或 0。

d. 精度。精度格式符以“.”开头，后跟十进制整数。本项的意义是：如果输出的是数字，则表示小数的位数；如果输出的是字符，则表示输出字符的个数；若实际位数大于所定义的精度数，则截去超出的部分。

e. 长度。长度格式符为 h,l 两种：h 表示按短整型量输出；l 表示按长整型量输出。

【例 4】　区别 a,b,c 3 个变量，在不同输出格式输出时有何不同。

```
#include<stdio.h>
main()
{
  int a=15;
  float b=123.1234567;
  double c=12345678.1234567;
```

```
    char d='p';
    printf("a=%d,%5d,%o,%x\n",a,a,a,a);
    printf("b=%f,%lf,%5.4lf,%e\n",b,b,b,b);
    printf("c=%lf,%f,%8.4lf\n",c,c,c);
    printf("d=%c,%8c\n",d,d);
}
```

本例第七行中以 4 种格式输出整型变量 a 的值,其中“%5d ”要求输出宽度为 5,而 a 值为 15 只有两位,故补三个空格。第八行中以 4 种格式输出实型量 b 的值。其中“%f”和“%lf ”格式的输出相同,说明“l”修饰符对“f”修饰符类型无影响。“%5.4lf”指定输出宽度为 5,精度为 4,由于实际长度超过 5,故应该按实际位数输出,小数位数超过 4 位部分被截去。第九行输出双精度实数,“%8.4lf ”由于指定精度为 4 位,故截去了超过 4 位的部分。第十行输出字符量 d,其中“%8c ”指定输出宽度为 8,故在输出字符 p 之前补加 7 个空格。

使用 printf 函数时还要注意一个问题,即输出表列中的求值顺序。不同的编译系统,其求值顺序不一定相同,可以从左到右,也可从右到左。Turbo C 是按从右到左进行的。请看下面两个例子:

【例 5】 请输出 i 的值。

```
main()
{ int i=8;
  printf("%d\n%d\n%d\n%d\n%d\n%d\n",++i,--i,i++,i--,-i++,-i--);
}
```

【例 6】 请输出该情况下 i 的值。

```
main()
{  int i=8;
   printf("%d\n",++i);
   printf("%d\n",--i);
   printf("%d\n",i++);
   printf("%d\n",i--);
   printf("%d\n",-i++);
   printf("%d\n",-i--);
}
```

这两个程序的区别是用一个 printf 语句和多个 printf 语句输出。但从结果可以看出是不同的。为什么结果会不同呢?就是因为 printf 函数对输出表中各量求值的顺序是自右至左进行的。在例 3.5 中,先对最后一项“-i--”求值,结果为-8,然后 i 自减 1 后为 7。再对“-i++”项求值得-7,然后 i 自增 1 后为 8。再对“i--”项求值得 8,然后 i 再自减 1 后为 7。再求“i++”项得 7,然后 i 再自增 1 后为 8。再求“--i”项,i 先自减 1 后输出,输出值为 7。最后才求输出表列中的第一项“++i”,此时 i 自增 1 后输出 8。

但是必须注意,求值顺序虽然是自右至左,但是输出顺序还是从左至右,因此得到的结果是上述输出结果。

（2）scanf 函数（格式输入函数）。

scanf 函数称为格式输入函数，即按用户指定的格式从键盘上把数据输入到指定的变量中。

①scanf 函数的一般形式。

scanf 函数是一个标准库函数，它的函数原型在头文件“stdio. h”中，与 printf 函数相同，C 语言也允许在使用 scanf 函数之前不必包含 stdio. h 文件。

scanf 函数的一般形式为：

scanf（"格式控制字符串"，地址表列）；

其中，格式控制字符串的作用与 printf 函数相同，但不能显示非格式字符串，也就是不能显示提示字符串。地址表列中给出各变量的地址。地址是由地址运算符“&”后跟变量名组成的。例如：

&a， &b

分别表示变量 a 和变量 b 的地址。

这个地址就是编译系统在内存中给 a，b 变量分配的地址。在 C 语言中，使用了地址这个概念，这是与其他语言不同的。应该把变量的值和变量的地址这两个不同的概念区别开来。变量的地址是 C 编译系统分配的，用户不必关心具体的地址是多少。

变量的地址和变量值的关系如下：在赋值表达式中给变量赋值，如

a = 567

则，a 为变量名，567 是变量的值，&a 是变量 a 的地址。

在赋值号左边是变量名，不能写地址，而 scanf 函数在本质上也是给变量赋值，但要求写变量的地址，如 &a。这两者在形式上是不同的：& 是一个取地址运算符；&a 是一个表达式，其功能是求变量的地址。

【例 7】　使用输入\输出函数，对 a，b，c 3 个变量赋值并输出。

```
main()
{ int a,b,c;
  printf("input a,b,c\n");
  scanf("%d%d%d",&a,&b,&c);
  printf("a=%d,b=%d,c=%d",a,b,c);
}
```

在本例中，由于 scanf 函数本身不能显示提示串，故先用 printf 语句在屏幕上输出提示，请用户输入 a，b，c 的值。执行 scanf 语句，则退出 TC 屏幕进入用户屏幕等待用户输入。用户输入7　8　9 后按回车键，此时，系统又将返回 TC 屏幕。在 scanf 语句的格式串中由于没有非格式字符在“%d%d%d”之间作输入时的间隔，因此在输入时要用一个以上的空格或回车键作为每两个输入数之间的间隔。如

7 8 9

或

7
8
9

②格式字符串。

格式字符串的一般形式为:

%[*][输入数据宽度][长度]类型

其中有方括号[ ]的项为任选项。各项的意义如下:

a.类型。表示输入数据的类型,其格式符和意义如表4所示。

表4

格式	字符意义
d	输入十进制整数
o	输入八进制整数
x	输入十六进制整数
u	输入无符号十进制整数
f或e	输入实型数(用小数形式或指数形式)
c	输入单个字符
s	输入字符串

b."*"符。用以表示该输入项,读入后不赋予相应的变量,即跳过该输入值。如:

scanf("%d % *d %d",&a,&b);

当输入为1　2　3时,把1赋予a,2被跳过,3赋予b。

c.宽度。用十进制整数指定输入的宽度(即字符数)。例如:

scanf("%5d",&a);

输入:12345678

只把12345赋予变量a,其余部分被截去。

又如:

scanf("%4d%4d",&a,&b);

输入:12345678

将把1234赋予a,而把5678赋予b。

d.长度。长度格式符为l和h。l表示输入长整型数据(如%ld)和双精度浮点数(如%lf)。h表示输入短整型数据。

使用scanf函数还必须注意以下几点:

①scanf函数中没有精度控制,如:scanf("%5.2f",&a);是非法的。不能企图用此语句输入小数为2位的实数。

②scanf中要求给出变量地址,若给出变量名,则会出错。如scanf("%d",a);是非法的,应改为scnaf("%d",&a);才是合法的。

③在输入多个数值数据时,若格式控制串中没有非格式字符作输入数据之间的间隔,

则可用空格、“TAB”键或回车键作间隔。C编译在碰到空格、“TAB”键、回车键或非法数据(如对“%d”输入“12A”时,A即为非法数据)时即认为该数据结束。

④在输入字符数据时,若格式控制串中无非格式字符,则认为所有输入的字符均为有效字符。

例如:

```
scanf("%c%c%c",&a,&b,&c);
```

输入为　d　e　f,则把“d”赋予a,“ ”赋予b,“e”赋予c。

只有当输入为def时,才能把“d”赋予a,“e”赋予b,“f”赋予c。

如果在格式控制中加入空格作为间隔,如:

```
scanf ("%c %c %c",&a,&b,&c);
```

则输入时各数据之间可加空格。例如:

```
main()
{ char a,b;
  printf("input character a,b\n");
  scanf("%c%c",&a,&b);
  printf("%c%c\n",a,b);
}
```

由于scanf函数“%c%c”中没有空格,输入M　N,结果输出只有M。而输入改为MN时,则可输出MN两字符。例如:

```
main()
{ char a,b;
  printf("input character a,b\n");
  scanf("%c %c",&a,&b);
  printf("\n%c%c\n",a,b);
}
```

本例表示scanf格式控制串“%c %c”之间有空格时,输入的数据之间可以有空格间隔。

⑤如果格式控制串中有非格式字符则输入时,也要输入该非格式字符。例如:

```
scanf("%d,%d,%d",&a,&b,&c);
```

其中用非格式符“ , ”做间隔符,故输入时应为

```
5,6,7
```

又如:

```
scanf("a=%d,b=%d,c=%d",&a,&b,&c);
```

则输入应为

```
a=5,b=6,c=7
```

⑥如输入的数据与输出的类型不一致时,虽然编译能够通过,但结果将不正确。例如:

```
main()
```

```
{ int a;
  printf("input a number\n");
  scanf("%d",&a);
  printf("%ld",a);
}
```

由于输入数据类型为整型,而输出语句的格式串中说明为长整型,因此输出结果和输入数据不符。如改动程序如下:

```
main(){
    long a;
    printf("input a long integer\n");
    scanf("%ld",&a);
    printf("%ld",a);
}
```

运行结果为:

input a long integer

1234567890

1234567890

当输入数据改为长整型后,输入输出数据相等。

二、习题

(一)选择题

1. 在 C 语言中,调用 printf 进行输出时需要注意,在格式控制串中,格式说明与输出项的个数必须相同。如果格式说明的个数小于输出项的个数,多余的输出项将________;如果格式说明的个数多于输出项的个数,则对于多余的格式将输出不定值(或 0)。

   A. 不予输出　　B. 输出空格　　C. 照样输出　　D. 输出不定值或 0

2. 在 scanf 函数的格式控制中,格式说明的类型与输入的类型应该一一对应匹配。如果类型不匹配,系统________。

   A. 不予接收

   B. 并不给出出错信息,但不可能得出正确信息数据

   C. 能接受正确输入

   D. 给出出错信息,不予接收输入

3. 下列说法正确的是________。

   A. 输入项可以是一个实型常量,如 scanf("%f",4.8);

   B. 只有格式控制,没有输入项也能进行正确输入,如 scanf("a=%d,b=%d");

   C. 当输入一个实型数据时,格式控制部分应规定小数点后的位数,如 scanf("%5.3f",&f);

   D. 当输入数据时,必须指明变量的地址,如 scanf("%f",&f);

4. 根据题目中已给出的数据的输入和输出形式,程序中输入/输出语句的正确是

________。

```
main()
{
int a;float x;
printf("input a,x:");
输入语句
输出语句
}
```

输入形式 input a,x:3　2.1

输出形式 a+x=5.10

A. scanf("%d,%f",&a,&x);
   printf("\na+x=%4.2f",a+x);

B. scanf("%d %f",&a,&x);
   printf("\na+x=%4.2f",a+x);

C. scanf("%d %f",&a,&x);
   printf("\na+x=%6.1f",a+x);

D. scanf("%d %3.1f",&a,&x);
   printf("\na+x=%4.2f",a+x);

5. 以下程序的输出结果是________。

```
main()
{
int i=010,j=10,k=0x10;
printf("%d,%d,%d\n",i,j,k);}
```

A. 8,10,16　　B. 8,10,10　　C. 10,10,10　　D. 10,10,16

6. 以下程序的输出结果是________。

```
main()
{
int i=011,j=11,k=0x11;
printf("%d,%d,%d\n",i,j,k);
}
```

A. 9,11,17　　B. 9,11,11　　C. 11,11,11　　D. 11,11,16

7. 以下程序的输出结果是________。

```
#include<stdio.h>
main()
{printf("%d\n",NULL);}
```

A. 不确定的值(因变量无定义)　　B. 0

C. -1　　D. 1

8. 以下程序的输出结果是________。

```
main( )
{
char c1='6',c2='0';
printf("%c,%c,%d,%d\n",c1,c2,c1-c2,c1+c2);
}
```

A. 因输出格式不合法,输出出错信息　B. 6,0,6,102
C. 6,0,7,6　D. 6,0,5,7

9. 设有如下定义:

```
int x=10,y=3,z;
```

则语句

```
printf("%d\n",z=(x%y,x/y));
```

的输出结果是________。

A. 3　B. 0　C. 4　D. 1

10. 设有如下定义:

```
int x=10,y=5,z;
```

则语句

```
printf("%d\n",z=(x+=y,x/y));
```

的输出结果是________。

A. 1　B. 0　C. 4　D. 3

11. 以下程序的输出结果是________。

```
main( )
{int x=10,y=10;
printf("%d %d\n",x--,--y);
}
```

A. 10　10　B. 9　9　C. 9　10　D. 10　9

12. 写出下列程序的输出结果________。

```
main( )
{int x;
x=-3+4*5-6;printf("%d",x);
x=3+4%5-6;printf("%d",x);
x=-3*4%6/5;printf("%d",x);
x=(7+6)%5/2;printf("%d",x);
}
```

A. 11 1 0 1　B. 11 -3 2 1　C. 12 -3 2 1　D. 11 1 2 1

13. 写出下列程序的输出结果________。

```
main( )
{
int x,y,z;
```

```
x=y=1;
z=x++-1;printf("%d,%d\t",x,z);
z+=-x++ +(++y);printf("%d,%d",x,z);
}
```

A. 2,0　3,0　　B. 2,1　3,0　　C. 2,0　2,1　　D. 2,1　0,1

14. 写出下列程序的输出结果________。

```
main()
{
int i,j;
i=20;j=(++i)+i;printf("%d",j);
i=13;printf("%d %d",i++,i);
}
```

A. 42 14,13　　B. 41 14,14　　C. 42 13 13　　D. 42 13 14

15. 若有定义:int x,y;char a,b,c;并有以下输入数据(此处,<cr>代表换行符)

1 2<cr>

A B C<cr>

则能给 x 赋整数 1,给 y 赋整数 2,给 a 赋字符 A,给 b 赋字符 B,给 c 赋字符 C 的正确程序段是________。

A. scanf("x=%dy=%d",&x,&y);a=getchar();b=getchar();c=getchar();

B. scanf("%dy%d",&x,&y);a=getchar();b=getchar();c=getchar();

C. scanf("%d%d%c%c%c%c%c%c",&x,&y,&a,&a,&b,&b,&c,&c);

D. scanf("%d%d%c%c%c",&x,&y,&a,&b,&c);

16. 若已知 a=10,b=20,则表达式! a<b 的值为________。

A. 10　　B. 20　　C. 1　　D. 0

17. printf 函数中用到格式符"%4s",其中数字 4 表示输出的字符串占用 4 列。如果字符串长度大于 4,则按原字符长从左向右全部输出;如果字符串长度小于 4,则输出方式为________。

A. 从左起输出该字符串,右补空格　　B. 按原字符长从左向右全部输出

C. 右对齐输出该字符,左补空格　　D. 输出错误信息

18. 以下 C 程序,正确的运行结果是________。

```
main()
{
long y=-34567;
printf("y=%-8ld\n",y);
printf("y=%-08ld\n",y);
printf("y=%08ld\n",y);
printf("y=%+8ld\n",y);
}
```

A. y=　-34567
   y=-　34567
   y=-0034567
   y=-34567

B. y=-34567
   y=-34567
   y=-0034567
   y=+ -34567

C. y=-34567
   y=-34567
   y=-0034567
   y=-34567

D. y=-34567
   y=-0034567
   y=00034567
   y=+34567

19. C程序的基本编译单位是________。

A. 函数　B. 文件　C. 源文件　D. 子程序

20. 设有如下定义和执行语句,其输出结果为________。

```
int a=3,b=3;
a = --b + 1; printf("%d   %d",a,b);
```

A. 3　2　B. 4　2　C. 2　2　D. 2　3

21. 根据定义和数据的输入方式,输入语句的正确形式为________。

已有定义:float　a1,　a2;

数据的输入方式:　4.523

　　　　　　　　　3.52

A. scanf("%f %f", &a1,&a2);

B. scanf("%f ,%f", a1, a2);

C. scanf("%4.3f ,%3.2f", &a1,&a2);

D. scanf("%4.3f %3.2f", a1,a2);

22. 以下程序的输出结果是________。

```
main( )
{ intI=012, j=12, k=0x12;
printf("%d,%d,%d\n",I, j, k );
```

A. 10, 12, 18　B. 12, 12, 12

C. 10, 12, 12　D. 12, 12, 18

23. 以下程序的输出结果是(注:▁表示空格)________。

```
main( )
{ printf("\n*s1=%8s*","china");
printf("\n*s2=%-5s*","chi") ;        }
```

A. *s1=china▁▁▁*
   s2=chi

B. *s1=china▁▁▁*
   s2=chi▁▁

C. *s1=▁▁▁china*
   *s2=▁▁chi *

D. *s1=▁▁▁china*
   s2=chi▁▁

(二)填空题

1. C 语言中的语句可分为 5 类,即________、________、________、________和

________。

2. 由一次函数调用加一个分号构成一个________语句。

3. putchar 函数的作用是____________________。

4. printf 是 C 语言提供的标准输出函数,它的作用是____________。

5. printf 函数的“格式控制”包括两部分,它们是________ 和________ 。

6. 对不同类型的语句有不同的格式字符。例如:________ 格式字符是用来输出十进制整数;________ 格式字符是用来输出一个字符;________ 格式字符是用来输出一个字符串。

7. %-ms 表示如果串长________ m,则在 m 列范围内,字符串向________ 靠,________ 补空格。

8. 如果要输出字符“&”,则应该在“格式控制”字符串中用________表示。

9. getchar 函数的作用是____________________。

10. 符号“&”是________ 运算符;“&a”是指________________。

11. scanf 函数中的“格式控制”后面应当是________ ,而不是________ 。

12. C 语言中的空语句就是________。

13. 复合语句是由一对________ 括起来的若干语句组成。

14. 分析下列程序:

```
#include<stdio.h>
main()
{
   int x=2,y,z;
   x*=3+2;printf("%d\n",x);
   x*=y=z=4;printf("%d\n",x);
   x=y=z;printf("%d\n",x);
   x=(y=z);printf("%d\n",x);
}
```

程序的输出结果为________。

15. 编制程序对实数 a 与 b 进行加、减、乘、除计算,要求显示如下结果。将缺少的部分填在空白处。

```
jia=70.000000
jian=30.000000
cheng=1000.000000
chu=2.5000000
```

程序:

```
#include<stdio.h>
void main(void)
{ ___(1)___
   a=50.0;b=20.0;
```

```
    printf("jia=%f\n", ___(2)___ );
    printf("jian=%f\n" ___(3)___ );
    printf("cheng=%f\n", ___(4)___ );
    printf("chu=%f\n", ___(5)___ );
}
```

16. 下列程序的输出结果是________。

```
#include<stdio.h>
main()
{char a;
  a='A';
  printf("%d%c",a,a);
}
```

17. 分析下面程序：

```
main()
{
int x=2,y,z;
x*=3+2;printf("%d\n",x);
x*=y=z=4;printf("%d\n",x);
x=y=1;
z=x++-1;printf("%d,%d\n",x,z);
z+=-x++ +(++y);printf("%d,%d",x,z);
}
```

程序的输出结果是________。

18. 分析下列程序：

```
main()
{
int x,y;
x=16,y=(x++)+x;printf("%d\n",y);
x=15;printf("%d,%d\n",++x,x);
x=20,y=x-- +x;printf("%d\n",y);
x=13;printf("%d,%",x++,x);
}
```

程序的输出结果是________。

19. 以下程序的输出结果为________。

```
main(  )
{float  a=3.14, b=3.14159;
  printf("%f, %5.3f\n",a,b);  }
```

20. 以下程序的输出结果为________。

```
#include<stdio.h>
  main( )
  { char c1,c2;
    c1='a';
    c2='\n';
    printf("%c%c",c1,c2);      }
```

三、编程题

1. 从键盘上输入一个大写字母,要求改用小写字母输出。
2. 编写程序,求方程 $ax^2+bx+c=0$ 的解 x。
3. 请编写一个程序,能显示出以下两行文字。

I am a student.

I love China.

第 4 章　选择结构程序设计

一、知识点回顾

1. 关系运算符和表达式

在程序中经常需要比较两个量的大小关系,以决定程序下一步的工作。比较两个量的运算符称为关系运算符。

(1)关系运算符及其优先次序。

在 C 语言中有以下关系运算符:

①<　　小于

②<=　 小于或等于

③>　　大于

④>=　 大于或等于

⑤==　 等于

⑥!=　 不等于

关系运算符都是双目运算符,其结合性均为左结合。关系运算符的优先级低于算术运算符,高于赋值运算符。在6个关系运算符中,“<”、“<”、“=”、“>”、“>”、“=”的优先级相同,高于“==”和“!=”,“==”和“!=”的优先级相同。

(2)关系表达式。

关系表达式的一般形式为:

　　表达式　关系运算符　表达式

例如:

```
a+b>c-d
x>3/2
```

```
'a'+1<c
-i-5*j==k+1
```

都是合法的关系表达式。由于表达式也可以是关系表达式,因此也允许出现嵌套的情况。例如:

```
a>(b>c)
a!=(c==d)
```

关系表达式的值是“真”和“假”,用“1”和“0”表示。如:5>0 的值为“真”,即为 1。(a=3)>(b=5),由于 3>5 不成立,故其值为假,即为 0。

【例 8】 输出下列程序中各表达式的值。

```
main(){
  char c='k';
  int i=1,j=2,k=3;
  float x=3e+5,y=0.85;
  printf("%d,%d\n",'a'+5<c,-i-2*j>=k+1);
  printf("%d,%d\n",1<j<5,x-5.25<=x+y);
  printf("%d,%d\n",i+j+k==-2*j,k==j==i+5);
}
```

在本例中求出了各种关系运算符的值。字符变量是以它对应的 ASCII 码参与运算的。对于含多个关系运算符的表达式,如 k==j==i+5,根据运算符的左结合性,先计算 k==j,该式不成立,其值为 0,再计算 0==i+5,也不成立,故表达式值为 0。

2. 逻辑运算符和表达式

(1)逻辑运算符极其优先次序。

C 语言中提供了 3 种逻辑运算符:

①&&　与运算

②||　或运算

③!　非运算

与运算符“&&”和或运算符“||”均为双目运算符,具有左结合性。非运算符“!”为单目运算符,具有右结合性。逻辑运算符和其他运算符优先级的关系可表示如下(图 3):

!(非)
算术运算符
关系运算符
&&和||
赋值运算符

图 3

!(非)→&&(与)→||(或)

“&&”和“||”低于关系运算符,“!”高于算术运算符。

按照运算符的优先顺序可以得出:

a>b && c>d　　等价于　　(a>b)&&(c>d)

！ b==c||d<a　等价于　((！ b)==c)||(d<a)

a+b>c&&x+y<b　等价于　((a+b)>c)&&((x+y)<b)

(2)逻辑运算的值。

逻辑运算的值也为“真”和“假”两种,用“1”和“0 ”表示。其求值规则如下:

①与运算“&&”:参与运算的两个量都为真时,结果才为真,否则为假。例如:

　　5>0 && 4>2

由于 5>0 为真,4>2 也为真,相与后的结果也为真。

②或运算“||”:参与运算的两个量只要有一个为真,结果就为真。两个量都为假时,结果为假。例如:

　　5>0||5>8

由于 5>0 为真,相或后的结果也就为真。

③非运算“!”:参与运算量为真时,结果为假;参与运算量为假时,结果为真。例如:

　　！(5>0)

的结果为假。

虽然 C 编译在给出逻辑运算值时,以“1”代表“真”,“0 ”代表“假”。但反过来在判断一个量是为“真”还是为“假”时,以“0”代表“假”,以非 0 的数值作为“真”。例如:

由于 5 和 3 均为非 0,因此 5&&3 的值为“真”,即为 1。

又如:5||0 的值为“真”,即为 1。

(3)逻辑表达式。

逻辑表达式的一般形式为:

　　表达式　逻辑运算符　表达式

其中,表达式可以又是逻辑表达式,从而组成了嵌套的情形。

例如:

　　(a&&b)&&c

根据逻辑运算符的左结合性,上式也可写为

　　a&&b&&c

逻辑表达式的值是式中各种逻辑运算的最后值,以“1”和“0”分别代表“真”和“假”。

【例 9】　求出下列程序中各表达式的值。

```
main(){
    char c='k';
    int i=1,j=2,k=3;
    float x=3e+5,y=0.85;
    printf("%d,%d\n",! x*! y,!!! x);
    printf("%d,%d\n",x||i&&j-3,i<j&&x<y);
    printf("%d,%d\n",i==5&&c&&(j=8),x+y||i+j+k);
}
```

本例中！ x 和！ y 都为 0,！ x*！ y 也为 0,故其输出值为 0。由于 x 为非 0,故!!! x 的逻辑值为 0。对 x|| i && j-3 式,先计算 j-3 的值为非 0,再求 i && j-3 的逻辑值为 1,

故 x||i&&j-3 的逻辑值为 1。对 i<j&&x<y 式,由于 i<j 的值为 1,而 x<y 为 0 故表达式的值为 1,0 相与,最后为 0,对 i= =5&&c&&(j=8)式,由于 i= =5 为假,即值为 0,该表达式由两个与运算组成,所以整个表达式的值为 0。对于式 x+ y||i+j+k 由于 x+y 的值为非 0,故整个或表达式的值为 1。

3. if 语句

用 if 语句可以构成分支结构。它根据给定的条件进行判断,以决定执行某个分支程序段。C 语言的 if 语句有 3 种基本形式。

(1)if 语句的 3 种形式。

①第一种形式为基本形式——if。

```
if(表达式) 语句
```

其语义是:如果表达式的值为真,则执行其后的语句,否则不执行该语句。其过程如图 4 所示。

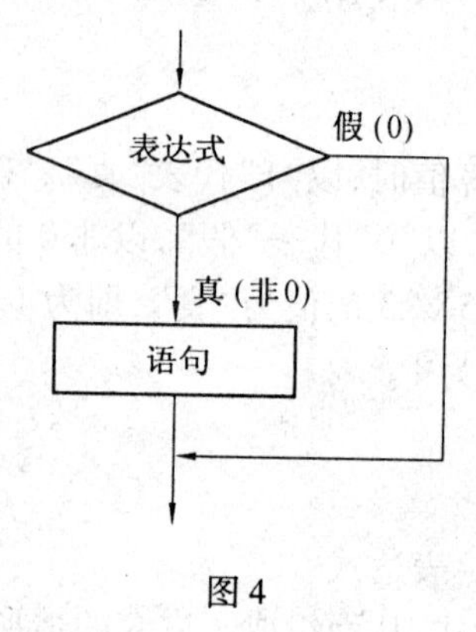

图 4

【例 10】 求两数的最大值。

```
main( )
{   int a,b,max;
    printf("\n input two numbers:   ");
    scanf("%d%d",&a,&b);
    max=a;
    if (max<b) max=b;
    printf("max=%d",max);
}
```

在本例程序中,输入两个数 a,b。把 a 先赋予变量 max,再用 if 语句判别 max 和 b 的大小,如 max 小于 b,则把 b 赋予 max。因此,max 中总是大数,最后输出 max 的值。

②第二种形式为—— if…else。

```
if(表达式)
  语句1;
    else
  语句2;
```

其语义是:如果表达式的值为真,则执行语句 1,否则执行语句 2 。

其执行过程如图 5 所示。

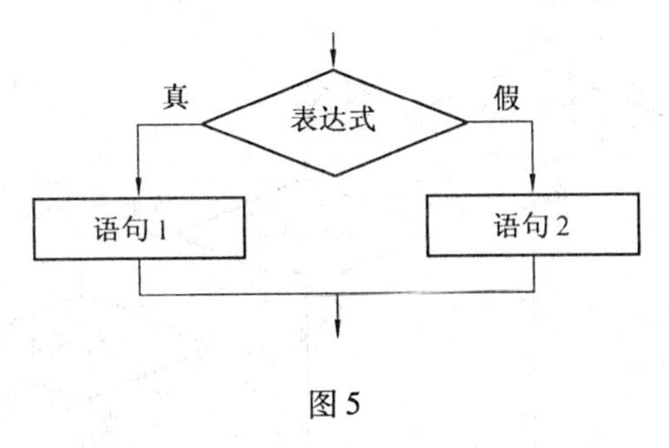

图 5

【例 11】 输入两个整数,输出其中的大数。

```
main()
{    int a, b;
     printf("input two numbers:        ");
     scanf("%d%d",&a,&b);
     if(a>b)
        printf("max=%d\n",a);
     else
        printf("max=%d\n",b);
}
```

改用 if…else 语句判别 a,b 的大小。若 a 大,则输出 a,否则输出 b。

③第三种形式为 if…else…if 形式。

前两种形式的 if 语句一般都用于两个分支的情况。当有多个分支选择时,可采用 if…else…if语句,其一般形式为:

```
if(表达式 1)
     语句 1;
else  if(表达式 2)
     语句 2;
else  if(表达式 3)
     语句 3;
…
else  if(表达式 m)
     语句 m;
else
     语句 n;
```

其语义是:依次判断表达式的值,当出现某个值为真时,则执行其对应的语句。然后跳到整个 if 语句之外继续执行程序。如果所有的表达式均为假,则执行语句 n。然后继续执行后续程序。if…else…if 语句的执行过程如图 6 所示。

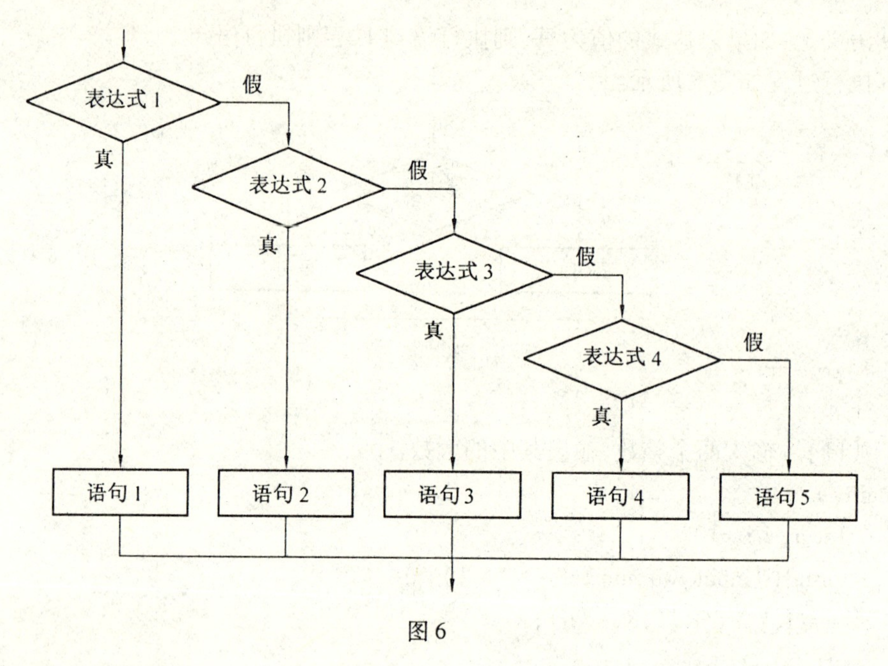

图 6

【例 12】 判别键盘输入字符的类别。

```
#include"stdio.h"
main()
{    char c;
     printf("input a character:      ");
     c=getchar();
     if(c<32)
       printf("This is a control character\n");
     else if(c>='0'&&c<='9')
       printf("This is a digit\n");
     else if(c>='A'&&c<='Z')
       printf("This is a capital letter\n");
     else if(c>='a'&&c<='z')
       printf("This is a small letter\n");
     else
       printf("This is an other character\n");
}
```

本例要求判别键盘输入字符的类别。可以根据输入字符的 ASCII 码来判别类型。由 ASCII 码表可知,ASCII 值小于 32 的为控制字符。在“0”和“9”之间的为数字,在“A”和“Z”之间为大写字母, 在“a”和“z”之间为小写字母,其余则为其他字符。这是一个多分支选择的问题,用 if…else…if 语句编程,判断输入字符 ASCII 码所在的范围,分别给出不同的输出。例如:输入为“g”,输出显示它为小写字符。

④在使用 if 语句时还应注意以下问题。

a. 在 3 种形式的 if 语句中，if 关键字之后均为表达式。该表达式通常是逻辑表达式或关系表达式，但也可以是其他表达式，如赋值表达式等，甚至也可以是一个变量。

例如：

```
    if(a=5) 语句;
  if(b) 语句;
```

都是允许的。只要表达式的值为非 0，即为"真"。

又如：

```
    if(a=5)…;
```

表达式的值永远为非 0，所以其后面的语句总是要执行的，当然这种情况在程序中不一定会出现，但在语法上是合法的。

又如，有程序段：

```
    if(a=b)
        printf("%d",a);
    else
        printf("a=0");
```

本语句的语义是，把 b 值赋予 a，如为非 0，则输出该值，否则输出"a=0"字符串。这种用法在程序中经常出现。

b. 在 if 语句中，条件判断表达式必须用括号括起来，在语句之后必须加分号。

c. 在 if 语句的 3 种形式中，所有的语句应为单个语句，如果要想在满足条件时执行一组（多个）语句，则必须把这一组语句用"{}"括起来，组成一个复合语句。但要注意的是在"}"之后不能再加分号。例如：

```
    if(a>b)
      {a++;
       b++;}
else
      {a=0;
       b=10;}
```

(2)if 语句的嵌套。

当 if 语句中的执行语句又是 if 语句时，则构成了 if 语句嵌套的情形。

其一般形式可表示如下：

```
    if(表达式)
      if 语句;
```

或者

```
    if(表达式)
       if 语句;
    else
       if 语句;
```

在嵌套内的 if 语句可能又是 if…else 型的,这将会出现多个 if 和多个 else 重叠的情况,这时要特别注意 if 和 else 的配对问题。例如:

```
if(表达式 1)
if(表达式 2)
   语句 1;
else
   语句 2;
```

其中的 else 究竟是与哪一个 if 配对呢?应该理解为:

```
if(表达式 1)
    if(表达式 2)
        语句 1;
    else
        语句 2;
```

还是应理解为:

```
if(表达式 1)
    if(表达式 2)
        语句 1;
else
    语句 2;
```

为了避免这种二义性,C 语言规定,else 总是与它前面最近的 if 配对,因此对上述例子应按前一种情况理解。

【例 13】 比较两个数的大小关系。

```
main()
{   int a,b;
    printf("please input A,B:      ");
    scanf("%d%d",&a,&b);
    if(a!=b)
    if(a>b)  printf("A>B\n");
    else     printf("A<B\n");
    else     printf("A=B\n");
}
```

本例中用了 if 语句的嵌套结构。采用嵌套结构实质上是为了进行多分支选择。本例实际上有 3 种选择,即 A>B、A<B 或 A=B。这种问题用 if…else…if 语句也可以完成。而且程序更加清晰。因此,在一般情况下较少使用 if 语句的嵌套结构,以使程序更便于阅读、理解。

【例 14】 判断两个数的大小关系。

```
main()
{   int a,b;
```

```
    printf("please input A,B:        ");
    scanf("%d%d",&a,&b);
    if(a==b) printf("A=B\n");
    else if(a>b)   printf("A>B\n");
    else   printf("A<B\n");
}
```

4. **条件运算符和条件表达式**

如果在条件语句中，只执行单个的赋值语句时，常可使用条件表达式来实现。这样不仅使程序简洁，也提高了运行效率。

条件运算符为“?”和“:”，它是一个三目运算符，即有3个参与运算的量。

由条件运算符组成条件表达式的一般形式为：

表达式1?　表达式2：表达式3

其求值规则为：如果表达式1的值为真，则以表达式2的值作为条件表达式的值，否则以表达式2的值作为整个条件表达式的值。

条件表达式通常用于赋值语句之中。

例如，条件语句：

```
if(a>b)   max=a;
else max=b;
```

可用条件表达式写为

```
max=(a>b)? a:b;
```

该语句的语义是：如a>b为真，则把a赋予max，否则把b赋予max。

使用条件表达式时，还应注意以下几点：

(1)条件运算符的运算优先级低于关系运算符和算术运算符，但高于赋值符。因此

```
max=(a>b)? a:b
```

可以去掉括号而写为

```
max=a>b? a:b
```

(2)条件运算符“?”和“:”是一对运算符，不能分开单独使用。

(3)条件运算符的结合方向是自右至左。

例如：

```
a>b? a:c>d? c:d
```

应理解为

```
a>b? a:(c>d? c:d)
```

这也就是条件表达式嵌套的情形，即其中的表达式3又是一个条件表达式。

【例15】 用条件运算符改写例14。

```
main()
{   int a,b,max;
    printf("\n input two numbers:   ");
    scanf("%d%d",&a,&b);
```

```
    printf("max=%d",a>b? a:b);
}
```

用条件表达式对上例重新编程,输出两个数中的大数。

5. switch 语句

C语言还提供了另一种用于多分支选择的switch语句,其一般形式为:

```
switch(表达式){
case 常量表达式1:  语句1;
case 常量表达式2:  语句2;
…
case 常量表达式n:  语句n;
default         :  语句n+1;
}
```

其语义是:计算表达式的值,并逐个与其后的常量表达式值相比较,当表达式的值与某个常量表达式的值相等时,即执行其后的语句,然后不再进行判断,继续执行后面所有case后的语句。如表达式的值与所有case后的常量表达式均不相同时,则执行default后的语句。

【例16】 输入一个数字,判断它是星期几。

```
main()
{   int a;
    printf("input integer number:       ");
    scanf("%d",&a);
    switch (a){
    case 1:printf("Monday\n");
    case 2:printf("Tuesday\n");
    case 3:printf("Wednesday\n");
    case 4:printf("Thursday\n");
    case 5:printf("Friday\n");
    case 6:printf("Saturday\n");
    case 7:printf("Sunday\n");
    default:printf("error\n");
    }
}
```

本程序是要求输入一个数字,输出一个英文单词。但是当输入3之后,却执行了case 3以及以后的所有语句,输出了Wednesday及以后的所有单词。这当然是不希望的。为什么会出现这种情况呢?这恰恰反应了switch语句的一个特点。在switch语句中,"case 常量表达式"只相当于一个语句标号,表达式的值和某标号相等则转向该标号执行,但不能在执行完该标号的语句后自动跳出整个switch语句,所以出现了继续执行所有后面case语句的情况。这是与前面介绍的if语句完全不同的,应特别注意。为了避免上述情况发生，C 语言还提供了一种 break 语句，专用于跳出 switch 语句。break 语句只有关键字 break，没有参数。在后面还将详细介绍。修改例 16 的程序，在每一个 case 语句之后增加 break 语句，使每一次执行之后均可跳出 switch 语句，从而避免输出不应有的结果。如以下程序：

```
main()
{   int a;
    printf("input integer number:     ");
    scanf("%d",&a);
    switch (a){
      case 1:printf("Monday\n");break;
      case 2:printf("Tuesday\n"); break;
      case 3:printf("Wednesday\n");break;
      case 4:printf("Thursday\n");break;
      case 5:printf("Friday\n");break;
      case 6:printf("Saturday\n");break;
      case 7:printf("Sunday\n");break;
      default:printf("error\n");
    }
}
```

在使用 switch 语句时还应注意以下几点：

①在 case 后的各常量表达式的值不能相同，否则会出现错误。

②在 case 后，允许有多个语句，可以不用{}括起来。

③各 case 和 default 子句的先后顺序可以变动，不会影响程序执行结果。

④default 子句可以省略。

二、习题

（一）选择题

1. 下列运算符中优先级最高的是________。

A. >　　　　B. +　　　　C. &&　　　　D. ! =

2. 以下关于运算符优先级的描述中，正确的是________。

A. !（逻辑非）>算术运算>关系运算>&&（逻辑与）>||（逻辑或）>赋值运算

B. &&（逻辑与）>算术运算>关系运算>赋值运算

C. 关系运算>算术运算>&&（逻辑与）>||（逻辑或）>赋值运算

D. 赋值运算>算术运算>关系运算>&&（逻辑与）>||（逻辑或）

3. 逻辑运算符的运算对象的数据类型________。

A. 只能是 0 或 1　　　　B. 只能是. T. 或. F.

C. 只能是整型或字符型　　　　D. 任何类型的数据

4. 能正确表示 x 的取值范围在[0,100]和[-10,-5]内的表达式是________。

A. (x<=-10)||(x>=-5)&&(x<=0)||(x>=100)

B. (x>=-10)&&(x<=-5)||(x>=0)&&(x<=100)

C. (x>=-10)&&(x<=-5)&&(x>=0)&&(x<=100)

D. (x<=-10)||(x>=-5)&&(x<=0)||(x>=100)

5. 以下程序的运行结果是________。

```
main( )
{
int   c,x,y;
x=1;
y=1;
c=0;
c=x++||y++;
printf("\n%d%d%d\n",x,y,c);
}
```

A. 110　　B. 211　　C. 011　　D. 001

6. 以下程序的运行结果是________。

```
main( )
{
int   c,x,y;
x=0;
y=0;
c=0;
c=x++&&y++;
printf("\n%d%d%d\n",x,y,c);
}
```

A. 100　　B. 211　　C. 011　　D. 001

7. 判断字符型变量 ch 为大写字母的表达式是________。

A. 'A'<=ch<='Z'　　B. (ch>='A')&(ch<='Z')

C. (ch>='A')&&(ch<='Z')　　D. (ch>='A')AND(ch<='Z')

8. 判断字符型变量 ch 为小写字母的表达式是________。

A. 'a'<=ch<='z'　　B. (ch>=a)&&(ch<=z)

C. (ch>='a')||(ch<='z')　　D. (ch>='a')&&(ch<='z')

9. 以下 if 语句书写正确的是________。

A.
```
if(x=0;)
  printf("%f",x);
else  printf("%f",-x);
```

B.
```
if(x>0)
  {x=x+1; printf("%f",x);}
else  printf("%f",-x);
```

C.
```
if(x>0);
  {x=x+1; printf("%f",x);}
```

D.
```
if(x>0)
  {x=x+1; printf("%f",x) }
```

```
else    printf("%f",-x);            else   printf("%f",-x);
```

10. 分析以下程序：

```
main( )
{int   x=5,a=0,b=0;
  if(x=a+b)        printf("* *  * *\n");
  else             printf("## ##\n");
```

以上程序________。

A. 有语法错，不能通过编译　　　　B. 通过编译，但不能连接

C. 输出 * * * *　　　　　　　　D. 输出## ##

11. 两次运行下列程序，如果从键盘上分别输入6和4，则输出结果是________。

```
main( )
{ int x;
   scanf("%d",&x);
   if(x++>5)   printf("%d",x);
   else    printf("%d\n",x--);
}
```

A. 7 和 5　　　B. 6 和 3　　　C. 7 和 4　　　D. 6 和 4

12. 写出下列程序的执行结果________。

```
main( )
{int   x,y=1;
    if(y! =0)       x=5;
    printf("%d\t",x);
    if(y= =0)    x=3;
 else   x=5;
 printf("%d\t\n",x);
 }
```

A. 1　3　　　B. 1　5　　　C. 5　3　　　D. 5　5

13. 写出下列程序的执行结果________。

```
main()
{int x=1,y=1,z=0;
if(z<0)
if(y>0) x=3;
else x=5;
printf("%d\t",x);
if(z=y<0) x=3;
else if(y= =0 ) x=5;
else x=7;
printf("%d\t",x);
```

```
printf("%d\t",z);
}
```

A. 1 7 0　　B. 3 7 0　　C. 5 5 0　　D. 1 5 1

14. 假定所有变量均已正确说明，下列程序段运行后 x 的值是________。

```
a=b=c=0;x=35;
if(! a)   x=-1;
else if(b);
if(c) x=3;
else   x=4;
```

A. 34　　B. 4　　C. 35　　D. 3

15. 写出下列程序的运行结果是________。

```
main()
{int x,y=1,z;
if(y! =0) x=5;
printf("x+%d\t",x);
if(y= =0) x=3;
else x=5;
printf("x=%d\t\n",x);
x=1;
if(z<0)
if(y>0)x=3;
else x=5;
printf("x=%d\t\n",x);
if(z=y<0)x=5;
else x=7;
printf("x=%d\t",x);
printf("%d\t\n",z);
if(x=y=z)x=3;
printf("x=%d\t",x);
printf("z=%d\t\n",z);
}
```

A. x=5　x=5
x=1
x=7　z=0
x=3　z=1

B. x=5　x=5
x=1
x=5　z=0
x=3　z=0

C. x=5　x=5
x=5
x=7　z=0
x=3　z=1

D. x=5　x=5
x=1
x=7　z=0
x=3　z=0

16. 若有以下函数关系：

x<0→　y=2x

x>0→　y=x

x=0→　y=x+1

下列程序段能正确表示以上关系的是________。

A.
```
y=2x;
if(x!=0)
    if(x>0)y=x;
    else y=x+1;
```

B.
```
y=2x;
if(x<=0)
    if(x==0) y=x+1;
    else y=x;
```

C.
```
if(x>=0)
    if(x>0)  y=x;
    else  y=x+1;
else y=2x;
```

D.
```
y=x+1;
if(x<=0)
    if(x<0)  y=2x;
    else  y=x;
```

17. 若有以下变量定义：

float　x; int　a,b;

则正确的 switch 语句是________。

A.
```
switch(x)
{ case 1.0:printf("*\n");
  case 2.0:printf("* *\n");
}
```

B.
```
switch(x)
{ case 1,2:printf("*\n");
  case 3:printf("* *\n");
}
```

C.
```
switch(a+b)
{ case 1:printf("*\n");
  case 2*a:printf("* *\n");
}
```

D.
```
switch(a+b)
{ case  1:printf("*\n");
  case  1+2:printf("* *\n");
}
```

18. 以下关于运算符优先顺序的描述正确的是________。

A. 关系运算符<算术运算符<赋值运算符<逻辑运算符

B. 逻辑运算符<关系运算符<算术运算符<赋值运算符

C. 赋值运算符<逻辑运算符<关系运算符<算术运算符

D. 算术运算符<关系运算符<赋值运算符<逻辑运算符

19. 能正确表示 a>=10 或 a<=0 的关系表达式是________。

A. a>=10 or a<=0　　B. a>=10 | a<=0

C. a>=10 && a<=0　　D. a>=10 || a<=0

20. 以下不正确的 if 语句形式是________。

A. if(x > y && x ! = y);

B. if(x = = y) x + = y ;

C. if(x ! = y) scanf ("%d", &x) else scanf ("%d", &y);

D. if(x < y) { x++; y++;}

21. 当 a = 1, b = 3 , c = 5, d = 4 时, 执行完下面程序段后 x 的值为________。

```
if ( a < b )
if( c < d )  x = 1 ;
else
   if ( a < c )
      if ( b < d ) x =2 ;
      else  x = 3 ;
   else  x = 6 ;
else  x = 7 ;
```

A. 1　　B. 2　　C. 3　　D. 6

22. 以下 if 语句中语法错误的是________。

A. if (a>b)printf("%f",a);

B. if(a>b)printf("%f",a);
else printf("%f",b);

C. if(a>b)printf("%f",a)
else printf("%f",b);

D. if(a>b)printf("%f",b);
else printf("%f",a);

23. 能表示整数 x 符合下面两个条件的语句是________。

(1)能被 4 整除,但不能被 100 整除;(2)能被 4 整除,又能被 400 整除。

A. (x%4==0&&x%100! =0)||x%400==0

B. (x%4==0||x%100! =0)&&x%400==0

C. (x%4==0&&x%400! =0)||x%100==0

D. (x%100==0||x%4! =0)&&x%400==0

24. 设有如下定义:char ch='z',则执行下面语句后,变量 ch 是值为________。

ch=('A'<=ch&&ch<='Z')? (ch+32):ch

A. A　　B. a　　C. Z　　D. z

25. 若 I 为整型变量,则下列程序段的运行结果为________。

```
I=322;
if(I%2==0) printf("#####")
else  printf("*****");
```

A. #####　　B. #####*****

C. *****　　D. 有语法错误,无法输出结果

26. 已知 int x=30,y=50,z=80;以下语句执行后变量 x,y,z 的值分别为________。

```
    if (x>y||x<z&&y>z)
z=x; x=y; y=z;
```

A. x=50, y=80, z=80　　　　B. x=50, y=30, z=30

C. x=30, y=50, z=80　　　　D. x=80, y=30, z=50

27. 在 C 语言中,要求运算对象必须是整型的运算符是________。

A. >　　　　B. ++　　　　C. %　　　　D. !=

28. 已知 int x=30,y=50,z=80;以下语句执行后变量 x,y,z 的值分别为________。

```
if (x>y||x<z&&y>z)
{ z=x; x=y; y=z; }
```

A. x=50, y=80, z=80　　　　B. x=50, y=30, z=30

C. x=30, y=50, z=80　　　　D. x=80, y=30, z=50

29. 下列程序的输出结果是________。

```
main( )  {int x=2,y=-1,z=2;
    if (x<y)   if(y<0)   z=0;   else   z+=1;
    printf("%d\n",z);   }
```

A. 3　　　　B. 2　　　　C. 1　　　　D. 0

30. 设 a,b 和 c 是 int 型变量,且 a=2,b=4,c=6,则下列表达式中值为 0 的是________。

A. 'a'+'b'　　　　B. a<=b

C. a||b+c&&b-c　　　　D. !((a<b)&&!c||1)

31. 在 C 语言的 if 语句中,可用作判断的表达式是________。

A. 关系表达式　　　　B. 逻辑表达式

C. 算术表达式　　　　D. 任意表达式

32. 下面能正确表示变量 a 在区间[0,5]或(6,10)内的表达式为________。

A. 0<=a || a<=5 ||6 <a || a<10

B. 0<=a&&a<=5 || 6<a&&a<10

C. (0<=a||a<=5)&&(6<a||a<10)

D. 0<=a&&a<=5&&6<a&&a<10

33. 在 C 语言中,多分支选择结构语句为:

```
switch(c)
{ case 常量表达式 1:语句 1;
    …
case 常量表达式 n-1:语句 n-1;
default          语句 n;}
```

其中括号内表达式 c 的类型为________。

A. 可以是任意类型　　　　B. 只能为整型

C. 可以是整型或字符型　　　　D. 可以为整型或实型

34. 以下 if 语句语法正确的是________。

A. if (x > 0)
```
   printf(" %f", x )
   else   printf("%f", - x );
```
B. if (x > 0)
```
   { x = x + y ; printf ("%f", x ) ; }
   else  printf ("%f", - x ) ;
```
C. if (x > 0)
```
   { x = x + y ; printf ("%f", x ) ; } ;
     else  printf ("%f", - x ) ;
```
D. if (x > 0)
```
     { x = x + y ; printf ("%f", x )  }
   else  printf ("%f", - x ) ;
```

35. 为了表示关系 x>=y>=z,应使用C语言表达式________。

A. (x>=y)&&(y>=z) B. (x>=y)AND(y>=z)

C. (x>=y>=z) D. (x>=y)&(y>=z)

36. 若欲表示在 if 后 a 不等于 0 的关系,则能够正确表示这一关系的表达式为________。

A. a<>0 B. ! a C. a=0 D. a

37. 下列程序的输出结果是________。

```
main()
{int x,y,z;
x=y=1;
z=x++-1;
printf("%d,%d\t",x,z);
z+=-x+++(++y||++z);
printf("%d,%d",x,z);
}
```

A. 2,0 3,-1 B. 2,1 3,0

C. 2,0 2,1 D. 2,1 0,1

38. 下列程序的输出结果是________。

```
main()
{int x=40,y=4,z=4;
x=y= =z;
printf("%d",x);
x=x= =(y-z);
printf("%d",x);
}
```

A. 4 0 B. 4 1 C. 1 1 D. 1 0

39. 若 x=3,y=z=4,则下列表达式的值分别为________。

(1)(z>=y>=x)? 1:0

(2)z>=y&& y>=x

A. 0 1　　B. 1 1　　C. 0 0　　D. 1 0

40. 若 x=3,y=z=4,则下列表达式的值分别为________。

(1)(z>=y>=x)? 1:0

(2)y+=z,x * =y

A. 0 24　　B. 1 8　　C. 0 8　　D. 1 12

41. 在下例运算符中,优先级最高的运算符是________。

A. <=　　B. =　　C. %　　D. &&

42. 下列程序的输出结果是________。

```
main()
{
int a=-1,b=4,k;
k=(++a<=0)&&!(b--<=0);
printf("%d %d %d",k,a,b);
}
```

A. 1 0 4　　B. 0 04　　C. 1 0 3　　D. 0 0 3

43. 若已定义 int a=25,b=14,c=19;以下 3 项运算符(?:)所构成的语句的执行结果是________。

a++<=25&&b--<=2&&c++? printf(" * * * a=%d,b=%d,c=%d\n",a,b,c):printf("###a=%d,b=%d,c=%d\n",a,b,c)

A. (* * * a=25,b=14,c=19)　　B. (* * * a=26,b=13,c=19)

C. (###a=25,b=14,c=19)　　D. (###a=26,b=13,c=19)

(二)填空题

1. 在 C 语言中,对于 if 语句,else 子句与 if 子句的配对约定是________________。

2. 阅读下面程序,写出它的功能。

```
#include <stdio.h>
main()
{int   label;
char   c;
printf("\nPlease enter 1 number:");
c=getchar();
while(c!='\n')
  {if(c=='.')   label=1;
   c=getchar();
   }
if(label==1)
```

```
printf("\nfloat");
else   printf("\nint");
}
```

3. 以下两条 if 语句可合并成一条 if 语句为________。

```
if(a<=b)     x=1;
else y=2;
if(a>b)   printf("* * * * y=%d\n",y);
else   printf("# # # # x=%d\n",x);
```

4. 以下程序的功能是计算一元二次方程 $ax^2+bx+c=0$ 的根,补足程序中空缺的语句。

```
#include <math.h>
main( )
{
   float a,b,c,_abs,_derta,_doublea,part1,part2;
   printf("enter a,b,c:");
   scanf("%f%f%f",&a,&b,&c);
   if(  (1)  )
      if(  (2)  )    printf("no answer due to input error\n");
     else    printf("the single root is %f\n",-c/b);
   else
     {_derta=b*b-4*a*c;
       _doublea=2*a;
       part1=-b/(2*a);
       _abs=abs(_derta);
       part2=sqrt(_abs)/_doublea;
   if(  (3)  )
      printf("complex root \nreal part=%f image part=%f\n",part1,part2);
      else
          printf("real roots\n root1=%f root2=%f\n",part1+part2,part1-part2);
      }
}
```

5. 设有程序片段如下:

```
switch(class)
{case 'A':printf("GREAT! \n");
case 'B':printf("GOOD! \n");
case 'C':printf("OK! \n");
case 'D':printf("NO! \n");
default:printf("ERROR! \n");
}
```

若 class 的值为'C',则输出结果是________。

6. 下列程序段的运行结果是________。

```
int x=1,y=0;
switch(x)
{case 1:
     switch(y)
         {
           case 0:printf("x=1 y=0\n");break;
           case 1:printf("y=1\n");break;
         }
  case 2:printf("x=2\n");
  }
```

7. 根据以下 if 语句写出与其功能相同的 switch 语句(x 的值在 0~100 之间)。

if 语句:

```
  if(x<60)    m=1;
    else   if(x<70)     m=2;
         else   if(x<80)    m=3;
              else   if(x<90)    m=4;
                        else   if(x<100)    m=5;
```

switch 语句:

```
  switch(__(1)__)
  {
    __(2)__ m=1;break;
    case 6:m-2;break;
    case 7:m=3;break;
    case 8:m=4;break;
    __(3)__ m=5;
  }
```

8. 输入 3 个实数 a, b, c,要求按从大到小的顺序输出这 3 个数。

```
main( )
{ float a,b,c,t;
  scanf("%f,%f,%f",&a,&b,&c);
  if (a<b)
  {t=a; __(1)__  b-t;}
  if(__(2)__)
  {t=a; a=c; c=t;}
  if(b<c)
  {__(3)__ b=c; c=t;}
```

```
printf("%f,%f,%f",a,b,c);
}
```

9. 输入一个字符,如果是大写字母,则把其变成小写字母;如果是小写字母,则变成大写字母;其他字符不变。请在( )内填入缺省的内容。

```
main( )
{   char    ch;
    scanf("%c",&ch);
  if ( __(1)__ )        ch=ch+32;
  else if(ch>='a'&&ch<='z') ( __(2)__ );
        printf("%c\n",ch);    }
```

10. 下列程序的运行结果是________。

```
main(   )
{ int  a = 2, b = 3, c ;
  c = a ;
  if ( a>b ) c = 1 ;
  else if ( a == b ) c = 0 ;
    else  c = -1 ;
  printf ("%d\n", c ) ;
  }
```

11. 下列程序的运行结果是________。

```
main( )
{int x;
  x=5;
  if (++x>5) printf("x=%d",x);
  else printf("x=%d",x--);    }
```

12. 在C语言中提供的条件运算符"?:"的功能是____________________。

13. 条件表达式 a? b:c,其中 a,b,c 是 3 个运算分量. 当运算分量 a 的值为真,则____________,否则____________。

14. 在C语言中的逻辑运算符的优先级是________高于________高于________。

15. main()

```
{int a,b,c;
  a=b=c=1;
  a+=b;
  b+=c;
  c+=a;
  printf("(1)%d\n",a>b? a:b);
  printf("(2)%d\n",a>c? a--;c++);
  (a>=b>=c)? printf("AA");printf("CC");
```

```
  printf(" \n a=%d,b=%d,c=%d\n",a,b,c);
}
```

运行结果为(1)________。(2)________。

16. 用 C 语言描述下列命题。

(1)a 小于 b 或小于 c ________;

(2)a 和 b 都大于 c ________;

(3)a 或 b 中有一个小于 c ________;

(4)a 是奇数________。

17.
```
main()
{int x=1,y=1,z=1;
  y=y+z;x=x+y;
  printf("%d",x<y? y:x);
  printf("%d",x<y? x++:y++);
  printf("%d",x);
  printf("%d",y);
  }
```

运行结果为________。

18.
```
main()
{int x,y,z;
  x=3;,y=z=4;
  printf("%d",(y==x)? 1:0);
  printf("%d",z>=y&&y>x);
  }
```

运行结果为________。

19. 若 x=3,y=2,z=1,求下列表达式的值。

(1)x<y? y:x

(2)x<y? x++:y++

(3)z+=x<y? x++:y++

表达式的值分别是(1)________;(2)________;(3)________。

20. 表示条件:10<100 或 x<0 的 C 语言表达式是____________。

21. 分析下列程序:

```
main()
{
printf("%d",1<4&&4<7);
printf("%d",1<4&&7<4);
printf("%d",(2<5));
printf("%d",! (1<3)||(2<5));
printf("%d",! (4<=6)&&(3<=7));
```

}

程序的输出结果是________。

三、编程题

1. 编写一个程序,要求有键盘输入 3 个数,计算以这 3 个数为边长的三角形的面积。

2. 输入圆的半径 r 和一个整型数 k,当 k=1 时,计算圆的面积;当 k=2 时,计算圆的周长;当 k=3 时,既要求圆的周长,也要求出圆的面积。编程实现以上功能。

3. 编写程序,判断某一年是否是闰年。

4. 有一函数,其函数关系如下,试编程求对应于每一自变量的函数值。

$$y=\begin{cases}x^2 & (x<0)\\ -0.5x+10 & (0\le x<10)\\ x-\sqrt{x} & (x\ge 10)\end{cases}$$

5. 编写一程序,对于给定的一个百分制成绩,输出相应的五分制成绩。设:90 分以上为“A”;80 ~ 89 分为“B”;70 ~ 79 分为“C”;60 ~ 69 分为“D”;60 分以下为“E”。

6. 试编程完成如下功能:

输入一个不多于 4 位的整数,求出它是几位数,并逆序输出各位数字。

第 5 章　循环结构程序设计

循环结构是程序中一种很重要的结构。其特点是:在给定条件成立时,反复执行某程序段,直到条件不成立为止。给定的条件称为循环条件,反复执行的程序段称为循环体。C 语言提供了多种循环语句,可以组成各种不同形式的循环结构。

(1)用 goto 语句和 if 语句构成循环;

(2)用 while 语句;

(3)用 do…while 语句;

(4)用 for 语句。

一、知识点回顾

1. goto 语句以及用 goto 语句构成循环

goto 语句是一种无条件转移语句, 与 BASIC 中的 goto 语句相似。goto 语句的使用格式为:

goto　语句标号;

其中标号是一个有效的标识符,这个标识符加上一个“:”一起出现在函数内某处, 执行 goto 语句后,程序将跳转到该标号处并执行其后的语句。另外,标号必须与 goto 语句同处于一个函数中,但可以不在一个循环层中。通常 goto 语句与 if 条件语句连用, 当满足某一条件时, 程序跳到标号处运行。

goto 语句通常不用,主要因为它将使程序层次不清,且不易读,但在多层嵌套退出时,用 goto 语句则比较合理。

【例 17】 用 goto 语句和 if 语句构成循环,编写$\sum_{n=1}^{100} n$程序。

```
main()
{
        int i,sum=0;
        i=1;
loop:   if(i<=100)
           {sum=sum+i;
            i++;
            goto loop;}
         printf("%d\n",sum);
}
```

2. while **语句**

while 语句的一般形式为:

while(表达式)语句

其中表达式是循环条件,语句为循环体。

while 语句的语义是:计算表达式的值,当值为真(非 0)时,执行循环体语句。其执行过程可用图 7 表示。

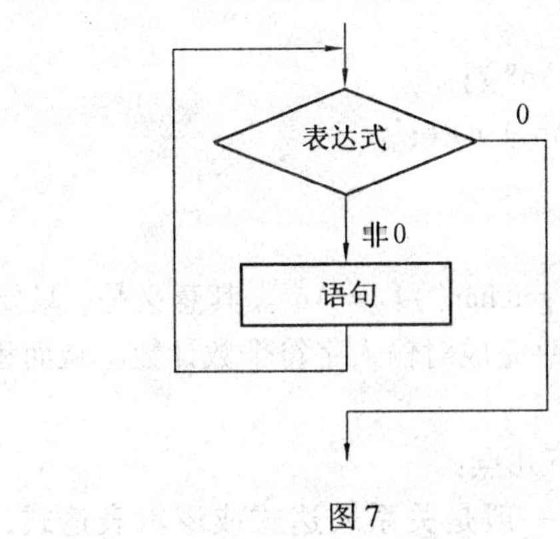

图 7

【例 18】 用 while 语句求$\sum_{i=1}^{100} n$。

用传统流程图和 N-S 结构流程图表示算法,见图 8。

```
main()
{
   int i,sum=0;
   i=1;
   while(i<=100)
     {
       sum=sum+i;
       i++;
```

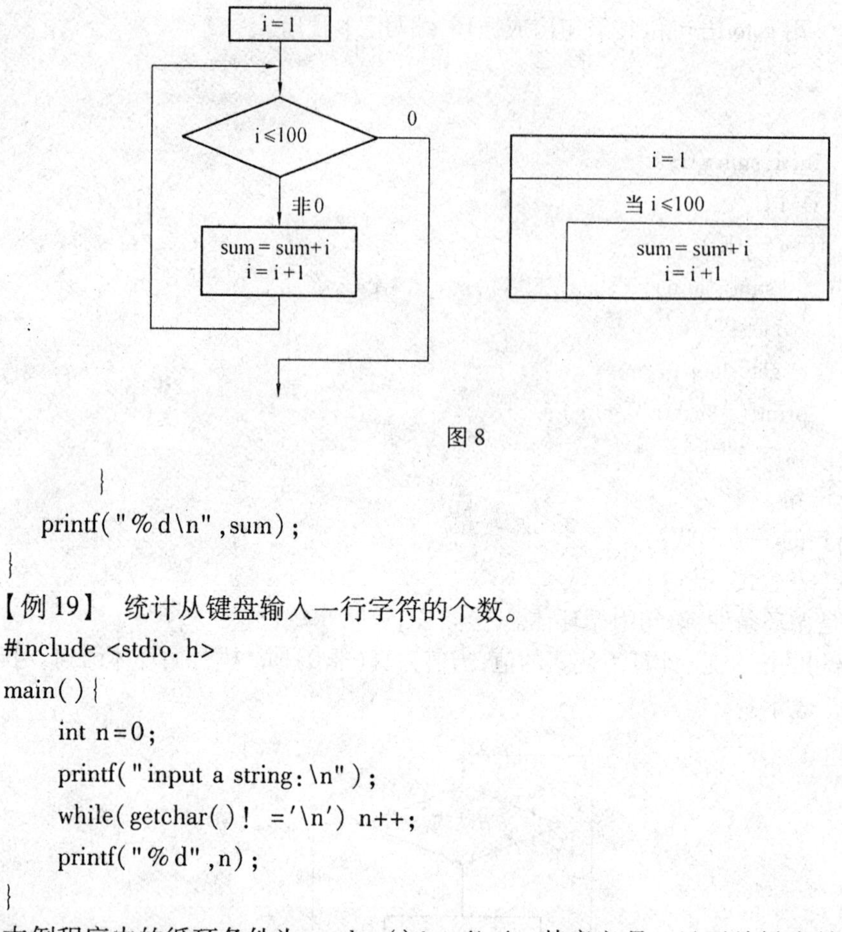

图 8

```
    }
    printf("%d\n",sum);
}
```

【例 19】 统计从键盘输入一行字符的个数。

```
#include <stdio.h>
main(){
    int n=0;
    printf("input a string:\n");
    while(getchar()!='\n') n++;
    printf("%d",n);
}
```

本例程序中的循环条件为 getchar()! ='\n'。其意义是，只要从键盘输入的字符不是回车就继续循环。循环体 n++完成对输入字符个数计数。从而程序实现了对输入一行字符的字符个数计数。

使用 while 语句应注意以下几点：

(1)while 语句中的表达式一般是关系表达式或逻辑表达式,只要表达式的值为真(非 0)即可继续循环。

【例 20】 判断下列程序循环执行的次数。

```
main()
{   int a=0,n;
    printf("\n input n:    ");
    scanf("%d",&n);
    while (n--)
      printf("%d   ",a++*2);
}
```

本例程序将执行 n 次循环,每执行一次,n 值减 1。循环体输出表达式 a++ * 2 的值。该表达式等效于(a * 2;a++)。

(2)循环体如包括有一个以上的语句,则必须用"{}"括起来,组成复合语句。

3. do…while 语句

do…while 语句的一般形式为:

```
do
    语句
while(表达式);
```

这个循环与 while 循环的不同在于:它先执行循环中的语句,然后再判断表达式是否为真,如果为真,则继续循环;如果为假,则终止循环。因此,do…while 循环至少要执行一次循环语句。其执行过程可用图 9 表示。

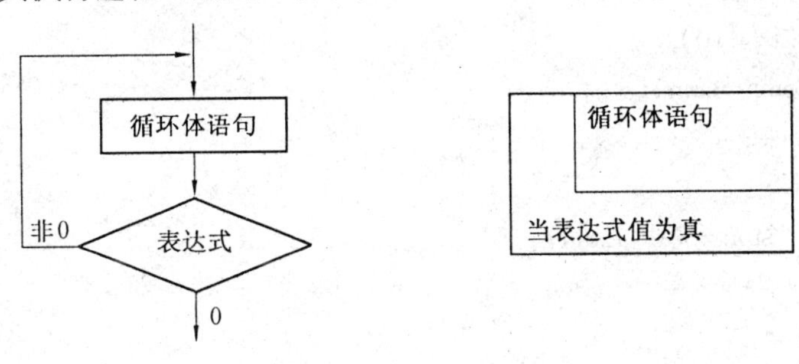

图 9

【例 21】 用 do…while 语句求 $\sum_{i=1}^{100} n$。

用传统流程图和 N-S 结构流程图表示算法,见图 10。

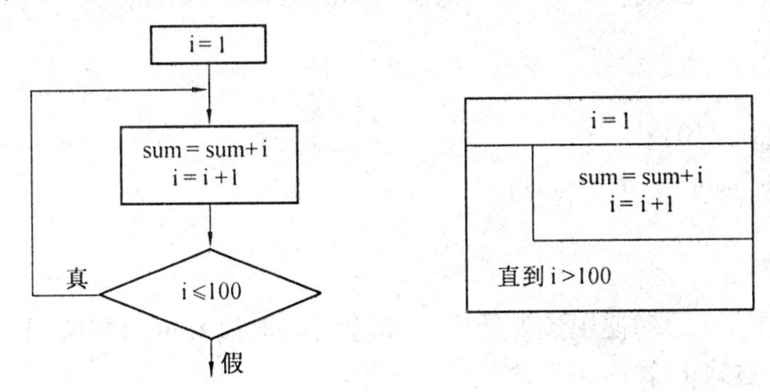

图 10

```
main()
{
    int i,sum=0;
    i=1;
    do
        {
        sum=sum+i;
        i++;
```

```
    }
    while(i<=100)
    printf("%d\n",sum);
}
```

同样,当有许多语句参加循环时,要用"{"和"}"把它们括起来。

【例 22】 while 和 do…while 循环比较。

```
(1)main()
    {int sum=0,i;
     scanf("%d",&i);
     while(i<=10)
        {sum=sum+i;
         i++;
        }
    printf("sum=%d",sum);
    }
(2)main()
    {int sum=0,i;
     scanf("%d",&i);
     do
       {sum=sum+i;
      i++;
      }
    while(i<=10);
    printf("sum=%d",sum);
}
```

4. for **语句**

在 C 语言中,for 语句使用最为灵活,它完全可以取代 while 语句。它的一般形式为:

for(表达式 1;表达式 2;表达式 3) 语句

它的执行过程如下:

(1)先求解表达式 1。

(2)求解表达式 2,若其值为真(非 0),则执行 for 语句中指定的内嵌语句,然后执行下面第(3)步;若其值为假(0),则结束循环,转到第(5)步。

(3)求解表达式 3。

(4)转回上面第(2)步继续执行。

(5)循环结束,执行 for 语句下面的一个语句。

其执行过程可用图 11 表示。

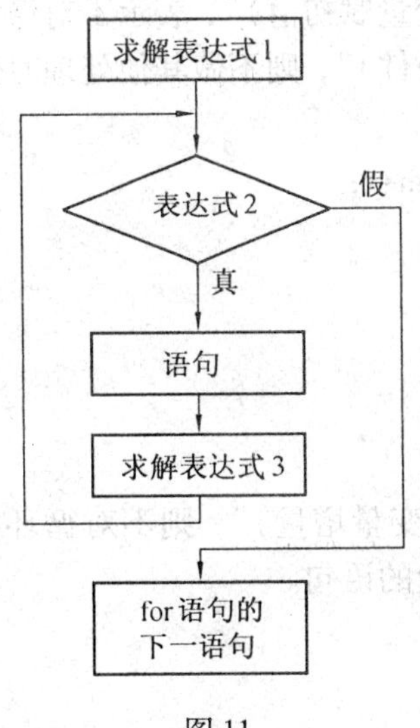

图 11

for 语句最简单的应用形式也是最容易理解的形式如下：

for(循环变量赋初值;循环条件;循环变量增量) 语句

循环变量赋初值总是一个赋值语句，它用来给循环控制变量赋初值；循环条件是一个关系表达式,它决定什么时候退出循环;循环变量增量,定义循环控制变量每循环一次后按什么方式变化。这 3 部分之间用“;”分开。

例如：

```
for(i=1; i<=100; i++) sum=sum+i;
```

先给 i 赋初值 1,判断 i 是否小于等于 100，若是则执行语句,之后值增加 1。再重新判断，直到条件为假,即 i>100 时,结束循环。

相当于：

```
i=1;
while(i<=100)
    { sum=sum+i;
    i++;
    }
```

对于 for 循环中语句的一般形式,就是如下的 while 循环形式：

```
表达式 1;
while(表达式 2)
    {语句
    表达式 3;
    }
```

注意：

①for 循环中的“表达式 1(循环变量赋初值)”、“表达式 2(循环条件)”和“表达式 3(循环变量增量)”都是选择项，即可以缺省,但“;”不能缺省。

②省略了"表达式 1(循环变量赋初值)",表示不对循环控制变量赋初值。

③省略了"表达式 2(循环条件)",则不做其他处理时便成为死循环。

例如:

```
for(i=1;;i++) sum=sum+i;
```

相当于

```
i=1;
while(1)
  {sum=sum+i;
  i++;}
```

(4)省略了"表达式 3(循环变量增量)",则不对循环控制变量进行操作,这时可在语句体中加入修改循环控制变量的语句。

例如:

```
for(i=1;i<=100;)
  {sum=sum+i;
  i++;}
```

(5)省略了"表达式 1(循环变量赋初值)"和"表达式 3(循环变量增量)"。

例如:

```
for(;i<=100;)
{sum=sum+i;
i++;}
```

相当于

```
while(i<=100)
  {sum=sum+i;
  i++;}
```

(6)3 个表达式都可以省略。

例如:

for(;;)语句

相当于

while(1)语句

(7)表达式 1 可以是设置循环变量的初值的赋值表达式,也可以是其他表达式。

例如:

```
for(sum=0;i<=100;i++) sum=sum+i;
```

(8)表达式 1 和表达式 3 可以是一个简单表达式,也可以是逗号表达式。

例如:

```
for(sum=0,i=1;i<=100;i++) sum=sum+i;
```

或

```
for(i=0,j=100;i<=100;i++,j--) k=i+j;
```

(9)表达式 2 一般是关系表达式或逻辑表达式,但也可以是数值表达式或字符表达式,只要其值非零,就执行循环体。

例如:

```
for(i=0;(c=getchar())! ='\n';i+=c);
```

又如:

```
for( ;(c=getchar())! ='\n';)
  printf("%c",c);
```

5. 循环的嵌套

循环嵌套即一个循环完全出现在另一个循环的循环体内,例如:

```
main()
{
int i, j, k;
printf("i j k\n");
for (i=0; i<2; i++)
    for(j=0; j<2; j++)
       for(k=0; k<2; k++)
            printf("%d %d %d\n", i, j, k);
}
```

6. 几种循环的比较

(1)4 种循环都可以用来处理同一个问题,一般可以互相代替,但一般不提倡用 goto 型循环。

(2)while 和 do…while 循环,循环体中应包括使循环趋于结束的语句。for 语句功能最强。

(3)用 while 和 do…while 循环时,循环变量初始化的操作应在 while 和 do…while 语句之前完成,而 for 语句可以在表达式 1 中实现循环变量的初始化。

7. break 语句

break 语句通常用在循环语句和开关语句中。当 break 用于开关语句 switch 中时,可使程序跳出 switch 而执行 switch 以后的语句;如果没有 break 语句,则将成为一个死循环而无法退出。break 在 switch 中的用法已在前面介绍开关语句时的例子中遇到,这里不再举例。

当 break 语句用于 do…while,for,while 循环语句中时,可使程序终止循环而执行循环后面的语句, 通常 break 语句总是与 if 语句连在一起,即满足条件时便跳出循环。例如:

```
main()
{  int i=0;
   char c;
   while(1)                       /*设置循环*/
     {c='\0';                     /*变量赋初值*/
      while(c! =13&&c! =27) /*键盘接收字符直到按回车键或"Esc"键*/
        {c=getch();
```

```
        printf("%c\n", c);
        }
    if(c==27)
        break;              /*判断若按"Esc"键,则退出循环*/
    i++;
    printf("The No. is %d\n", i);}
  printf("The end");
}
```

注意:

①break 语句对 if…else 的条件语句不起作用。

②在多层循环中,一个 break 语句只向外跳一层。

8. continue **语句**

continue 语句的作用是跳过循环本中剩余的语句而强行执行下一次循环。continue 语句只用在 for,while,do…while 等循环体中,常与 if 条件语句一起使用,用来加速循环。其执行过程可用图 12、图 13 表示。

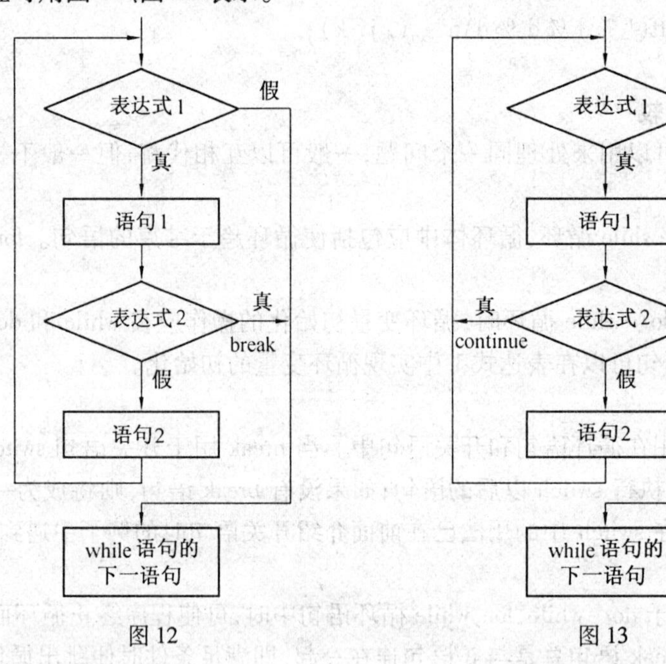

图 12　　图 13

```
(1) while(表达式 1)
      {…
        if(表达式 2)break;
        …
      }
(2) while(表达式 1)
      {…
```

```
        if(表达式2)continue;
        …
    }
例如:
main()
{
  char c;
  while(c! =13)          /* 不是回车符则循环 */
     {
       c=getch();
       if(c==0X1B.
           continue; /* 若按"Esc"键不输出便进行下次循环 */
       printf("%c\n", c);
     }
}
```

二、习题

(一)选择题

1. 在while循环语句中,while后一对圆括号中表达式的值决定了循环体是否进行,因此,进入while循环后,一定有能使此表达式的值变为________的操作,否则,循环将会无限制地进行下去。

A. 0　　B. 1　　C. 成立　　D. 2

2. 在do…while循环中,循环由do开始,用while结束;必须注意的是,在while表达式后面的________不能丢,它表示do…while语句的结束。

A. 0　　B. 1　　C. ;　　D. ,

3. for语句中的表达式可以部分或全部省略,但两个________不可省略。但当3个表达式均省略后,因缺少条件判断,循环会无限制地执行下去,形成死循环。

A. 0　　B. 1　　C. ;　　D. ,

4. 程序段如下:

```
int k=-20;
while(k=0)   k=k+1;
```

则以下说法中正确的是________。

A. while循环执行20次　　B. 循环是无限循环

C. 循环体语句一次也不执行　　D. 循环体语句执行一次

5. 程序段如下:

```
int k=1;
while(! k==0)   {k=k+1;printf("%d\n",k);}
```

说法正确的是________。

A. while 循环执行 2 次　　B. 循环是无限循环

C. 循环体语句一次也不执行　　D. 循环体语句执行一次

6. 以下 for 循环是________。

```
for(a=0,b=0;(b! =123)&&(a<=4);a++)
```

A. 无限循环　　B. 循环次数不定

C. 执行 4 次　　D. 执行 5 次

7. 在下列程序中,while 循环的循环次数是________。

```
main( )
{ int   i=0;
while(i<10)
   {if(i<1)   continue;
    if(i= =5)   break;
     i++;
   }
...
}
```

A. 1　　B. 10　　C. 6　　D. 死循环,不能确定次数

8. 程序段如下:

```
int k=0; while(k++<=2) printf("%d\n",k);
```

则执行结果是________。

A. 1
2
3　　B. 2
3
4　　C. 0
1
2　　D. 无结果

9. 程序段如下:

```
int k=0;
while(k++<=2);     printf("last=%d\n",k);
```

则执行结果是 last=________。

A. 2　　B. 3　　C. 4　　D. 无结果

10. 执行下面的程序后,a 的值为________。

```
main()
{int a,b;
for(a=1,b=1;a<=100;a++)
   {if(b>=20)break;
    if(b%3==1)
       {b+=3;
        continue;
       }
    b-=5;
```

```
    }
}
```

A. 7　　　　B. 8　　　　C. 9　　　　D. 10

11. 下列程序的输出结果________。

```
main()
{
int x=3;
do
{printf("%3d",x-=2);
  }while(--x);
}
```

A. 1　　　　B. 303　　　　C. 1 -2　　　　D. 死循环

12. 定义如下变量:

```
int n=10;
```

则下列循环的输出结果是________。

```
while(n>7)
{n--;
printf("%d\n",n);
}
```

A. 10
9
8　　　　B. 9
8
7
7　　　　C. 10
9
8
6　　　　D. 9
8
7

13. 下列程序的输出结果是________。

```
main()
{int n=0;
while(n++<=1)
     printf("%d\t",n);
printf("%d\n",n);
}
```

A. 1 2 3　　　　B. 0 1 2　　　　C. 1 1 2　　　　D. 1 2 2

14. 下列程序的输出结果是________。

```
main()
{int i;
for(i=1;i<=5;i++)
{if(i%2)printf("#");
else continue;
printf(" * ");
```

```
}
printf(" $ \n");
}
```

A. *#*#**#$　　B. #*#*#*$　　C. *#*#$　　D. #*#*$

15. 下列程序的输出结果是________。

```
main()
{int a=0,i;
for(i=;i<5;i++)
   {swich(i)
     {case 0:
     case 3:a+=2;
     case 1:
     case2:a+=3;
     default:a+=5;
     }
   }
printf("%d\n",a);
}
```

A. 31　　B. 13　　C. 10　　D. 20

16. 下列程序的输出结果是________。

```
#include <stdio.h>
main()
{int i=0,a=0;
while(i<20)
{for(;;)   {if((i%10)= =0) break;else i--;}
  i+=11; a+=i;
}
printf("%d\n",a);
}
```

A. 21　　B. 32　　C. 33　　D. 11

17. 当输入为“quert?”时,下列程序的执行结果是________。

```
#include<stdio.h>
main()
{char c;
c=getchar();
while((c=getchar())! ='?')   putchar(++c);
}
```

A. Quert　　B. vfsu　　C. quert?　　D. rvfsu?

18. 当输入为“quert?”时,下列程序的执行结果是________。

```
#include <stdio. h>
main( )
{while(putchar(getchar( ))! ='?');}
```

A. quert　　B. Rvfsu　　C. quert?　　D. rvfsu?

19. 当输入为“quert?”时,下列程序的执行结果是________。

```
#include<stdio. h>
main( )
{char c;
c=getchar( );
while(c! ='?')
  {
    putchar(c);
    c=getchar( );
  }
}
```

A. quert　　B. Rvfsu　　C. quert?　　D. rvfsu?

20. 在 C 语言的循环语句 for,while,do…while 中,用于直接中断最内层循环的语句是________。

A. swich　　B. continue　　C. break　　D. if

21. 若 i,j 已定义为 int 型,则下列程序段中循环体的总的执行次数是________。

```
for(i=5;i;i--)
  for(j=0;j<4;j++)
  { }
```

A. 20　　B. 24　　C. 25　　D. 30

22. 以下程序的功能是:按顺序读入 10 名学生的 4 门课程的成绩,计算出每位学生的平均分并输出。程序如下:

```
main( )
{int n,k;
float score,sum,ave;
sum=0.0;
for(n=1;n<=10;n++)
{for(k=1;k<=4;k++)
{scanf("%f",&score);sum+=score;}
  ave=sum/4.0;
printf("NO%d:%f\n",n,ave);
}
}
```

上述程序有一条语句出现在程序的位置不正确。这条语句是________。

A. sum=0.0;　　　　B. sum+=score;

C. ave=sum/4.0;　　　　D. printf("NO%d:%f\n",n,ave);

23. 有如下程序段，其执行结果为________。

```
for ( n = 10;  n > 7; n-- )
        printf  ("%d\n" ,  n ) ;
```

A. 10
9
8　　B. 9
8
7　　C. 10
9
8
7　　D. 9
8
7
6

24. 循环语句中的 for 语句,其一般形式如下:

for(表达式 1;表达式 2;表达式 3) 语句

其中表示循环条件的是________。

A. 表达式 1　　B. 表达式 2　　C. 表达式 3　　D. 语句

25. 定义如下变量:

int n=10;

则下列循环的输出结果是________。

```
while (n>7) { n--;printf("%d",n);  }
```

A. 10
9
8　　B. 9
8
7　　C. 10
9
8
7　　D. 9
8
7
6

26. 下列程序段的运行结果是________。

```
x=y=0;     while(x<15)   y++, x+=++y;
   printf("%d, %d", y, x);
```

A. 20, 7　　B. 6, 12

C. 20, 8　　D. 8, 20

27. 下列程序的运行结果是________。

```
main( )
{ int a=2,i ;
  for(i=0;i<3;i++)      printf("%4d",f(a) ) ;  }
  f( int a)
{int   b=0,c=3;
  b++;   c++;   return(a+b+c); }
```

A. 7　10　13　　B. 7　7　7

C. 7　9　11　　D. 7　8　9

28. 下列程序的运行结果是________。

```
main( )
```

```
{int   y=10;
     do   {   y--; }      while(--y) ;
     printf("%d\n",y--);       }
```

A. -1　　B. 1　　C. 8　　D. 0

29. 下面有关 for 循环的正确描述是________。

A. for 循环只能用于循环次数已经确定的情况

B. for 循环是先执行循环体语句,后判断表达式

C. 在 for 循环中,不能用 break 语句跳出循环体

D. for 循环的循环体语句中,可以包含多条语句,但必须用花括号括起来

30. 以下能正确计算 1×2×3×…×10 的程序段是________。

A. do {i=1;s=1; s=s*i;   i++; } while(i<=10);

B. do {i=1;s=0; s=s*i;   i++; } while(i<=10);

C. i=1;s=1; do {s=s*i;   i++; } while(i<=10);

D. i=1;s=0; do {s=s*i;   i++; } while(i<=10);

31. 以下程序段________。

```
x=-1;   do   { x=x*x;}      while(! x);
```

A. 是死循环　　B. 循环执行二次

C. 循环执行一次　　D. 有语法错误

32. 下列程序的运行结果是________。

```
#include <stdio.h>
main( )
{ int   y=10;
do   {   y--; }      while(--y) ;
printf("%d\n",y--);       }
```

A. -1　　B. 1　　C. 8　　D. 0

33. 定义如下变量和数组:

```
int I;
int   x[3][3]={1,2,3,4,5,6,7,8,9};
```

则下面执行语句的结果为________。

```
for(I=0;I<3;I++)
printf("%3d",x[I][2-I]);
```

A. 1　5　9　　B. 1　4　7

C. 3　5　7　　D. 3　6　9

34. 下列程序的运行结果是________。

```
main( )
{ int n=4;
while(n--)
printf ("%2d",--n);}
```

A. 2　0　　　　　　　　　　B. 3　1

C. 3　2　1　　　　　　　　　D. 2　1　0

35. 设有以下程序段,则执行该程序后为________。

```
int  x = 0, s = 0 ;
while ( ! x ! = 0 )  s += ++ x ;
printf ( " %d ", s ) ;
```

A. 运行程序段后输出 0

B. 运行程序段后输出 1

C. 程序段中的控制表达式是非法的

D. 程序段执行无限次

36. 下列程序的运行结果是________。

```
#include <stdio. h>
main( )
{ int I ;
    for (I = 1; I <=5; I++)
    switch (I%5 )
    { case 0: printf (" * " ); break;
     case 1: printf ("#" ); break;
     default : printf ("\n" );
     case 2: printf ("&" ); break; }
}
```

A. #&&*

B. #&
&
&*

C. #
&
&
&
*

D. #&

*

(二)填空题

1. while 语句的特点是________,do…while 语句的特点是________。

2. 将 for(表达式 1;表达式 2;表达式 3)语句改写为 while 语句是________。

3. break 语句的功能是________。

4. break 语句只能用于________ 语句和________ 语句中。

5. continue 语句的作用是________,即跳过循环体中下面尚未执行的语句,接着进行下一次是否执行循环的判定。

6. 在循环中,continue 语句与 break 语句的区别是:continue 语句只是________,break 语句是________ 。

7. 循环的嵌套是指________________。

8. 要使以下程序段输出 10 个整数,请填入一个整数:

```
for(i=0;i<=________;printf("%d\n",i+=2));
```

9. goto 语句的用途是____________和____________。

10. while 语句的特点是________，do…while 语句的特点是________。

11. 把 for(表达式1;表达式2;表达式3);改写为等价的 while 语句为________。

12. 语句标号由标识符表示，由________、________和________组成。第一个字符必须是字母或下划线。

(三)程序填空题

1. 以下程序的功能是：从键盘上输入若干个学生的成绩，统计并输出最高成绩和最低成绩，当输入负数时结束输入。请填空。

```
main()
{float x,amax,amin;
scanf("%f",&x);
amax=x;
amin=x;
while___(1)___
{if(x>amax) amax=x;
  if___(2)___ amin=x;
  scanf("%f",&x);
  }
printf("\namax=%f\namin=%f\n",amax,amin);
}
```

2. 下面程序可求出 1～1 000 的自然数中所有的完全数(因子之和等于该数本身的数)。请填空。

```
main( )
{ int  m, n, s;
for(m=2;m<1000;m++)
{___(1)___
for(n=1;n<=m/2;n++)
if___(2)___ s+=n;
if(___(3)___) printf("%d\n", m); }  }
```

3. 以下程序的功能是根据 $e=1+\frac{1}{1!}+\frac{1}{2!}+\frac{1}{3!}+\cdots$ 求 e 的近似值，精度要求为10^{-6}。请填空。

```
main( )
{int i=1;   double  e,new;
  e=1.0;  new=1.0;
while(___(1)___)
{new/=(double)i;   e+=new;  ___(2)___;}
printf("e=%e\n",e);
```

```
}
```

(四)读程序写结果题

1. 下列程序的输出结果是________。

```
main()
{int n=0;
while(n++<=1);
printf("%d,",n);
printf("%d\n",n);
}
```

2. 下列程序的输出结果是________。

```
main()
{int s,i;
for(s=0,i=1;i<3;i++,s+=i);
printf("%d\n",s);
}
```

3. 下列程序的输出结果是________。

```
main()
{int i=10,j=0;
do
{j=j+i;i--;
while(i>2);
printf("%d\n",j);}
}
```

4. 设有以下程序:

```
main()
{int n1,n2;
scanf("%d",&n2);
while(n2! =0)
{n1=n2%10;
n2=n2/10;
printf("%d",n1);
}
}
```

程序运行后,如果从键盘上输入“1298”,则输出结果为________。

5. 下列程序的输出结果是________。

```
main()
{int s=0,k;
for(k=5;k>=0;k--)
```

```
  {swich(k)
    {case 1:
      case 5:s++;break;
      case 3:
      case 4:break;
      case 0:
      case 2:s+=2;break;
    }
  }
printf("s=%d\n",s);
}
```

6. 下列程序运行结果是________。

```
main( )
{  int  x,i ;
   for(i=1,x=1;  i<=50;  i++ )
   { if(x>=10)  break;
     if(x%2==1) { x+=5;continue;}
     x -= 3;}
     printf("%d\n", i );  }
```

7. 下列程序运行结果是________。

```
#include<stdio.h>
main( )
{int i,j;
  for(i=4;i>=1;i--)
     { printf(" * ");
       for(j=1;j<=4-i;j++)
          printf(" * ");
     printf("\n");    }      }
```

8. 下列程序的运行结果是________。

```
main( )
{ int i;
for(i=1;i<=5;i++)
switch(i%5)
{ case 0: printf(" * ") ; break;
case 1: printf("#") ; break;
default: printf("\n");
case 2: printf("&"); }
}
```

9. 下列程序的运行结果是________。

```
# include <stdio. h>
main( )
{ int i, j ;
for (i = 0 ; i<= 3; i++ )
      { for ( j = 0; j<=5 ;j++ )
        { if (i= =0|| j= =0|| i= =3|| j= =5) printf(" * ");
        else   printf("    " ) ;}
      printf(" \n");   }
}
```

(五)编程题

1. 编写程序,求两个整数的最大公约数。

2. 把输入的整数(最多不超过 5 位)按输入顺序的反方向输出。例如,输入数是12345,要求输出结果是 54321,编程实现此功能。

3. 中国古代数学家张丘建提出的"百鸡问题":一只大公鸡值 5 个钱,一只母鸡值 3 个钱,3 个小鸡值一个钱。现在有 100 个钱,要买 100 只鸡,是否可以?若可以,给出一个解,要求 3 种鸡都有。请写出求解该问题的程序。

4. 求 100 ~ 200 间的全部素数。

5. 整钱换零钱问题。把 1 元兑换成 1 分、2 分、5 分的硬币,共有多少种不同换法,请编写求解此问题的程序。

6. 有一分数序列:2/1,3/2,5/3,8/5,13/8,21/13,…编写程序求这个数列的前 20 项之和。

7. 编写程序,利用公式 e=1+1/1! +1/2! +1/3! +…+1/n! 求出 e 的近似值,其中 n 的值由用户输入(用于控制精确度)。

8. 一个数如果恰好等于它的因子之和(除自身外),则称该数为完全数,例如:6 = 1+2+3,6 就是完全数。请编写一程序,求出 1 000 以内的整数中的所有完全数。其中 1 000 由用户输入。

9. 编一程序,将 2000 年到 3000 年中的所有闰年年份输出并统计出闰年的总年数,要求每 10 个闰年放在一行输出。

10. 请编写一程序,打印出九九乘法口诀表(例:1 * 1 = 1)。

11. 请编写一程序,将所有"水仙花数"打印出来,并打印出其总数。"水仙花数"是一个其各位数的立方和等于该整数的 3 位数。

12. 编写一程序,求 1-3+5-7+…-99+101 的值。

13. 编写程序,计算 1! +2! +3! +…+n! 的值,其中 n 的值由用户输入。

14. 求 sn=a+aa+aaa+aaaa+…+aa…a 的值,其中 a 是一个数字。例如:2+22+222+2 222+22 222(此时 n=5)。n 和 a 的值由键盘输入,请编程实现以上和过程。

15. 编写程序,用迭代法求 $x=\sqrt{a}$ 的近似根。求平方根的迭代公式为:$X_{n+1} = (X_n +$

$a/X_n)/2$。要求前后两次求出的 x 的差的绝对值小于 0.000 01。

16. 一个求从 100 m 高度自由落下，每次落地后又反弹回原来高度的一半，再落下，求它在第 10 次落地时共经过多少米？第 10 次反弹多高？编写程序求解该问题。

17. 若有如下公式：

$$\frac{\pi^2}{6} \approx \frac{1}{1^2} + \frac{1}{2^2} + \frac{1}{3^2} + \cdots + \frac{1}{n^2}$$

试根据上述公式编程计算 π 的近似值（精确到 10^{-6}）。

第6章　数　组

本章介绍数组的有关知识。在程序设计时，为了处理方便，把具有相同类型的若干变量按有序的形式组织起来，因此把这些按序排列的具有相同性质的数据元素的集合称为数组。在 C 语言中，数组属于构造数据类型。本章主要讲述了一维数组、二维数组及字符数组。

一、知识点回顾

数组是一组相关的存储单元，这些存储单元具有相同的名字和数据类型。要引用数组的某个特定的存储单元（元素）需要说明数组名和该特定元素在数组中的序号。在数组名后用方括号“[ ]”括起特定元素的序号。此序号一般称为“下标”，下标必须是一个整数或整数表达式。数组的第一个元素都是第 0 号元素，因此用 C[0]引用数组 C 的第 1 个元素，用 C[1]引用数组 C 的第 2 个元素，用 C[6]引用数组 C 的第 7 个元素。一般地说，C[i-1]引用了数组 C 的第 i 个元素。

数组占用了内存空间，并且它是静态的实体，所以必须先声明数组元素的类型和个数后计算机才能为数组保留合适的内存数量。

1. 一维数组

(1)一维数组的声明。

类型说明符 数组名[常量表达式]

例如：int C[10]

它表明数组名为 C，此数组有 10 个整型变量（图 14）。

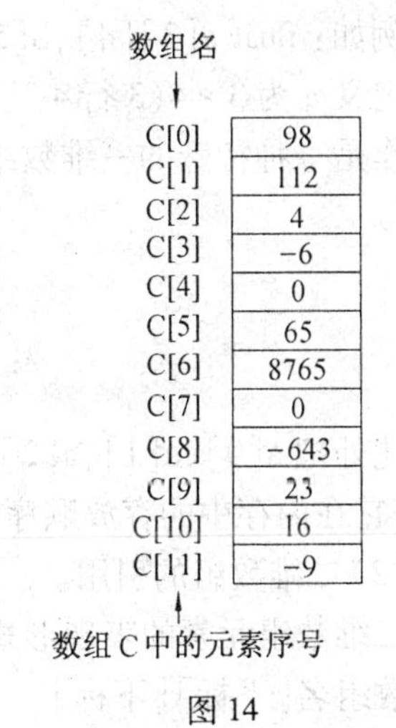

图 14

注：常量表达式中可以包括常量和符号常量，但不可以包括变量。也就是说，C 不允许对数组的大小做动态定义，即数组的大小不依赖于程序运行过程中变量的值。

(2)一维数组的引用。

C 语言规定只能逐个引用数组元素，而不能一次引用整个数组。

数组元素的表现形式为：

数组名[下标]

下标可以是整型常量或整型表达式。例如：

C[0]=C[5]+C[7]-C[3*2]

(3)一维数组的初始化。

可以用赋值语句或输入语句使数组中的元素得到值，但这样会影响速度。可以使数组在运行之前初始化，即在编译阶段使之得到初值。

①在定义数组时对数组元素赋以初值。

static int a[5]={0,1,2,3,4}

注：关键字 static 表示"静态存储"。C 语言规定只有静态存储(static)数组和外部存储(extern)数组才能初始化。

②只给一部分元素赋值。

static int a[5]={0,1,2}

注：a 数组有 5 个元素，但花括号内只提供 3 个初值，表示只给前面 3 个元素赋值，后 2 个元素为 0。

③不能给数组整体赋初值。

static int a[5]

注：对 static 数组不赋初值，系统会对所有数组元素自动赋以 0 值。

④对全部数组元素赋初值时，可以不指定数组长度。

static int a[5]={1,2,3,4,5}

可以写成

static int a[ ]={1,2,3,4,5}

注：若被定义的数组长度与提供初值的个数不相同，则数组长度不能省略。

2. 二维数组

(1)二维数组的声明。

类型说明符 数组名[常量表达式][常量表达式]

例如：float a[3][4],b[5][10]

定义 a 为 3*4(3 行 4 列)的数组，b 为 5*10(5 行 10 列)的数组。现可以把二维数组看作是一种特殊的一维数组。它的每个元素又是一个一维数组。

a[0] —— a_{00} a_{01} a_{02} a_{03}
a a[1] —— a_{10} a_{11} a_{12} a_{13}
a[2] —— a_{20} a_{21} a_{22} a_{23}

图 15

此处把 a[0],a[1],a[2]看作一维数组名，每个元素又是一个包含 4 个元素的一维数组，它在内存中的存放顺序见图 16。

(2)二维数组的引用。

二维数组元素的表现形式为：

数组名[下标][下标]

下标可以是整型常量或整型表达式。例如：

a[2][3]

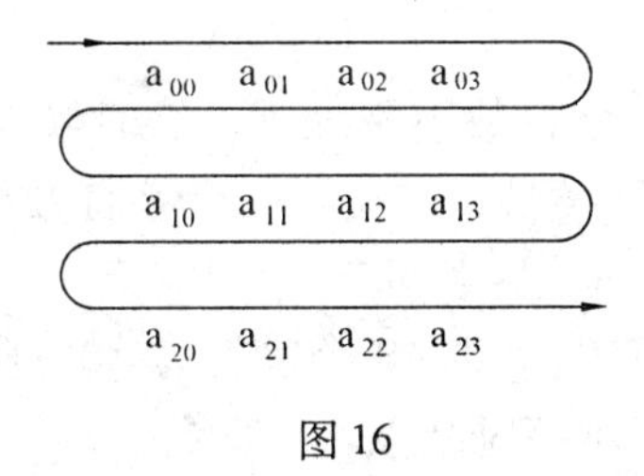

图 16

不要写成

a[2,3]

注:在使用数组时,应该注意下标值应该在已定义的数组大小的范围内。

(3)二维数组的初始化。

①分行给二维数组赋初值。例如:

static int a[3][4]={{1,2,3,4},{5,6,7,8},{9,10,11,12}}

②可以将所有数据写在一个花括号内,按数组的排列顺序对元素赋初值。例如:

static int a[3][4]={1,2,3,4,5,6,7,8,9,10,11,12}

③可以对部分元素赋初值。例如:

static int a[3][4]={{1},{5},{9}}

它只对每行第1列元素赋初值,其余元素值自动为0。

④如果对全部元素赋初值,则定义数组时对第一维的长度可以不指定,但第二维不能忽略。例如:

static int a[3][4]={1,2,3,4,5,6,7,8,9,10,11,12}

可以写成

static int a[ ][4]={1,2,3,4,5,6,7,8,9,10,11,12}

3. 字符数组

(1)字符数组的声明。

char c[10];

c[0]='I',c[1]='';c[2]='a',c[3]='m',c[4]='',c[5]='h',c[6]='a',

c[7]='p',c[8]='p',c[9]='y';

由于字符型与整型是互相通用的,因此上面的定义也可以写成:

int c[10];

(2)字符数组的初始化。

①逐个字符赋给数组中各元素。例如:

static char　　c[10]={'I','','a','m','','h','a','p','p','y'};

② 如果提供的初值个数与预定的数组长度相同,在定义时可以省略数组长度。例如:

char c[ ]={'c',' ','p','r','o','g','r','a','m'};

这时c数组的长度自动定为9。

(3)字符数组的引用。

可以引用字符数组中的一个元素,得到一个字符。

(4)字符串和字符串结束标志。

在 C 语言中,将字符串作为字符数组来处理。有时候,人们关心的是有效字符串的长度,而不是字符串数组的长度。例如,定义了一个字符数组长度为 100,而实际有效字符只有 40 个。为了测定字符串的实际长度,C 语言规定了一个"字符串结束标志",以字符'\0'来表示。如果有一个字符串,其第 10 个字符为'\0',则此字符串有效字符为 9 个。也就是说,在遇到字符'\0'时,表示字符结束。

系统对字符串常量也自动加一个'\0'作为结束的标志,在程序中往往依靠检测'\0'来判断字符串是否结束,而不是根据数组长度来决定字符串的长度。

再对字符数组初始化补充一种办法,可以用字符串常量使字符数组初始化。例如:

```
static char c[ ] = {"I am happy"};
```

可以省略花括号,直接写成:

```
static char c[ ] = "I am happy";
```

注:此时数组的长度为 11,而不是 10。因为系统自动地在字符串常量后面加上一个'\0',因此上面的初始化与下面的初始化等价:

```
static char c[ ] = {'I','','a','m','','h','a','p','p','y','\0'};
```

注:字符数组并不要求它的最后一个字符为'\0',甚至可以不加'\0'。但只要是字符串常量就会自动加一个'\0'。

(5)字符串数组的输入输出。

①逐个字符输入输出,用格式符"%c"输入或输出一个字符。

②将整个字符串一次输入输出,用格式符"%s"输入或输出。

```
static char c[ ] = {"China"};
printf("%s",c);
```

注:用"%s"格式符输出字符串时,printf 函数中的输出项是字符数组名,而不是数组元素名。下面的写法是错误的:

```
printf("%s",c[0]);
```

注:如果数组长度大于字符串实际长度,也只输出到遇到"\0"结束。

```
static char c[10] = {"China"};
printf("%s",c);
```

也只输出"China"5 个字符,而不是输出 10 个字符。

注:如果一个字符串数组中包含一个以上'\0',则遇第一个'\0'时输出结束。scanf 函数中的输入项是字符数组名,输入项为字符数组名时,不要再加地址符 &,因为 C 语言编译系统对数组名的处理是:数组名代表该数组的起始地址。

(6)字符串处理函数(表 5)。

表5

puts(字符数组)	将一个字符串(以"\0"结尾的字符序列)输出到终端
gets(字符数组)	从终端输入一个字符串到字符数组,并且得到一个函数值,即字符数组的首地址
strcat(字符数组1,字符数组2)	连接两个字符数组中的字符串,把字符串2接到字符串1后面,调用后得到字符数组1的地址
strcpy(字符数组1,字符数组2)	将字符串2拷贝到字符串1中去
strcmy(字符数组1,字符数组2)	比较字符串1和字符串2,并返回比较结果。 若字符串1=字符串2,函数值为0; 若字符串1>字符串2,函数值为一正整数; 若字符串1<字符串2,函数值为一负整数
strlen(字符数组)	测试字符数组的长度,不包括'\0'
strlwr(字符数组)	将字符串中大写字母换成小写字母
strupr(字符数组)	将字符串中小写字母换成大写字母

二、典型题分析

1. 定义一个名为a的单精度实型一维数组,长度为4,所有元素的初值均为0的数据定义语句是________。

【分析】 按照一般数据定义语句的格式,可以直接写出方法一(参看答案);考虑到所有元素均赋初值时可以省略数组长度,可以写出方法二(参看答案);考虑到不省略数组长度,给部分元素赋初值时,所有未赋初值的元素均有空值(对数值型数组来说,初值为0),可以写出方法三(参看答案);考虑到选用静态型,不赋初值所有元素也自动赋予。空值(对数值型数组来说,初值为0),可以写出方法四(参看答案)。

【答案】方法一:float a[4]={0.0,0.0,0.0,0.0};

方法二:float a[ ]={ 0.0,0.0,0.0,0.0};

方法三:float a[4]= {0.0};

方法四: static float [4];

2. 下列数组定义语句中,错误的是(　　)。

① char x[1]='a';　　② auto char x[1]={0};

③ static char x[l];　　④ char x[l];

【分析】 显然答案①中给字符型数组赋初值的格式不对(不能直接赋予字符常量,必须用花括号括住),所以备选答案①是符合题意的答案。

【答案】 ①

3. 用"冒泡排序法"对n个数据排序,需要进行n-1步。其中第k步的任务是:自下而上,相邻两数比较,小者向上调;该操作反复执行n-k次。现在假设有4个数据,即4,1,3,2要排序,假定4为上、2为下,则利用"冒泡排序法"执行第2步后的结果是

________。

【分析】 开始排序前的排列,执行第 1 步后的排列,执行第 2 步后的排列。

4	1	1
1	4	2
3	2	4
2	3	3

【答案】 1,2,4,3。

4. 用“选择排序法”对 n 个数据排序,需要进行 n-1 步。其中第 k 步的任务是:在第 k 个数据到第 n 个数据中寻找最小数,和第 k 个数据交换。现在假设有 4 个数据,即 4,1,3,2 要排序,则利用“冒泡排序法”执行第 2 步后的结果是________。

【分析】 开始排序前的排列为: 4 1 3 2

执行第 1 步后的排列为: 1 4 3 2

执行第 2 步后的排列为: 1 2 3 4

【答案】 1,2,3,4。

5. 下列数组定义语句中,正确的是(　　)。

① int a[ ][ ] = {1,2,3,4,5,6};　　② char a[2][3] = 'a','b';

③ int a[ ][3] = {1,2,3,4,5,6};　　④ static int a[ ][ ] = {{1,2,3},{4,5,6}};

【分析】 C 语言规定,定义二维数组时不允许省略第二维的长度,所以备选答案①、④是错误的。C 语言还规定,定义字符型数组时不允许直接使用“字符常量”的方式赋初值,所以备选答案②也是错误的。显然备选答案③符合题意。

【答案】 ③

6. 定义一个名为“s”的字符型数组,并且赋初值为字符串“123”的错误语句是(　　)。

① char s[ ] = {'1','2','3','\0 '};　　② char s[ ] = {"123"};

③ char s[ ] = {"123\n"};　　④ char s[4] = {'1','2','3'};

【分析】 备选答案①中省略了数组长度,所以每个元素都赋了初值,共计 4 个元素,初值依次为“1”,“2”,“3”,“\0”,最后一个元素的值为字符串结束标记,所以数组 S 中存放的是字符串“123”,该答案不符合题意(即正确的);备选答案②中直接赋予字符串作为初值,所以数组 s 的长度为 4,其中的初值是字符串“123”,不符合题意(即正确的);备选答案③中也是给数组 s 赋予字符串的初值,但是字符串不是“123”,而是“123\n”,所以该答案符合题意(即错误的);显然答案④也不符合题意(即正确的)。下面来分析答案④为什么是正确的。该答案给出了数组长度为 4,赋初值时仅给前 3 个元素赋予字符'1 ','2','3',第 4 个元素没有赋初值,按照 C 语言的规定,也有初值,且初值为空值,对字符型数组来说,空值就是'\0',即字符率结束标记,所以数组 S 中存放的也是字符串“123”。

【答案】 ③

7. 设有下列数据定义语句,则数组元素 x 的值是________。

int i = 3,x[4] = { 1,2,3};

【分析】 由于 i 的初值为 3,所以 x 就是 x[3]。由于数组的下标是从 0 开始的,所以

x[3]实际上是数组 x 的第 4 个元素。从定义语句中可以看出数组 x 的前 3 个元素的初值依次为 1,2,3,第 4 个元素没有赋初值,其初值自动设为空值,对整型数组来说,空值是 0,显然 x[3]的值是 0。

【答案】 0

8. 设有下列数据定义语句,则 puts(&s[0][0])的输出结果是________; puts(s[0])的输出结果是________。

char s[4][5] = {{'1','\0'},{"23"},"345","4\0"};

【分析】 首先分析字符型数组 s 的初值,s 的第 1 行中存放的字符串是"1"、第 2 行中存放的符串是"23"、第 3 行中存放的字符串是"345"、第 4 行中存放的字符串是"4"。puts()函数的功能是输出从"参数"处开始存放的字符串中有效字符。按照以上分析,第 1 个输出的结果是从"&S[0][0]"开始的字符串,这个地址对应的就是数 s 的第 1 行,所以输出结果为 1;第 2 个输出的结果是从"s[ ]"开始的字符串,这个地址对应的也是数组 s 的第 1 行,所以输出结果也为 1。

【答案】 1

1

9. 设有下列数据定义语句:

char a[4][10] = {"11","22","33","44"};

则 puts(strcat(a[1],a[3]))的输出结果是________;puts(strcpy(a[0],a[2]))的输出结果是________。

【分析】 字符数组 a 共有 4 行,每行存放一个字符串。这 4 行的首地址依次为:a[0],a[1],a[2],a[3],从这 4 个地址开始存放的字符串依次为:"11","22","33","44"。strcat(a[1],a[3])函数调用的功能是将 s[3]处的字符串连接到 a[1]的字符串后面,所以执行该函数调用后的 a[1]处的字符串为"2244",而该函数的返回值就是 a[1]的首地址,puts()函数的功能就是输出这个地址存放的字符串,由此,第 1 个输出的结果就是:2244。同样理由可以分析 strcpy(a[0],a[2])的功能是将 a[2]处的字符串("33")复制到 a[0]处,返回 a[0]的地址,puts()输出的就是 a[0]处的字符串,结果为:33。

【答案】 2244

33

10. 设有下列数据定义语句:

char str[2][10] = {"abc","ABC"};

则 printf("%d",strcmp(str[1],str[0]))的输出结果是________;printf("%d",strcmp(strlwr(str[1],str[0])),str[0]))的输出结果是________。

【分析】 在字符型数组 str 中,从 str[0]开始存放的字符串是"abc",从 str[1]开始存放的字符串是"ABC"。strcmp(str[1],str[0])是比较 str[1]和 str[0]处的两个字符串的大小,由于"ABC"是小于"abc"的,按照 srrcmp 函数的功能可知,返回值是一个小于 0 的整数,这是第 1 个空的答案。再来分析第 2 个空的答案,strlwr(str[1])函数的功能是将 str[1]处的字符串中大写字母改为小写字母,其返回值是修改后字符串的地址。strcmp(stlwr(sir[1]),str[0]))函数的功能是比较 str[1]和 str[0]处的字符串,由于 str[1]处的字符串已经改为小写字母,所以和 str[0]处的字符串完全相同,返回值是 0,这就是第 2 个空的答案。

【答案】 某个小于 0 的任意整数　　0

11. 下列程序的功能是读取 10 个实数,然后依次输出前 1 个实数和,前 2 个实数和,…,前 9 个实数和,前 10 个实数和。请填写程序中缺少的语句。

```
main()
{float f[10],X=0.0;
 int i;
 for(i=0;i<10;i++)
     scanf("%f", &f);
 for(i=1;i<=10;i++)
     {______________
      printf("sum of NO %2d----%f\n",i,x);
     }
}
```

【分析】 浏览程序清单后,可以发现前一个次数型循环是输入 10 个实数存入数组 f 中。后一个次数型循环是计算前 i 个实数和并存入变量 x 中,然后再输出这个 x 的值。程序中所缺少的语句就是实现"计算前 i 个实数和并存入变量 x 中"。当 i=1 时,x 要等于 f[0]的值,即 f[i-1]的值;当 i=2 时,x 要等于 f[0] +f[1]的值,即 f[0]+f[i-1]的值,此时 f[0]的值已经计算并存入变量 x 中;当 i=3 时,x 要等于 f[0]+f[1]+f[2]的值,即 f[0]+f[1]+f[i-l]的值,此时 f[0]+f[1]的值已经计算并存入变量 x 中。由此可以推出,前 i 个值的计算公式为:x=x+f[i-1],将这个表达式组成语句就是需要填写的内容。

【答案】 x=x+f[i-1]; 或 x+=f[i-1];

12. 运行下列程序的输出结果是__________。

①11111　　②1111　　③111　　④222

```
main()
{int a[]={1,2,3,4, 5},i;
 for( i=1;i< 5; i++)
 printf("% 1d", a- a[i-1]);
}
```

【分析】 首先分析数组 a 各元素的值,由于是赋初值,很容易看出:a[0]= 1,a[1]= 2,…,a[4]=5。再分析次数型循环共计执行 4 次(i=1,i=2,i=3,i=4),每次输出 1 位整数。-a[i-1],当 i=1 时,输出的是 2-1=1;当 i=2 时,输出的是 3-2=1;当 i=3 时,输出的是 4-3=1;当 i=4 时,输出的是 5-4=1。整个程序的输出结果是 1111。

【答案】 ②

13. 下列程序的功能是输入一个 5 行 5 列的实数矩阵,然后求出其中的最大数和最小数,并且对调这两个数后,再输出,请填写程序中缺少的语句。

```
main()
```

```
{ float f[5][5],max, x;
int i,j,max_l,max_J,min_i,min_J;
for(i=0;i<5;i++)
    for(j=0;j<5;j++)
        {scanf("%f",&x);
          f[j]=x;
        }
max=min=f[0][0];
max_i=max_i=min_i=min_j= 0;
for(i= 0;i<5;i++)
    for(j=0;j<5;j++)
        {if(max<f[j])
            max=f[j],max_i=i,max_j=j;
         if(min>f[j])
            ________
        }
f[max_i][max_j]=min;
f[min_i][min_j]=max;
        for(i=0;i<5;i++)
            {printf("\n");
            for(j=0;j<5;j++)
                printf("%8.2f",f[j]);
            }
    }
```

【分析】 首先从宏观上阅读程序,可以看出程序的基本结构是:用双重次数型循环读取 5 行 5 列矩阵的元素值存入二维数组 f 中;寻找矩阵中的最大数和最小数;交换最大数和最小数;输出交换后的矩阵元素值。需要填写的语句属于第 2 个部分。现在来仔细分析这个部分的程序。通常寻找最大数(或最小数)的算法是首先假定最前面的数是最大数(或最小数),并记录该数及其在数组中的下标,然后依次处理所有元素,若当前处理的元素大于(小于)最大数(最小数),则重新记录新的最大数(最小数)及其下标。从本程序清单来看,的确是采用了这个算法,由于是同时求最大数和最小数,所以用 max, max_i,max_j 分别记录当前的最大数及其行列下标,用 min,min_i,min_j 分别记录当前的最小数及其行列下标。在二重循环的循环体中有两条单分支语句,前一个单分支语句的功能很清楚,判断当前的数组元素是否大于最大数,则是重新记录最大数及其行列下标(注意,这里用一个逗号表达式完成三项赋值工作)。循环体中的第 2 条单分支语句当然是求当前最小数,由此分析,当条件成立(当前数组元素小于当前最小数)时,需要重新记录当前的最小数及其行列下标,所缺少的语句正是完成这项工作,由于只能用一条语句完成三项赋值工作,所以必须使用逗号表达式。对照该循环体的前一个单分支语句,很容易写出所缺少的语句。接下来阅读以后的程序,来验证所填写的语句。接下来的两条赋值语句正好完成了最大数和最小数的交换工作。前一个语句"f[max_i][max_j]=min;"是将找到的最小数存入对应最大数的位置(max_i 是最大数的行下标,max_i 是最大数的列下标,f[max_i][max_j]就是最大数),类似的,后一个语句"f[min_i][min_j]=max ;"是将找到的最大数存入对应最小数的位置。

【答案】 min=f[j],min_i=i,min_j=j;

14. 阅读下列程序,写出程序运行后的输出结果。

```
main()
{int a1[]={1,3,6,7,100},a2[]={2,4,5,8,100},a[10],i,j,k;
  i=j=0;
  for(k=0;k<8;k++)
       if(a1[i]<a2[j])
          a[k]=a1[i++];
       else
          a[k]=a2[j++];
  for (k= 0; k< 8; k++ )
       printf("%1d",a[k]);
}
```

【分析】 程序开始用赋初值方式给数组 a1 和 a2 的所有元素赋值。接下来是给变量 i,j 清 0,从后面的 for 循环中可以看出,变量 i,j 是作为一维数组的下标,所以它们的初值从 0 下标开始。重点分析其后的次数型循环,共计循环 8 次,控制变量 k 的值依次为 0,1,…,7,这个控制循环的变量 k 也是作为下标使用。再分析循环体,这是一条双分支语句,控制条件是"a1<a[j]",即 a1 数组的第 i 个元素值小于 a2 数组的第 j 个元素值。这个条件成立时,执行的操作包括:a1 数组的第 i 个元素存入 a 数组的第 k 个元素中、同时 i 加 1,使得 a1 成为其后的元素;如果这个条件不成立(即 a2 数组的第 j 个元素值小于或等于 a1 数组的第 i 个元素值),执行的操作包括:a2 数组的第 j 个元素存入 a 数组的第 k 个元素中,同时 j 加 1,使得 a2[j]成为其后的元素。综合上述分析可以看出,循环体的工作是将数组 a1 和 a2 的当前元素中值小的元素复制到数组 a 中,如果数组 a1 的元素被复制,则其下标后移一个位置,指向 a1 的新元素;如果数组 a2 的元素被复制,则其下标后移一个位置,指向 a2 的新元素。该循环执行 8 次,恰好把数组 a1 和数组 a2 中的各 4 个元素按照从小到大的顺序复制到数组 a 中。最后看输出,它是一个次数型循环语句,输出的结果是数组 a 中的 8 个元素值,而且输出格式为一位整数,结果当然是:12345678。

请读者注意,由于原来两个数组 a1 和 a2 中的元素是从小到大的顺序排列的,所以合并后的数组 a 的元素也必然是从小到大的。这是一种排序的算法,称为"两路归并排序法"。但是,真正的两路归并排序法要考虑到某个数组的元素全部复制后,另一个数组中的剩余元素要全部被复制。本程序中没有考虑这个"临界问题",而是采用了在两个数组的有效数据之后放一个最大数的方法,并且知道归并后的数据总个数。

【答案】 12345678

15. 阅读下列程序,写出程序运行后的输出结果。

```
#include "string. h"
main( )
{char s[3][20] = {"2345" ,"123456" ,"2347" };
 int i, k;
 for( k= 0, i=1; i< 3; i++)
     if( (strcmp(s[k],s)) <0) k= i;
 puts(s[k]);
}
```

【分析】 该程序很简单,开始给二维字符型数组赋初值为 3 个字符串,通过一个次数型循环求得变量 k 的值,然后输出 s[k]对应的字符串。从上面的分析可知,关键是循环语句执行后变量 k 的值等于多少? 我们可以用记录的方法来记录在循环中变量 k 的值。

执行循环语句,记录如下:

k=0,i=1,控制循环的条件“i< 3”成立,执行循环体的单分支语句,条件“(strcmp(s[k],s))<0”相当于“(strcmp("2345","123456"))<0”,条件不成立,变量 k 值不变,i 加 1 后继续循环;

k=0,i= 2,控制循环的条件“i< 3”成立,执行循环体的单分支语句,条件“(strcmp(s[k],s))<0”相当于“(strcmp("2345","2345"))<0”,条件成立,执行 k=i,k 值为 2,i 加 1 后继续循环;

k=2,i=3,控制循环的条件“i<3”不成立,退出循环。

此时变量 k 值为 2。

执行“puts(s[k]);”语句,输出的是 s[2]处存放的字符串:2347。

显然该程序的主要功能是在 3 个字符串中。

【答案】 2347

16. 阅读下列程序,写出程序的主要功能。

```
main( )
{ int i, a[10], x, flag= 0;
  for(i=0; i<10;i++)
      scanf("%d",& a [i]);
  scanf("%d",& x);
  for(i=0;i<10;i++)
     if( x== a)
        { flag= i+1;
          break;
        }
  if(flag== 0 )
    printf("no found! \n");
```

```
    else
        printf("%d\n",flag);
}
```

【分析】 该程序属于比较简单的,开始定义整型数组 a 以及整型变量 x,flag 和 i。下面的次数型循环是输入 10 个整数到数组 a 中,此时可以看出变量 i 是作为循环的控制变量使用的。接着输入一个整数到变量 x 中。接下来的次数型循环执行 10 次,这是标准的用单重次数型循环来依次处理一维数组元素的程序段,处理的内容是循环体中的单分支语句,即判断当前的数组元素是否等于变量 x,是,则在变量 flag 中记录 i+1 后退出循环;否,则继续循环。由此可以分析出,该程序是在数组 a 中寻找 x 的序号,若找不到,则变量 flag 的值不会改变(注意变动值为0);如果找到,则 flag 变量的值将等于 i+1,其中的 i 是循环控制变量,也就是找到的数组元素的下标,将其加 1 后存入变量 flag,所以此时的 flag 是对应数组元素的下标加 1 的。再仔细分析一下,当 i=0 时,找到的是数组元素 a[0],此时 flag 为 1,表示是数组的第 1 个元素,即在 10 个待查整数中的序号为 1;当 i=1 时,找到的是数组元素 a[1],此时 flag 为 2,表示数组的第 2 个元素,即在 10 个待查整数中的序号为 2。当 i=9 时,找到的是数组元素 a[9],此时 flag 为 10,表示数组的第 10 个元素,即在 10 个待查整数中的序号为 10。所以,找到,则 flag 的值为 1,2,…,10;若找不到,则为 0。循环后面的输出恰好是按照 flag 的值分别处理找到和找不到的两种情况。综上所述,可以总结出本程序的主要功能。

【答案】 输入 10 个整数存入数组 a,再输入一个整数 x,在数组 a 中查找 x。若找到,则输出 x 在 10 个整数中的序号(从 1 开始);若找不到,则输出"no found!"。

17. 阅读下列程序,写出程序的主要功能。

```
main()
{ int i,sum= 0,a[ 10];
  for(i=0;i<10;i++)
      scanf("% d",&a);
  for(i=9;i>=0;i--)
      if( a% 7== 0)
        {sum+=a;
         printf("%d",a);
        }
  printf("\"nsum=%d\n",sum);
}
```

【分析】 这是标准的次数型循环结构。第 1 个循环是输入 10 个整数存入数组 a 中;第 2 个循环是从后向前的顺序依次处理一维数组的元素。具体的处理是体现在其循环体中,它是判断当前数是否满足条件"a%7==0",满足条件的元素则参加累加计算,并输出满足条件的数组元素。退出循环后,再输出这些满足条件的数组元素之和。

要知道程序的功能,关键是搞清楚条件"a%7== 0"的含义。其实很简单,这个条件就是"数组元素能被 7 整除"。综上所述,可以总结出该程序的主要功能。

【答案】 输入10个整数,按从后向前的顺序依次寻找并输出其中能被7整除的所有整数以及能被7整除的这些整数的和。

18. 编写一个程序,计算并输出下列数列的前24项,每行输出4项。

数列第1项的值1

数列第2项的值2

数列第k项的值=第k-1项的值+第k-2项的值,当k为奇数时,

数列第k项的值=第k-1项的值-第k-2项的值,当k为偶数时。

【分析】 求数列的前24项可使用次数型循环结构,只要按照给出的公式计算并保存即可。按每行4个数据的格式输出一维数组中的数据是一个标准的次数型循环。

【答案】
```
main()
{long int a[25]={0,1,2} ;
 int i;
 for(i=3;i<25;i++)
   if( i% 2! == 0)
     a=a[i-1]+a[i-2];
   else
     a=a[i-1]-a[i-2];
 for (i= 1; i< 25; i++ )
     {printf("%8ld",a);
       if(i%4==0)
         printf("\n");
     }
}
```

19. 编写一个程序,输入一个3×3的实数矩阵,求两个对角线元素中各自的最大值。

【分析】 用二重次数型循环解决矩阵的输入。用一重次数型循环求主对角线元素的最大数,用单分支结构求次主对角线元素中的最大数。

【答案】
```
main()
{ float s[3][3],max1,max2,x;
  int i,j;
  for(i=0;i<3 ;i++)
      for(j=0;j<3;j++)
          { scanf("%f", &x);
            s[j]=x;
          }
  max1=s[0][0];
  for(i=1;i<3;i++)
     if(max1<s[i][i])    max1=s[i][i];
  max2=s[0][2];
```

```
        if(max2<s[1][1])        max2=s[1][1];
        if(max2<s[2][0])        max2=s[2][0];
        printf("max1=%f\n",max1);
        printf("max2= %f \n",max2);
    }
```

20. 编写一个程序,输入3个字符串(长度均不超过30)存入一个二维的字符型数组中,将第3个字符串连接到第2个字符串之后,然后再连接到第1个字符串之后,组成新的字符串存入一维的字符型数组中,然后输出该新的字符串(说明:本题不允许使用字符串连接函数)。

【分析】 两个字符串的连接算法如下:第1个字符串复制到某个字符数组中(注意:不包括字符串结束标记),然后再将第2个字符串复制到字符数组中(注意:包括字符串结束标记)。本题要求连接3个字符串,可以用次数为3的次数型循环来实现。

【答案】

```
main()
{ char s[91],a[3][31];
  int i, j, k;
  scanf("%s%s%s",a[0],a[1],a[2]);
  k=0;
  for(i=0;i<3;i++)
      for(j=0;j<31;j++)
          if(a[j]=='\0')
             break;
          else
          { s[k]=a[j];
             k++;
          }
      s[k]='\0';
      printf("% s", s) ;
}
```

数组是C语言提供的一种常用的构造型数据类型,是由具有规定数目的相同类型的元素按一定顺序排列构成的。它的每一个元素是由数组名和下标来直接访问。数组的使用能大大方便编程。读者要熟悉数组的用法,对以后的学习很有帮助。

三、习题

(一)选择题

1. 在C语言中,引用数组元素时,其数组下标的数据类型允许是________。

   A. 整型常量　　　　B. 整型常量或整型表达式

   C. 整型表达式　　　D. 任何类型的表达式

2. 以下对一维整型数组a的正确说明是________。

A. int a(10);

B. int n=10,a[n];

C. int n; scanf("%d",&n); int a[n];

D. #define SIZE 10　　int a[SIZE];

3. 若要求定义具有 10 个 int 型元素的一维数组 a,则以下定义语句中错误的是________。

A. #define N 10
　int a[N];

B. #define n 5
　int a[2*n];

C. int a[5+5];

D. int n=10,a[n];

4. 若有定义:int a[10],则对数组 a 元素的正确引用是________。

A. a[10]　　B. a[3.5]

C. a(5)　　D. a[10-10]

5. 以下能对一维数组 a 进行正确初始化的语句是________。

A. int a[10]=(0,0,0,0,0);

B. int a[10]={ };

C. int a[ ]={0};

D. int a[5]={0,1,2,3,4,5};

6. 下列不是给数组的第一个元素赋值的语句是________。

A. int a[2]={1};　　B. int a[2]={1*2};

C. int a[2];scanf("%d",a);　　D. a[1]=1;

7. 下列定义正确的是________。

A. static int a[6]={1,2,3,4,5};　B. int b[ ]={2,5};

C. int a(10);　　D. int 4e[4];

8. 以下不正确的定义语句是________。

A. double x[5]={2.0,4.0,6.0,8.0,10.0};

B. int y[5]={0,1,3,5,7,9};

C. char c1[ ]={'1','2','3','4','5'};

D. char c2[ ]={'\x10','\xa','\x8'};

9. 假设 array 是一个有 10 个元素的整型数组,则下列写法中正确的是________。

A. array[0]=10;　　B. array=0;

C. array[10]=0;　　D. array[-1]=0;

10. 执行以下程序段后,a 的值是________。

```
static int a[ ]={5,3,7,2,1,5,4,10};
int a=0,k;
for(k=0;k<8;k+=2)
a+=a+k;
```

A. 17　　B. 27

C. 13　　D. 有语法错误,无法确定

11. 基于 C 语言,假定 int 类型变量占用两个字节,若有声明:int x[10] = {3,4};则数组 x 在内存中所占字节数是________。

A. 12　　B. 4

C. 18　　D. 20

12. 基于 C 语言,有以下语句 int a[ ] = {1,2,3,4,5,6};下列说法正确的是________。

A. 这个语句编译会出错

B. 说明 a 变量可以取 1 个,2 个,3 个,4 个,5 个,6 个值

C. 这与 int a[6] = {1,2,3,4,5,6} 语句是相同的

D. 以上说法均不正确

13. 基于 C 语言,对以下语句的数组赋初值问题,理解正确的是________。

int a[10] = {1,2,3,4,5};

A. 将 5 个初值依次赋给 a[1] 至 a[5],其他元素值为 0

B. 将 5 个初值依次赋给 a[0] 至 a[4],其他元素为 0

C. 将 5 个初值依次赋给 a[6] 至 a[10],其他元素为 0

D. 因为数组长度与初值的个数不相同,所以此语句不正确

14. 若有以下定义:

```
int   a[5] = { 5, 4, 3, 2, 1 } ;
char  b='a', c, d, e;
```

则下面表达式中数值为 2 的是________。

A. a [3]　　B. a [e - c]　　C. a [d-b]　　D. a [e-b]

15. 以下程序的输出结果是________。

```
main( )
{ int i, a[10];
for(i=9;i>=0;i--) a[i]=10-i;
printf("%d%d%d",a[2],a[5],a[8]);
}
```

A. 258　　B. 741　　C. 852　　D. 369

16. 下列程序的运行结果是________。

```
main( )
{int a[6],i;
  for(i=1;i<6;i++)
  { a[i]=9*(i-2+4*(i>3))%5;
    printf("%2d",a[i]);
  }
}
```

A. -4 0 4 0 4　　B. -4 0 4 0 3　　C. -4 0 4 4 3　　D. -4 0 4 4 0

17. 分析下列程序:

```
main( )
```

```
{int n[3],i,j,k;
for(i=0;i<3;i++)
n[i]=0;
k=2;
for(i=0;i<k;i++)
   for(j=0;j<k;j++)
      n[j]=n[i]+1;
printf("%d\n",n[1]);
}
```

上述程序运行后,输出的结果是________。

A. 2　　B. 1　　C. 0　　D. 3

18. 以下程序的输出结果是________。

```
main( )
{ int i;
   for (i='A';i<'I';i++,i++)   printf ("%c",i+32);
   printf("\n");
}
```

A. 编译不通过,无输出　　B. aceg

C. acegi　　D. abcdefgh

19. 下列程序________。

```
1   main()
2     {
3        float a[10]={0,0};
4        int i;
5        for(i=0;i<3;i++) scanf("%d",&a[i]);
6        for(i=1;i<10;i++) a[0]=a[0]+a[i];
7        printf("%f\n",a[0]);
8     }
```

A. 没有错误　　B. 第3行有错

C. 第5行有错　　D. 第7行有错

20. 以下程序段给数组所有的元素输入数据,横线处的正确答案是________。

```
#include <stdio.h>
main()
{int a[10],i=0;
 while(i<10)scanf(%d,________);
…
}
```

A. &a[i++]　　B. &a[i+1]

C. &a[i]　　D. &a[++i]

21. 若有定义:int a[3][4],则对数组 a 元素的正确引用是________。

A. a[2][4]　　B. a[1,3]

C. a(5)　　D. a[10-10]

22. 以下能对二维数组 a 进行正确初始化的语句是________。

A. int a[2][]={{1,0,1},{5,2,3}};

B. int a[][3]={{1,2,3},{4,5,6}};

C. int a[2][4]={{1,2,3},{4,5},{6}};

D. int a[][3]={{1,0,1},{},{1,1}};

23. 若有说明:int a[3][4]={0};则下面叙述正确的是________。

A. 只有元素 a[0][0]可得到初值 0

B. 此说明语句不正确

C. 数组 a 中各元素都可得到初值,但其值不一定为 0

D. 数组 a 中每个元素均可得到初值 0

24. 若有说明语句:int a[][3]={0,0,0,0}; 则叙述正确的是________。

A. 数组元素 a[0][0]、a[0][1]、a[0][2]、a[1][0]可得到初值 0,其余元素初值不确定

B. 二维数组 a 的行数为 2

C. 该说明等价于 int a[0][3]={0};

D. 元素 a[0][0]至 a[0][3]可得到初值 0,其余元素均得不到初值 0

25. 若有说明:int a[][4]={0,0};则下面叙述不正确的是________。

A. 数组 a 的每个元素都可得到初值 0

B. 二维数组 a 的第一维大小为 1

C. 因为二维数组 a 中第二维大小的值除以初值个数的商(以下取整)为 1,故数组 a 的行数为 1

D. 只有元素 a[0][0]和 a[0][1]可得到初值 0,其余元素均得不到初值 0

26. 若有二维数组 a[m][n],则数组中 a[i][j]之前的元素的个数为________。

A. j*m+i　　B. i*n+j

C. i*m+j+1　　D. i*n+j+1

27. 已知:int i,x[3][3]={1,2,3,4,5,6,7,8,9};则下面语句的输出结果是________。

```
for(i = 0;i < 3;i ++)
  printf("%d ",x[i][2-i]);
```

A. 1 5 9　　B. 1 4 7

C. 3 5 7　　D. 3 6 9

28. 基于 C 语言,若有定义语句:int a[3][6],按在内存中的存放顺序,a 数组的第 10 个元素是________。

A. a[0][4]　　B. a[1][3]　　C. a[0][3]　　D. a[1][4]

29. 若有说明:int a[ ][3]={1,2,3,4,5,6,7};则数组 a 第一维大小是________。

A. 2　　B. 3　　C. 4　　D. 无确定值

30. 下列程序的运行结果是________。

```
#include <stdio.h>
void main()
{ int a[6][6],i,j;
    for(i=1;i<6;i++)
        for(j=1;j<6;j++)
            a[i][j]=(i/j) * (j/i);
    for(i=1;i<6;i++)
    { for(j=1;j<6;j++)
            printf("%2d",a[i][j]);
        printf("\n");
    }
}
```

A.
```
1 1 1 1 1
1 1 1 1 1
1 1 1 1 1
1 1 1 1 1
1 1 1 1 1
```
B.
```
0 0 0 0 1
0 0 0 1 0
0 0 1 0 0
0 1 0 0 0
1 0 0 0 0
```
C.
```
1 0 0 0 0
0 1 0 0 0
0 0 1 0 0
0 0 0 1 0
0 0 0 0 1
```
D.
```
1 0 0 0 1
0 1 0 1 0
0 0 1 0 0
0 1 0 1 0
1 0 0 0 1
```

31. 以下程序的输出结果是________。

```
main()
{ int a[3][3]={ {1,2},{3,4},{5,6} },i,j,s=0;
for(i=1;i<3;i++)
for(j=0;j<=i;j++)s+=a[i][j];
printf("%d\n",s);
}
```

A. 18　　B. 19　　C. 20　　D. 21

32. 基于 C 语言,程序中有下列语句:char s[10];下列说法正确的是________。

A. s[0]是数组的第一个元素　　B. s[1]是数组的第一个元素

C. 说明 s[10]元素是 int 型　　D. 说明 s 的值是 10

33. 下面是对 s 的初始化,其中不正确的是________。

A. char s[5]={"abc"};　　B. char s[5]={'a','b','c'};

C. char s[5]=" ";　　D. char s[5]="abcdef";

34. 下列程序段的输出结果是________。

```
char c[5]={'a','b','\0','c','\0'}
printf("%s",c);
```

A. 'a''b'　　B. ab　　C. ab\0c\0　　D. abc

35. 对两个数组 a 和 b 进行如下初始化:

char a[ ] = "ABCDEF";

char b[ ] = {'A','B','C','D','E','F'};

则以下叙述正确的是________。

A. a 与 b 数组完全相同　　B. a 与 b 数组长度相同

C. a 和 b 中都存放字符串　　D. a 数组比 b 数组长

36. 有字符数组 a[80]和 b[80],则输出形式正确的是________。

A. puts(a,b);　　B. printf("%s %s",a[ ],b[ ]);

C. putchar(a,b);　　D. puts(a),puts(b);

37. 有两个字符数组 a,b,则以下输入语句正确的是________。

A. gets(a,b);　　B. scanf("%s%s",a,b);

C. scanf("%s%s",&a,&b);　　D. gets("a"),gets("b");

38. 下列描述正确的是________。

A. 只有两个字符串所包含的字符个数相同时,才能比较字符串

B. 字符个数多的字符串比字符个数少的字符串大

C. 字符串"STOP "与"STOP"相等

D. 字符串"That"小于字符串"The"

39. 下列对 C 语言字符数组的描述中,错误的是________。

A. 字符数组可以存放字符串

B. 字符数组的字符串可以整体输入、输出

C. 可以在赋值语句中通过赋值运算符"="对字符数组整体赋值

D. 不可以用关系运算符对字符数组中的字符串进行比较

40. 下列字符串赋值语句中,不能正确把字符串 C program 赋给数组的语句是________。

A. char　a[ ] = {'C',' ','p','r','o','g','r','a','m'};

B. char　a[10]; strcpy(a, "C　program");

C. char　a[10]; a= "C　program";

D. char　a[10] = { "C　program"};

41. 以下选项不能给字符数组 a 正确赋值的是________。

char　a[100];

A. gets(a);　　B. a[100] = "abc";

C. a[100] = { "abc"};　　D. scanf("%s",&a);

42. 若有如下定义和语句:

```
char   s[12] = "a book!";
printf("%d",strlen(s) );
```

则输出结果是________。

A. 12　　B. 10　　C. 7　　D. 6

43. 下列程序段是输出两个字符串中对应字符相等的字符。横线处应该添________。

```
char x[ ] = "programming";
char y[ ] = "Fortran";
int i=0;
while(x[i]! ='\0'&&y[i]! = '\0')
{
    if(x[i]==y[i]) printf("%c",________);
    else i++;
}
```

A. x[i++]　　B. y[++i]　　C. x[i]　　D. y[i]

44. 以下程序的输出结果是________。

```
main()
{ char st[20] = "hello\0\t\\\";
printf("%d %d \n",strlen(st),sizeof(st));
}
```

A. 9 9　　B. 5 20　　C. 13 20　　D. 20 20

45. 能判断字符串 a 和 b 相等的表达式是________。

A. a= =b　　B. a=b

C. strcpy(a,b)　　D. strcmp(a,b)= =0

46. 下列程序段的输出结果是________。

```
char a[7] = "abcdef";
char b[4] = "ABC";
strcpy(a,b);
printf("%c",a[5]);
```

A.　　B. \0　　C. e　　D. f

47. 有下列程序段:

```
char a[3],b[ ] = "China";
a=b;
printf("%s",a);
```

则________。

A. 运行后输出 China　　B. 运行后输出 Ch

C. 运行后输出 Chi　　D. 编译出错

48. 下列程序的输出结果是________。

```
main ( )
{ char ch[7] = "12ab56";
  int i,s=0;
  for (i=0;ch[i]>'0'&&ch[i]<='9';i+=2)
  s=10 * s+ch[i]-'0';
  printf("%d\n",s);
```

```
}
```

A. 1　　B. 1256　　C. 12ab56　　D. ab

49. 下列程序段的运行结果是________。

```
char c[ ] = " \t\v\\\0will\n";
printf( "%d",strlen(c));
```

A. 14　　B. 3

C. 9　　D. 字符串中有非法字符,输出值不确定

50. 当执行下列程序时,如果输入 ABC,则输出结果是________。

```
#include "stdio. h"
#include "string. h"
main()
{ char ss[10] = "1,2,3,4,5";
  gets(ss); strcat(ss, "6789"); printf("%s\n",ss);
}
```

A. ABC6789　　B. ABC67

C. 12345ABC6　　D. ABC456789

(二)判断题

1. 在 C 语言中,数组元素的下标是整型常量或整型变量,并且从 1 开始。(　　)

2. 数组元素的值可以使用赋值语句或输入函数进行赋值,但占用运行时间。(　　)

3. 对一维数组初始化时,数组的长度可以省略,系统会自动按初值的个数分配存储空间。(　　)

4. 在初始化数组时,若指明了数组的长度,而提供的常量个数小于数组的长度,则只给相应的数组元素赋值,其余无赋值。(　　)

5. 在初始化数组时,若数组长度小于初值的个数,则会产生编译错误。(　　)

6. 如果对数组不赋初值,则数组元素一定取随机值。(　　)

7. 二维数组在内存中存储是以列为主序方式存放,即在内存中先存放第一列的元素,再存放第二列的元素。(　　)

8. 定义二维数组时,若对全部元素都赋初值,则第一维的长度不能省,但第二维的长度可以不指定。(　　)

9. 数组名的命名规则与变量名不相同。(　　)

10. 在声明一数组时,需要给出所包含数组元素的个数,即数组长度,这个长度是可改变的。(　　)

11. 在声明一数组时,可用一个整型变量来表示数组的长度。(　　)

12. 字符个数多的字符串比字符个数少的字符串大。(　　)

13. 在 C 语言中,二维数组可给出所有元素赋初值,也可以为部分元素赋初值。(　　)

14. 有数组定义 int a[2][2] = {{1},{2,3}};则 a[0][1]的值为 0。(　　)

15. 若有以下的数组定义:

char x[ ] = "12", y[ ] = {'1','2'}; 则 x 数组和 y 数组长度相同。(　　)

16. if(strl>str2) printf("%s",strl); else printf("%s",str2); 表示输出较大字符串。(　　)

17. 判断两个字符串的大小,可以根据字符串的长度来判断。(　　)

18. 一个字符串可以用 puts 函数输出到显示器上。(　　)

19. 可以用 gets 函数从键盘读入一个字符串。(　　)

20. strcmp 函数可用来比较两个字符串的大小,函数的结果如果为真,说明两个字符串是相等的。(　　)

21. C 语言的同一数组中,每一个数组元素必须属于同一数据类型。(　　)

22. "int a[2][3] = {{1,2,3},{4,5,6}};"能够对二维数组正确进行初始化。(　　)

23. 若有以下的程序段: char　a[10] = "abc", i; i = sizeof(a); 运行结果为 3。(　　)

24. 只有两个字符串所包含的字符个数相同时,才能比较字符串。(　　)

25. 当对全部数组元素赋初值时,可以不指定数组长度。(　　)

(三)填空题

1. 数组名定名规则和变量名相同,遵循________定名规则。

2. 对于一维数组的定义"类型说明符 数组名[常量表达式]",其中常量表达式可以包括________和________,不能包含________。

3. C 语言数组的下标总是从________开始,不可以为负数;构成数组各个元素具有相同的 ________。

4. 在 C 语言中,引用数组只能通过________数组元素来实现,而不能通过整体引用________来实现。

5. 如果要使一个内部数组在定义时每个元素初始化值为 0,但不进行逐个赋值,将其说明成________ 存储类型即可。

6. 定义变量时,如果对数组元素全部赋初值,则数组长度________ 。

7. 在 C 语言中,二维数组的元素在内存中的存放顺序是________ 。

8. 在 C 语言中,二维数组的定义方式为:类型说明符 数组名[________][________]。

9. 对与数组 a[m][n]来说,使用数组的某个元素时,行下标的最大值是________ ,列下标的最大值是 ________ 。

10. 在 C 语言中,将字符串作为 ________处理。

11. 在 C 语言中,数组的首地址是________ 。

12. 引用数组时,对下标________越界检查。如定义 int a[5];在引用时出现 a[5],不给出错信息,而是引 a[4]下面一个单元的值。

13. 字符串放在字符数组中,一个字符串以________ 结束,有一些字符串函数如 strcpy,strcmp,strlen 等可以方便地进行字符串运算。

14. 欲为字符串 s1 输入"Hello World!",其语句是 ________。

15. 下面程序段的运行结果是________。

```
char x[ ] = "the teacher";
int i=0;
while (x[++i]! ='\0')
    if (x[i-1] =='t') printf("%c",x[i]);
```

(四)程序填空题

1. 从键盘输入10个学生的成绩,建立一个一维数组,求学生的平均分。

```
main()
{
int   i;
float a[10],sum,ave;
  (1)  ;
printf("输入10个学生的成绩:");
for(i=0;i<10;i++)
{
scanf("%f",&a[i]);
  (2)  ;}
ave=  (3)  ;
printf("The average if 10 students' score  is 5.2f.",ave);
}
```

2. 下列程序可求出矩阵a的主对角线上的元素之和,请填空使程序完整。

```
main ( )
{ int a[3][3]={1,3,5,7,9,11,13,15,17} , sum=0, i, j ;
  for (i=0 ; i<3 ; i++)
      for (j=0 ; j<3 ; j++)
          if (  (1)  )
             sum=sum+  (2)  ;
  printf("sum=%d",sum);
}
```

3. 下列程序中的数组a包括10个整数元素,从a中第二个元素起,分别将后项减前项之差存入数组b,并按每行3个元素输出数组b。请填空,使程序完整。

```
main( )
{ int a[10],b[10], i
for(i=0;i<10; i++)
   scanf("%d",&a[i]) ;
for(i=1;  (1)  ; i++)
   b[i]=  (2)  ;
for(i=1;i<10;i++)
```

```
  { printf("%3d",b[i]);
   if ( (3) )
   printf("\n"); }
}
```

4. 下列程序用“两路合并法”把两个已按升序(由小到大)排列的数组合并成一个新的升序数组,请填空使程序完整。

```
main ( )
{ int a[3]={5,9,10} ;
    int b[5]={12,24,26,37,48} ;
   int c[10],i=0,j=0,k=0 ;
    while (i<3 && j<5)
    if ( (1) )
{
        c[k]=b[j] ; k++ ; j++ ;
        }
else
{
      c[k]=a[i] ; k++ ; i++ ;
      }
     while ( (2) )
   { c[k]=a[j] ; i++ ; k++ ; }
   while ( (3) )
    { c[k]=b[j] ; j++ ; k++ ; }
    for (i=0; i<k; i++)
  printf("%d",c[i]);
  }
```

5. 以下程序是将字符串 b 的内容连接字符数组 a 的内容后面,形成新字符串 a,请填空使程序完整。

```
main ( )
{ char a[40]="Great", b[ ]="Wall";
   int i=0,j=0 ;
   while (a[i]! ='\0') i++ ;
   while ( (1) ) {
     a[i]=b[j] ; i++ ; j++ ;
   }
   (2) ;
   printf("%s\n",a);
 }
```

6. 打印以下杨辉三角形(图17)。(要求打印出10行)

```
main(   )
{ int a[10][10],i, j ;
for(i=0;i<10;i++)
{ ___(1)___ ; ___(2)___ }
for(i=2; i<10; i++   )
  for(j=1; j<i ; j++ )
    a[i][j] = ___(3)___ ;
for(i=0; i<10; i++)
{ for( j=1; j<=i; j++)
  printf("%5d",a[i][j]);
  printf("\n");}
}
}
```

```
1
1  1
1  2  1
1  3  3  1
1  4  6  4  1
…  …  …
```

图17

7. 下列程序的功能是将字符串s中所有的字符c删除。

```
#include <stdio.h>
main()
{
    char s[80];
    int i,j;
    gets(s);
    for(i=j=0;s[i]! = ___(1)___ ;i++)
      if(s[i]! ='c') { ___(2)___ ; ___(3)___ ;}
    s[j]='\0';
    puts(s);
}
```

8. 将两个二维数组对应元素加起来,存到另一个二维数组中。

$$a=\begin{pmatrix}10 & 20\\ 30 & 40\\ 50 & 60\end{pmatrix},\qquad b=\begin{pmatrix}1 & 4\\ 2 & 5\\ 3 & 6\end{pmatrix}$$

```
main()
{
int a[3][2]={10,20,30,40,50,60};
int b[3][2]={1,4,2,5,3,6};
int c[3][2];
int i,j;
  for(i=0; ___(1)___ ;i++)
  {
```

```
for(j=0;j<2;j++)
{
  c[i][j]=____(2)____;
  printf("%4d",c[i][j]);
}
printf(____(3)____);
}
}
```

(五)读程序写结果题

1. 下列程序执行后的输出结果是________。

```
main()
  {  char  arr[2][4];
     strcpy(arr,"you");  strcpy(arr[1],"me");
    arr[0][3]='&';
     printf("%s\n",arr);
  }
```

2. 下列程序执行后的输出结果是________。

```
main()
{ int i,k,a[10],p[3]:
  k=5;
  for (i=0;i<10;i++) a[i]=i;
  for (i-0;i<3;i++) p[i]=a[i*(i+1)];
  for (i=0;i<3;i++) k=k+p[i]*2;
  printf("%d\n",k);
}
```

3. 下列程序运行的结果是________。

```
main()
{ char ch[7]={"65ab21"};
  int i,s=0
      for(i=0;ch[i]>='0' && ch[i]<='9';i+=2)
        s=10*s+ch[i]-'0';
     printf("%d\n",s);
}
```

4. 下列程序的运行结果是________。

```
#include<stdio.h>
main( )
{ char str[ ]={"a1b2c3d4e5"},i,s=0;
  for(i=0;str[i]! ='\0';i++)
```

```
    if(str[i]>='a'&&str[i]<='z')
      printf("%c\n",str[i]);
    printf("\n");
}
```

5. 下列程序的运行结果是________。

```
main(    )
  { int   a[3][4]={1,2,3,4,5,6,7,8,9,10,11,12}, b[4][3];
  inti, j;
  for (i=0;i<3;i++ )
    for (j=0;j<4;j++ )
       b[j][i]=a[i][j];
  for (i=0;i<4;i++ )
    { for ( j=0;j<3;j++ )
     printf("%5d",b[i][j] );
     printf("\n" );
  }
}
```

6. 当运行下列程序时,从键盘上输入 AabD,并按回车键,其运行结果是________。

```
main ( )
{ char s[80];
   int i=0;
     gets(s);
      while (s[i]! ='\0')
        {
          if (s[i]<='z' && s[i]>='a')
              s[i]='z'+'a'-s[i] ;
          i++;
        }
      puts(s);
}
```

7. 当运行下列程序时,从键盘上输入 7 4 8 9 1 5,并按回车键,其运行结果是________。

```
main ( )
{ int a[6],i,j,k,m;
   for (i=0 ; i<6 ; i++)
      scanf ("%d",&a[i]);
  for (i=5 ; i>=0; i--)
   {
```

```
    k=a[5];
  for (j=4; j>=0; j--)
    a[j+1]=a[j] ;
    a[0]=k;
    for (m=0 ; m<6 ; m++)
      printf("%d",a[m]);
      printf("\n");
    }
  }
```

8. 下列程序的运行结果是________。

```
main( )
{ char a[6][6],i, j;
for(i=0;i<6;i++)
for(j=0;j<6;j++)
{ if (i<j )a[i][j]= '#';
    else if(i==j) a[i][j]= ' ';
        else a[i][j]= '*' ; }
for(i=0;i<6;i++)
  {for(j=0;j<6;j++)
   printf("%c",a[i][j]);
   printf("\n");}
}
```

9. 下列程序的运行结果是________。

```
main()
{ int a[4][4],i,j,k;
for(i=0;i<4;i++)
  for(j=0;j<4;j++)
     a[i][j]=i+j;
for(i=1;i<4;i++)
  for(j=i+1;j<4;j++)
     { k=a[i][j];
       a[i][j]=a[j][i];
       a[j][i]=k;
     }
for(i=0;i<4;i++)
  {printf("\n");
  for(j=0;j<4;j++)
  printf("%d",a[i][j]);}
```

```
}
```

10. 当运行以下程序时,从键盘输入:

ab<CR>

c<CR>

def<CR>

(<CR>表示回车),则运行结果是________。

```
#include <stdio. h>
#define N 6
main( )
{
    char c[ N];
    int i=0;
    for( ;i<N;c[ i] =getchar( ) ,i++);
    for(i=0;i<N;i++) putchar( c[ i]);
}
```

11. 当运行以下程序时,从键盘输入:7 10 5 4 6 7 9 8 3 2 4 6 12 2 -1,则运行结果是________。

```
main( )
{
    int b[51],x,i,j=0,n=0;
    scanf(" %d",&x);
    while(x>-1) { b[ ++n] =x; scanf(" %d",&x); }
    for(i=1;i<=n;i++)
      if(b[ i]%2==0) b[ ++j] =b[ i];
    for(i=1;i<=j;i++) printf(" %3d",b[ i]);
    printf(" \n");
}
```

(六)程序设计题

1. 求任意一个 3 * 3 矩阵对角线元素之和。

2. 从键盘上输入 10 个整数,并放入一个一维数组中,然后将其前 5 个元素与后 5 个元素对换,即:第 1 个元素和第 10 个元素互换,第 2 个元素和第 9 个元素互换……分别输出数组原来的值和对换后各元素的值。

3. 设有如下两组数组:

A:2,8,7,6,4,28,70,25

B:79,27,32,41,57,66,78,80

编写一个程序,把上面两组数据分别读入两个数组中,然后把两个数组中对应下标的元素相加,即 2+79,8+27,…并把相应的结果放入第三个数组中,最后输出第三个数组的值。

4. 编写程序,把下面的数据输入到一个二维数组中:

25　36　78　13

12　26　88　93

75　18　22　32

56　44　36　58

然后执行以下操作:

(1)输出矩阵两条对角线上的数;

(2)交换第一行和第三行的位置,然后输出。

5. 从键盘输入 10 个整数,分别用顺序法、选择法、起泡法对它们进行由小到大(或由大到小)排序,且输出排序后的结果。

6. 用筛选法求 100 以内的素数。

7. 有一数组,内放 10 个整数,要求找出最小的数和它的下标。然后把它和数组中最前面的元素对换位置。

8. 从键盘上输入多个字符,编程统计其中字母、空格、数字及其他字符的个数。

9. 在屏幕上打印下列矩阵。

1 2 2 2 2 2 1

3 1 2 2 2 1 4

3 3 1 2 1 4 4

3 3 3 1 4 4 4

3 3 1 5 1 4 4

3 1 5 5 5 1 4

1 5 5 5 5 5 1

10. 从键盘输入 m * n 行列式,并输出此行列式;然后求所有的鞍点(某元素若是本行元素中的最大者,同时又是本列元素中最小者,则此元素称为鞍点)。最后输出这些鞍点及其对应坐标值。(若无鞍点,则显示无鞍点信息)

第 7 章　函　　数

一、知识点回顾

在前面已经介绍过,C 源程序是由函数组成的。虽然在前面各章的程序中大都只有一个主函数 main(),但实用程序往往由多个函数组成。函数是 C 源程序的基本模块,通过对函数模块的调用实现特定的功能。C 语言中的函数相当于其他高级语言的子程序。C 语言不仅提供了极为丰富的库函数(如 Turbo C、MS C 都提供了 300 多个库函数),还允许用户建立自己定义的函数。用户可以把自己的算法编成一个个相对独立的函数模块,然后用调用的方法来使用函数。可以说,C 程序的全部工作都是由各式各样的函数完成,所以也把 C 语言称为函数式语言。

由于采用了函数模块式的结构,C 语言易于实现结构化程序设计,使程序的层次结构清晰,便于程序的编写、阅读及调试。

在 C 语言中可从不同的角度对函数分类。

(1)从函数定义的角度看,函数可分为库函数和用户定义函数两种。

①库函数。由 C 系统提供,用户无须定义,也不必在程序中作类型说明,只需在程序前包含有该函数原型的头文件即可在程序中直接调用。在前面各章的例题中反复用到 printf,scanf,getchar,putchar,gets,puts,strcat 等函数均属此类。

②用户定义函数。由用户按需要写的函数。对于用户自定义函数,不仅要在程序中定义函数本身,而且在主调函数模块中还必须对该被调函数进行类型说明,然后才能使用。

(2)C 语言的函数兼有其他语言中的函数和过程两种功能,从这个角度看,又可把函数分为有返回值函数和无返回值函数两种。

①有返回值函数。此类函数被调用执行完后将向调用者返回一个执行结果,称为函数返回值。如数学函数即属于此类函数。由用户定义的这种要返回函数值的函数,必须在函数定义和函数说明中明确返回值的类型。

②无返回值函数。此类函数用于完成某项特定的处理任务,执行完成后不向调用者返回函数值。这类函数类似于其他语言的过程。由于函数无须返回值,用户在定义此类函数时可指定它的返回为“空类型”,空类型的说明符为“void”。

(3)从主调函数和被调函数之间数据传送的角度看又可分为无参函数和有参函数两种。

①无参函数。函数定义、函数说明及函数调用中均不带参数。主调函数和被调函数之间不进行参数传送。此类函数通常用来完成一组指定的功能,可以返回或不返回函数值。

②有参函数。有参函数也称为带参函数。在函数定义及函数说明时都有参数,称为形式参数(简称为形参)。在函数调用时也必须给出参数,称为实际参数(简称为实参)。进行函数调用时,主调函数将把实参的值传送给形参,供被调函数使用。

(4)C 语言提供了极为丰富的库函数,这些库函数又可从功能角度作以下分类。

①字符类型分类函数:用于对字符按 ASCII 码分类,如字母、数字、控制字符、分隔符、大小写字母等。

②转换函数:用于字符或字符串的转换;在字符量和各类数字量(如整型、实型等)之间进行转换;在大、小写之间进行转换。

③目录路径函数:用于文件目录和路径操作。

④诊断函数:用于内部错误检测。

⑤图形函数:用于屏幕管理和各种图形功能。

⑥输入输出函数:用于完成输入输出功能。

⑦接口函数:用于与 DOS、BIOS 和硬件的接口。

⑧字符串函数:用于字符串操作和处理。

⑨内存管理函数:用于内存管理。

⑩数学函数:用于数学函数计算。

⑪日期和时间函数:用于日期、时间转换操作。

⑫进程控制函数:用于进程管理和控制。

⑬其他函数:用于其他各种功能。

以上各类函数不仅数量多,而且有的还需要硬件知识才会使用,因此要想全部掌握则需要一个较长的学习过程。应首先掌握一些最基本、最常用的函数,再逐步深入。由于课时关系,现只介绍很少一部分库函数,其余部分读者可根据需要查阅有关手册。

还应该指出的是,在C语言中,所有的函数定义,包括主函数main在内,都是平行的。也就是说,在一个函数的函数体内,不能再定义另一个函数,即不能嵌套定义。但是函数之间允许相互调用,也允许嵌套调用。习惯上把调用者称为主调函数。函数还可以自己调用自己,称为递归调用。

main函数是主函数,它可以调用其他函数,而不允许被其他函数调用。因此,C程序的执行总是从main函数开始,完成对其他函数的调用后再返回到main函数,最后由main函数结束整个程序。一个C源程序必须有也只能有一个主函数main。

二、习题

(一)选择题

1. 以下函数定义正确的是________。

A. double　fun(int x, int y)　　B. double　fun(int x;　int y)

C. double　fun(int x, int y)　　D. double　fun(int　x, y)

2. C语言规定,简单变量作实参,它与对应形参之间的数据传递方式是________。

A. 地址传递　　B. 单向值传递

C. 双向值传递　　D. 由用户指定传递方式

3. 以下关于C语言程序中函数的说法正确的是________。

A. 函数的定义可以嵌套,但函数的调用不可以嵌套

B. 函数的定义不可以嵌套,但函数的调用可以嵌套

C. 函数的定义和调用均不可以嵌套

D. 函数的定义和调用都可以嵌套

4. 以下正确的函数形式是________。

A.
```
double fun(int x,int y)
  {z=x+y;return z;}
```

B.
```
fun (int x,y)
  {int z;return z;}
```

C.
```
fun(x,y)
  {int x,y;   double z;
  z=x+y;     return   z;}
```

D.
```
double fun(int x,int y)
  {double   z;
  z=x+y;   return z;}
```

5. 以下说法不正确的是________。

A. C语言规定,实参可以是常量、变量或表达式

B. C语言规定,形参可以是常量、变量或表达式

C. C语言规定,实参可以是任意类型

D. C语言规定,形参应与其对应的实参类型一致

6. C语言允许函数值类型缺省定义,此时该函数值隐含的类型是________。
A. float　B. int　C. long　D. double
7. 以下描述错误的是:函数调用可以________。
A. 出现在执行语句中　B. 出现在一个表达式中
C. 作为一个函数的实参　D. 作为一个函数的形参
8. 若用数组名作为函数调用的实参,传递给形参的是________。
A. 数组的首地址　B. 数组第一个元素的值
C. 数组中全部元素的值　D. 数组元素的个数
9. 以下说法正确的是: 如果在一个函数中的复合语句中定义了一个变量,则该变量________。
A. 只在该复合语句中有效　B. 在该函数中有效
C. 在本程序范围内有效　D. 为非法变量
10. 以下说法不正确的是 ________。
A. 在不同函数中可以使用相同名字的变量
B. 形式参数是局部变量
C. 在函数内定义的变量只在本函数范围内有效
D. 在函数内的复合语句中定义的变量在本函数范围内有效
11. 凡是函数中未指定存储类别的局部变量,其隐含的存储类别为________。
A. 自动(auto)　B. 静态(static)
C. 外部(extern)　D. 寄存器(register)
12. 下列程序正确的运行结果是________。
```
main( )
{int a=2, i;
  for(i=0;i<3;i++)      printf("%4d",f(a) );
}
  f( int a)
{  int b=0;  static  int c=3;
  b++;  c++;
  return (a+b+c);}
```
A. 7 7 7　B. 7 10 13　C. 7 9 11　D. 7 8 9
13. C语言规定:函数返回值类型是由________。
A. return语句中的表达式类型决定
B. 调用该函数时的主调函数类型决定
C. 调用该函数时系统临时决定
D. 定义该函数时所指定的函数类型决定
14. 下面函数调用语句中实参的个数为________。
func((exp1,exp2),(exp3,exp4,exp5))
A. 1　B. 2　C. 4　D. 5

15. 有一个如下定义的函数：

```
func(a)  {  printf("%d",a);  }
```

则该函数的返回类型是________。

A. 与参数 a 的类型相同　　B. void 类型
C. 没有返回值　　D. 无法确定

16. 建立函数的目的之一是________

A. 提高程序的执行效率　　B. 提高程序的可读性
C. 减少程序的篇幅　　D. 减少程序文件所占内存

17. 以下说法正确的是________。

A. 定义函数时,形参的类型说明可以放在函数体内
B. return 后边的值不能为表达式
C. 如果函数值的类型与返回值类型不一致,以函数值类型为准
D. 如果形参与实参的类型不一致,以实参类型为准

18. 以下正确的说法是________。

A. 用户若需调用标准库函数,调用前必须重新定义
B. 用户可以重新定义标准函数,若如此,该函数将失去原有含义
C. 系统根本不允许用户重新定义标准库函数
D. 用户若需调用标准库函数,调用前不必使用预编译命令将该函数所在文件包括到用户源文件中,系统自动去调

19. 以下说法正确的是________。

A. 在 C 语言中,实参和与其对应的形参各占用独立的存储单元
B. 在 C 语言中,实参和与其对应的形参共占用一个存储单元
C. 在 C 语言中,只有当实参和与其对应的形参同名时才共占用存储单元
D. 在 C 语言中,形参是虚拟的,不占用存储单元

20. 若使用一维数组名作函数实参,则以下说法正确的是________。

A. 必须在主调函数中说明此数组的大小
B. 实参数组类型与形参数组类型可以不匹配
C. 在被调函数中,不需要考虑形参数组的大小
D. 实参数组名与形参数组名必须一致

21. 有如下函数调用语句

```
func(rec1,rec2+rec3,(rec4,rec5));
```

该函数调用语句中,含有的实参个数是________。

A. 3　　B. 4　　C. 5　　D. 有语法错

22. 有如下程序：

```
int runc(int a,int b)
{ return(a+b);}
main( )
{ int x=2,y=5,z=8,r;
```

```
r=func(func(x,y),z);
printf("%\d\n",r);
}
```

该程序的输出的结果是________。

A. 12　　B. 13　　C. 14　　D. 15

23. 有如下程序：

```
long fib(int n)
{ if(n>2) return(fib(n-1)+fib(n-2));
else return(2);
}
main( )
{ printf("%d\n",fib(3));}
```

该程序的输出结果是________。

A. 2　　B. 4　　C. 6　　D. 8

24. 有以下程序：

```
voidf(int  x,int  y)
{  int  t;
if(x<y){  t=x;  x=y; y=t;}
}
main()
{ int  a=4,b=3,c=5;
f(a,b); f(a,c); f(b,c);
printf("%d,%d,%d\n",a,b,c);
}
```

执行后输出的结果是________。

A. 3,4,5　　B. 5,3,4　　C. 5,4,3　　D. 4,3,5

25. 以下函数的功能是:通过键盘输入数据,为数组中的所有元素赋值。

```
#define N 10
void arrin(int x[N])
{ int i=0;
while(i<N)
scanf("%d",________);
}
```

在下划线处应填入的是________。

A. x+i　　B. &x[i+1]　　C. x+(i++)　　D. &x[++i]

26. 有以下程序：

```
main()
{ char s[]="\n123\\";
```

```
printf("%d,%d\n",strlen(s),sizeof(s));
}
```

执行后输出结果是________。

A. 赋初值的字符串有错　　　　B. 6,7

C. 5,6　　　　D. 6,6

27. 以下叙述中正确的是________。

A. 全局变量的作用域一定比局部变量的作用域范围大

B. 静态(static)类别变量的生存期贯穿于整个程序的运行期间

C. 函数的形参都属于全局变量

D. 未在定义语句中赋初值的 auto 变量和 static 变量的初值都是随机值

28. 执行下列程序后输出的结果是________。

```
main()
{int a=4,b=3,c=5,d,e,f;
d=f1(a,b); d=f1(d,c);
e=f2(a,b); e=f2(e,c);
f=a+b+c-d-e;
printf("%d,%d,%d\n",d,f,e);
}
f1(int x, int y)
{int z;   z=(x>y)? x:y;   return(z);}
f2(int x, int y)
{int z;   z=(x<y)? x:y;   return(z);}
```

A. 3,4,5　　B. 5,3,4　　C. 5,4,3　　D. 3,5,4

29. 以下程序的输出结果是________。

```
#include <stdio.h>
int f(void)
{   static int i = 0;
    int s =1;
    s += i;
    i++;
    return (s);
}
void main(void)
{
    int i, a = 0;
    for (i=0; i<5; i++) a += f()
    printf("%d\n", a);
}
```

A. 1　　　B. 0　　　C. 非0的数　　　D. -1

30. 以下C语言中，对函数描述不正确的是________。

A. 当用数组名做形参时，形参数组改变可使实参数组随之改变

B. 允许函数递归调用

C. 函数形参的作用范围只是局限于所定义的函数内

D. 函数说明必须在主调函数之前

31. 以下所列的各函数首部中，正确的是________。

A. void play(var :Integer, var b:Integer)　　B. void play(int a, b)

C. void play(int a, int b)　　D. Sub play(a as integer, b as integer)

32. 以下叙述中不正确的是________。

A. 在C语言函数中，函数的自动变量可以赋初值，每调用一次，赋一次初值

B. 在C语言函数中，在调用函数时，实在参数和对应形参在类型上只需赋值兼容

C. 在C语言函数中，外部变量的隐含类别是自动存储类别

D. 在C语言函数中，函数形参可以说明为register变量

33. 以下对C语言函数的有关描述中，正确的是________。

A. 在C语言函数中，调用函数时，只能把实参的值传送给形参，形参的值不能传送给实参

B. C语言函数既可以嵌套定义，又可以递归调用

C. 函数必须有返回值，否则不能使用函数

D. C程序中有调用关系的所有函数必须放在同一个源程序文件中

34. 一个数据类型为void的函数中可以没有return语句，那么函数的被调用时________。

A. 没有返回值　　B. 返回一个系统默认值

B. 返回值由用户临时决定　　D. 返回一个不确定的值

35. 在下面的函数声明中，存在语法错误的是________。

A. BC(int a, int);　　B. BC(int, int);

C. DC(int, int=5);　　D. BC(int x,　int y);

36. 以下函数值的类型是________。

```
fun ( float x )
{ float y;
y= 3 * x-4;
return y;
}
```

A. int　　B. 不确定　　C. void　　D. float

37. 有如下程序段，在Turbo C环境下运行的结果为________。

```
main( )
{ int i=2, p, k=1;
  p=f(i, ++k);
```

```
printf("I=%d,p=%d",k,p);}
int f(int a,int b)
{ int c;
 if(a>b) c=1;
else if (a==b) c=0;
 else    c=-1; return(c);  }
```

A. 1,0　　B. 2,0　　C. 2,-1　　D. 1,1

38. 下列程序的输出结果是________。

```
int  m=13;
int  fun( int x,  int  y)
  { int m=3;
     return( x*y-m); }
main( )
{int a=7,b=5;
printf("%d\n", fun(a,b)/m); }
```

A. 1　　B. 2　　C. 7　　D. 10

39. 若有说明语句:static int a[3][4]={0};则下列叙述正确的是________。

A. 只有 a[0][0]元素可得到初值 0

B. 数组 a 中每个元素均可得到初值 0

C. 数组 a 中各元素都可得到初值,但值不一定为 0

D. 此说明语句不正确

40. 以下程序的运行结果是________。

```
main( )
{ int a=2,i ;
for(i=0;i<3;i++)     printf("%4d",f(a) ) ;  }
f( int a)
{  int b=0,c=3;
  b++;  c++;  return(a+b+c); }
```

A. 7　10　13　　B. 7　7　7

C. 7　9　11　　D. 7　8　9

(二)填空题

1. C 语言规定,可执行程序的开始执行点是______________。

2. 在 C 语言中,一个函数一般由两个部分组成,它们是________和________。

3. 函数 swap(int x,int y)可完成对 x 和 y 值的交换。在运行调用函数中的如下语句后,a[0]和 a[1] 的值分别为____________,原因是____________。

4. 函数 swap(arr,n)可完成对 arr 数组从第 1 个元素到第 n 个元素两两交换。在运行调用函数中的如下语句后,a[0] 和 a[1]的值分别为________ ,原因是____________。

5. 设在主函数中有以下定义和函数调用语句,且 fun 函数为 void 类型。请写出 fun

函数的首部________。要求形参名为b。

```
main( )
{ double s[10][22];
int n;
fun(s);
}
```

6. 返回语句的功能是从________返回________。

(三)程序填空题

1. 下列程序的功能是利用函数调用求两整数的最大公约数和最小公倍数。请填空。

```
main( )
{   int  a, b ,c,d;
    scanf("%d, %d", &a, &b ) ;
    c = gongyue( a,  b ) ;
    ___(1)___;
    printf("gongyue=%d,gongbei=%d\n", c,d ) ;  }
gongyue( int num1 ,  int num2 )
{ int   temp, x, y ;
  if ___(2)___
       {  temp=num1 ;   num1=num2 ;  num2=temp ;  }
  x=num1 ;  y=num2 ;
  while ___(3)___
       { temp=x%y ;   x=y ;   y = temp ; }
  return (y) ;  }
```

2. 以下程序的功能是根据输入的“y”(“Y”)与“n”(“N”),在屏幕上分别显示出“This is YES.”与“This is NO.”。请填空。

```
# include   <stdio.h>
viod  YesNo(char ch)
{ switch(ch)
  {case'y':     case 'Y': printf("\nThis is YES.\n"); ___(1)___;
   case'n':     case 'N': printf("\nThis is NO.\n"); }
}
main( )
{char ch;  printf("\nEnter a char 'y','Y'or'n','N':");
ch=___(2)___;  printf ("ch: %c",ch);   YesNo(ch);  }
```

3. 以下check函数的功能是对value中的值进行四舍五入计算,若计算后的值与ponse值相等,则显示“WELL DONE!!”,否则显示计算后的值。已有函数调用语句check(ponse,value)。请填空。

```
viod  check ( int ponse, float value)
```

```
{ int val;    val= __(1)__;
  printf ("计算后的值: %d", val);
  if (val= =ponse)   printf("\n WELL DONE!! \n");
  else   printf ("\nSorry the correct answer is %d\n", val);
}
```

4. 以下程序的运行结果是输出如图A所示的图形。请填空。

```
      *
    * * *
  * * * * *
* * * * * * *
  * * * * *
    * * *
      *
```

图A

```
# include    <stdio.h>
void   a (inti)
{ int j, k;   for (j=0; j<=7 i; j++)   printf (" ");
  for (k=0; k< __(1)__; k++)   printf(" * ");
  printf("\n");      }
main ( )
{ int   i;   for( i=0;i<3; i++) __(2)__;
  for( i=3;i>=0; i--)   __(3)__;
  }
```

5. 函数fun的功能是:使字符串str按逆序存放。

```
void fun (char str[ ])
{
     char m; int i, j;
     for (i=0, j=strlen(str); i< __(1)__ ; i++, j--)
     { m = str[i];
        str[i] = __(2)__;
        str[j-1] = m;
     }
     printf("%s\n",str);
}
```

6. 以下程序使用递归法求n!。请填空。

```
float   fac(int   n)
{   float   f;
   if(n<0) {printf("n<0" data error); f=-1;}
```

```
   else if(n==0||n==1)          f=1;
   else   f= ___(1)___ ;
   return( f );  }
main( )
{  int  n;  float  y;
   printf("input  a  integer  number");
   scanf("%d",&n);
   y= ___(2)___ ;
   printf("%d!    = %15.0f", n, y );  }
```

7. 以下程序可计算 10 名学生 1 门功课成绩的平均分，请填空。

```
float  average( float  array[10] )
{ inti;  float  aver, sum=array[0];
for (i=1; ___(1)___ ;i++)
sum+= ___(2)___ ;
aver=sum/10;
return(aver); }
main(  )
{ float  score[10], aver ;  inti ;
printf("\ninput  10 scores:");
for(i=0; i<10;i++)  scanf("%f",&score[i] );
aver = ___(3)___ ;
printf("\naverage score is %5.2f\n", aver);
  }
```

(四)读程序写结果题

1. 下列程序的运行结果是________。

```
main( )     {  int  i=5;  printf("%d\n", sub(i) ) ;  }
sub  ( int n )
  {  int  a ;
     if  ( n==1)  a=1;  else    a=n+sub(n-1);    return( a ) ; }
```

2. 下列程序的运行结果是________。

```
main( )     {  int  i=2, x=5, j=7;    fun (j,6);
printf("i=%d; j=%d; x=%d\n", i, j, x ) ;  }
  fun (inti, int j )  { int x=7;  printf("i=%d; j=%d; x=%d\n", i, j, x); }
```

3. 以下程序的运行结果是________。

```
main( )     {increment ( );  increment ( );  increment ( ); }
  increment ( )  { int x=0;   x+=1; printf ("%d", x); }
```

4. 以下程序的运行结果是________。

```
int a=5; int b=7;
```

```
main( )        { int a=4, b=5,c;
c=plus (a,b);  printf("A+B=%d\n",c) ;   }
plus (int x, int y)   { int z;  z=x+y;  return (z);   }
```

5. 以下程序的运行结果是________。

```
main( )       {increment ( );  increment ( );  increment ( ); }
  increment ( )   {static int x=0;    x+=1; printf ("%d", x); }
```

6. 以下程序的输出结果是________。

```
void fun( )
{ static int a=0;
a+=2; printf("%d",a);
}
main( )
{ int cc;
for(cc=1;cc<4;cc++) fun( )
printf("\n");
}
```

7. 以下程序的输出结果是________。

```
#include <stdio. h>
void f(int c)
{   int a=0;
    static int b=0;
    a++;
    b++;
    printf("%d: a=%d, b=%d\n", c, a, b);
}
void main(void)
{   int   i;
    for (i=1; i<=3; i++) f( i );
}
```

8. 以下程序的输出结果是________。

```
#include <STDIO. H>
void increment(void);
void main(void)
{
    increment( );
    increment( );
}
void increment(void)
```

```
}
  static int x = 8;
  x ++;
  printf("x = %d\n", x);
}
```

9. 若有以下程序,执行后输出结果是________。

```
int f(int x,int y)
{ return((y-x) * x); }
main()
{ int a=3,b=4,c=5,d;
d=f(f(3,4),f(3,5));
printf("%d\n",d);
}
```

10. 假如在运行程序时输入 5 ,写出程序的运行情况及最终结果________。

```
float fac(int n)
  { float f ;
    if(n<0){printf("n<0,dataerror!");
      f=-1;}
    else if (n==0||n==1) f=1;
    else   f=fac(n-1) * n;
      return(f);
  }
main(   )
{int   n ;
  float   y ;
  printf("input a integer number:");
  scanf("%d",&n);
  y=fac(n);
  printf("%d! =%5.0f", n,y);
}
```

11. 下列程序的运行结果是________。

```
func( int x,   int y)
{   int   z;
     z=x+y;
     return(z); }
main( )
{ int   a=6, b=7, c=8, r;
r=func( ( a--, b++, a+b), c--);
```

```
printf("%d", r) ; }
```

12. 下列程序的运行结果是________。

```
func( int a)
{   int b=0,c=3;
  b++;c++;
  return(a+b+c);}
main( )
{   int a=2,i;
  for(i=0;i<3;i++)
printf("%d",func(a));     }
```

13. 下列程序的运行结果是________。

```
main( )
{ int  i=5 ;
  printf("%d\n", sub(i) ); }
sub( int n)
{ int a;
if(n==1)   a=1;
else  a= n+sub(n-1);
return(a); }
```

14. 下列程序的运行结果是________。

```
main(  )
{ int i=2,p;
p=f(i++, ++i );
printf("%d", p); }
int f( int a, int b )
{ int c;
  if(a>b) c=1;
  else  if(a==b) c=0;
  else           c=-1;
    return(c); }
```

15. 以下程序的运行结果是________。

```
main(  )
{ int  a[3][3] = { 1, 3, 5, 7, 9, 11, 13, 15, 17 } ;
int   sum ;
sum = func ( a ) ;
printf ( "\nsum = %d\n", sum ) ;
}
func ( int a[ ][3] )
```

```
{ inti, j, sum = 0;
for (i=0; i<3; i++ )
    for ( j=0; j<3; j++ )
      { a[i][j] =i + j ;
        if (i= =j ) sum = sum + a[i][j] ;
        }
return ( sum );
}
```

(五)编程题

1. 有一个数组,内放 10 个学生的英语成绩,写一个函数,求出平均分,并且打印出高于平均分的英语成绩。

2. 编写一个函数,计算任一输入的整数的各位数字之和。主函数包括输入输出和调用该函数。

3. 已有函数调用语句 c=add (a,b);请编写 add 函数,计算两个实数 a 和 b 的和,并返回和值。

```
double   add (double x, double y)
  {        }
```

4. 已有变量定义语句 double a=5.0;int n=5;和函数调用语句 mypow (a, n);用以求 a 的 n 次方。请编写 double mypow (double x, int y)函数。

```
double mypow (double x, int y)
  {         }
```

5. 已有变量定义和函数调用语句 int a, b;b=sum (a);函数 sum( )用以求$\sum_{k=1}^{k}$, 和数作为函数值返回。若 a 的值为 10,经函数 sum 的计算后,b 的值是 55。请编写 sum 函数。

```
sum (int n)
  {         }
```

6. 已有变量定义和函数调用语句:int a=1, b=-5, c;c=fun (a,b);fun 函数的作用是计算两个数之差的绝对值,并将差值返回调用函数,请编写 fun 函数。

```
fun (int x, int y)
  {         }
```

7. 已有变量定义和函数调用语句:int x=57;isprime (x);函数 isprime ( )用来判断一个整型数 a 是否为素数,若是素数,函数返回 1,否则返回 0。请编写 isprime 函数。

```
isprime (int a)
  {         }
```

8. 利用递归函数调用方式,将所输入的 5 个字符,以相反顺序打印出来。

9. 函数的递归调用计算阶乘。

10. 输入 10 个学生的成绩,分别用函数实现:

(1)求平均成绩;

(2)按分数高低进行排序并输出。

11. 若有4＊4二维数组,试编程完成如下功能:

(1)求4＊4列数组的对角线元素值之和。

(2)将二维数组元素行列互换后存入另一数组,并将此数组输出。

12. 有两个字符串,各有10个字符,编程完成如下功能:

(1)分别找出两个字符串中最大的字符元素;

(2)将两字符串对应位置元素逐个比较,并统计输出两个字符串对应元素大于、小于和等于的次数。(所有功能都通过函数调用实现)

第8章　指　　针

指针是C语言的重要数据类型,同时也是C语言的重要特点和精华所在。灵活、正确的指针可以:

(1)有效地表示复杂的数据结构;

(2)动态分配内存;

(3)更方便地使用字符串和数组;

(4)直接处理内存地址。

然而,指针用法灵活,是初学者比较难掌握的内容,因此需要引起高度重视。通过本章的学习,了解C语言中指针和指针变量的概念;了解指针与数组、指针与函数的关系等;掌握指针变量、指针数组的定义和使用,以及在数组和字符串问题、函数问题等方面应用指针解决问题的方法。

一、知识点回顾

1. 地址指针的基本概念

在计算机中,所有的数据都存放在存储器中。一般把存储器中的一个字节称为一个内存单元,不同的数据类型所占用的内存单元数不等,如整型量占2个单元、字符量占1个单元等,在前面已有详细的介绍。为了正确地访问这些内存单元,必须为每个内存单元编上号。根据一个内存单元的编号即可准确地找到该内存单元。内存单元的编号也叫做地址。由于根据内存单元的编号或地址就可以找到所需的内存单元,所以通常也把这个地址称为指针。内存单元的指针和内存单元的内容是两个不同的概念。可以用一个通俗的例子来说明它们之间的关系。到银行去存取款时,银行工作人员将根据账号去找存款单,找到之后在存单上写入存款、取款的金额。在这里,账号就是存单的指针,存款数是存单的内容。对于一个内存单元来说,单元的地址即为指针,其中存放的数据才是该单元的内容。在C语言中,允许用一个变量来存放指针,这种变量称为指针变量。因此,一个指针变量的值就是某个内存单元的地址或称为某内存单元的指针。

在图18中,设有字符变量C,其内容为"K"(ASCII码为十进制数75),C占用了011A号单元(地址用十六进数表示)。设有指针变量P,内容为011A,这种情况称为P指向变量C,或说P是指向变量C的指针。

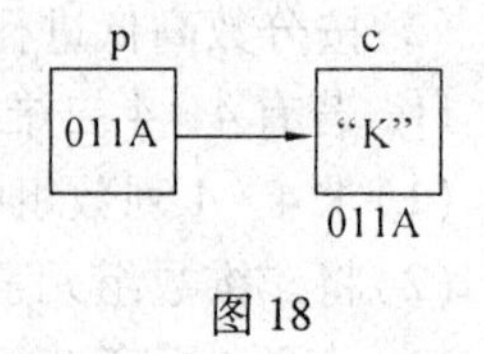

图 18

严格地说,一个指针是一个地址,是一个常量。而一个指针变量却可以被赋予不同的指针值,是变量。但常把指针变量简称为指针。为了避免混淆,总约定:"指针"是指地址,是常量,"指针变量"是指取值为地址的变量。定义指针的目的是为了通过指针去访问内存单元。

既然指针变量的值是一个地址,那么这个地址不仅可以是变量的地址,也可以是其他数据结构的地址。在一个指针变量中存放一个数组或一个函数的首地址有何意义呢?因为数组或函数都是连续存放的。通过访问指针变量取得了数组或函数的首地址,也就找到了该数组或函数。这样一来,凡是出现数组、函数的地方都可以用一个指针变量来表示,只要该指针变量中赋予数组或函数的首地址即可。这样做,将会使程序的概念十分清楚,程序本身也精练、高效。在 C 语言中,一种数据类型或数据结构往往都占有一组连续的内存单元。用"地址"这个概念并不能很好地描述一种数据类型或数据结构,而"指针"虽然也是一个地址,但它却是一个数据结构的首地址,它是"指向"一个数据结构的,因而概念更为清楚,表示更为明确。这也是引入"指针"概念的一个重要原因。

2. 变量的指针和指向变量的指针变量

变量的指针就是变量的地址。存放变量地址的变量是指针变量。即在 C 语言中,允许用一个变量来存放指针,这种变量称为指针变量。因此,一个指针变量的值就是某个变量的地址或称为某变量的指针。

为了表示指针变量和它所指向的变量之间的关系,在程序中用" * "符号表示"指向",例如,i_pointer 代表指针变量,而 * i_pointer 是 i_pointer 所指向的变量(图 19)。

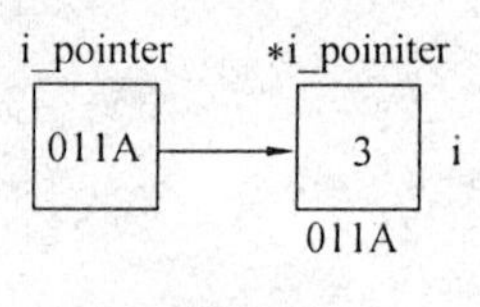

图 19

因此,下面两个语句作用相同:

i=3;

* i_pointer=3;

第二个语句的含义是将 3 赋给指针变量 i_pointer 所指向的变量。

定义一个指针变量,对指针变量的定义包括 3 个内容:

(1)指针类型说明,即定义变量为一个指针变量;

(2)指针变量名;

(3)变量值(指针)所指向的变量的数据类型。

其一般形式为:

类型说明符 * 变量名;

其中, * 表示这是一个指针变量,变量名即为定义的指针变量名,类型说明符表示本指针变量所指向的变量的数据类型。例如:

```
int *p1;
```

表示 p1 是一个指针变量,它的值是某个整型变量的地址。或者说 p1 指向一个整型变量。至于 p1 究竟指向哪一个整型变量,应由向 p1 赋予的地址来决定。再如:

```
int *p2;          /*p2 是指向整型变量的指针变量*/
float *p3;        /*p3 是指向浮点变量的指针变量*/
char *p4;         /*p4 是指向字符变量的指针变量*/
```

应该注意的是,一个指针变量只能指向同类型的变量,如 P3 只能指向浮点变量,不能时而指向一个浮点变量,时而又指向一个字符变量。

3. **指针变量的引用**

指针变量同普通变量一样,使用之前不仅要定义说明,而且必须赋予具体的值。未经赋值的指针变量不能使用,否则将造成系统混乱,甚至死机。指针变量的赋值只能赋予地址,决不能赋予任何其他数据,否则将引起错误。在 C 语言中,变量的地址是由编译系统分配的,对用户完全透明,用户不知道变量的具体地址。

两个有关的运算符:

(1)&:取地址运算符。

(2)*:指针运算符(或称"间接访问" 运算符)。

C 语言中提供了地址运算符 & 来表示变量的地址。

其一般形式为:

&变量名;

如 &a 表示变量 a 的地址,&b 表示变量 b 的地址。变量本身必须预先说明。

设有指向整型变量的指针变量 p,如要把整型变量 a 的地址赋予 p,可以有以下两种方式:

(1)指针变量初始化的方法。

```
int a;
int *p=&a;
```

(2)赋值语句的方法。

```
int a;
int *p;
p=&a;
```

不允许把一个数赋予指针变量,故下面的赋值是错误的:

```
int *p;
p=1000;
```

被赋值的指针变量前不能再加"*"说明符,如写为 *p=&a 也是错误的。

假设:

```
int i=200, x;
int *ip;
```

现定义了两个整型变量 i,x,还定义了一个指向整型数的指针变量 ip。i,x 中可存放整数,而 ip 中只能存放整型变量的地址。现可以把 i 的地址赋给 ip:

ip=&i;

此时指针变量 ip 指向整型变量 i,假设变量 i 的地址为 1800,这个赋值可形象地理解为如图 20 所示的关系。

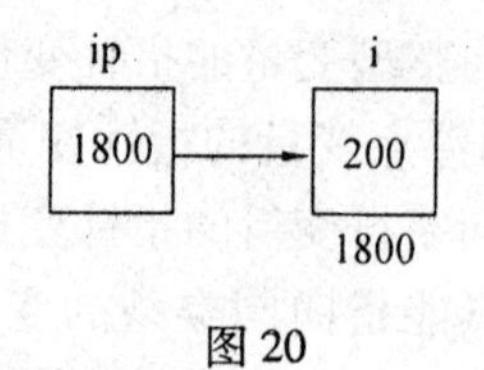

图 20

以后便可以通过指针变量 ip 间接访问变量 i。例如:

x= * ip;

运算符 * 访问以 ip 为地址的存储区域,而 ip 中存放的是变量 i 的地址,因此,* ip 访问的是地址为 1800 的存储区域(因为是整数,实际上是从 1800 开始的两个字节),它就是 i 所占用的存储区域, 所以上面的赋值表达式等价于

x=i;

另外,指针变量和一般变量一样,存放在它们之中的值是可以改变的,也就是说可以改变它们的指向。假设:

```
int i,j, * p1 , * p2;
i='a';
j='b';
p1 =&i;
p2 =&j;
```

则建立如图 21 所示的联系。这时赋值表达式

p2=p1

就使 p2 与 p1 指向同一对象 i,此时 * p2 就等价于 i,而不是 j,如图 22 所示。

如果执行如下表达式:

* p2= * p1;

则表示把 p1 指向的内容赋给 p2 所指的区域, 此时就变成如图 23 所示。

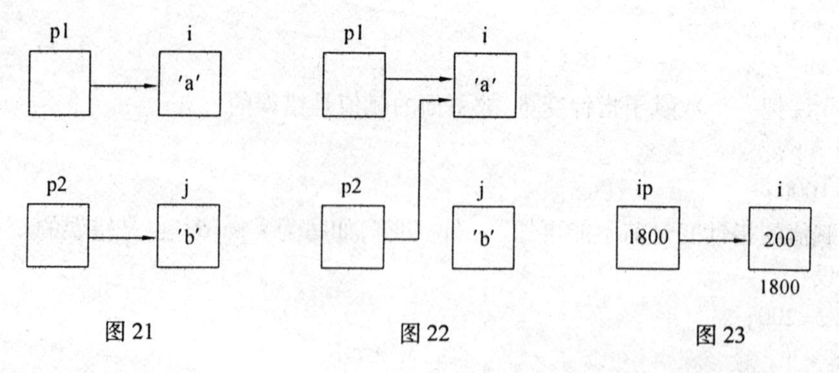

图 21　　图 22　　图 23

通过指针访问它所指向的一个变量是以间接访问的形式进行的,所以比直接访问一个变量要费时间,而且不直观,因为通过指针要访问哪一个变量,取决于指针的值(即指

向）。例如，“ * p2 = * p1 ;”实际上就是“j = i;”，前者不仅速度慢而且目的不明。但由于指针是变量，可以通过改变它们的指向，以间接访问不同的变量，这使程序员编写程序更加灵活，也使程序代码编写得更为简洁和有效。

指针变量可出现在表达式中，设

int x,y, * px = &x;

指针变量 px 指向整数 x，则 * px 可出现在 x 能出现的任何地方。例如：

y = * px+5; / * 表示把 x 的内容加 5 并赋给 y * /

y = ++ * px; / * px 的内容加上 1 之后赋给 y，++ * px 相当于++(* px) * /

y = * px++; / * 相当于 y = * px; px++ * /

【例 23】　借助指针，实现变量的输入\输出功能。

```
main( )
{ int a,b;
  int * pointer_1, * pointer_2;
  a = 100;b = 10;
  pointer_1 = &a;
  pointer_2 = &b;
  printf("%d,%d\n",a,b);
  printf("%d,%d\n", * pointer_1, * pointer_2);
}
```

对程序的说明：

①在开头处虽然定义了两个指针变量 pointer_1 和 pointer_2，但它们并未指向任何一个整型变量。只是提供两个指针变量，规定它们可以指向整型变量。程序第 5,6 行的作用就是使 pointer_1 指向 a，pointer_2 指向 b。

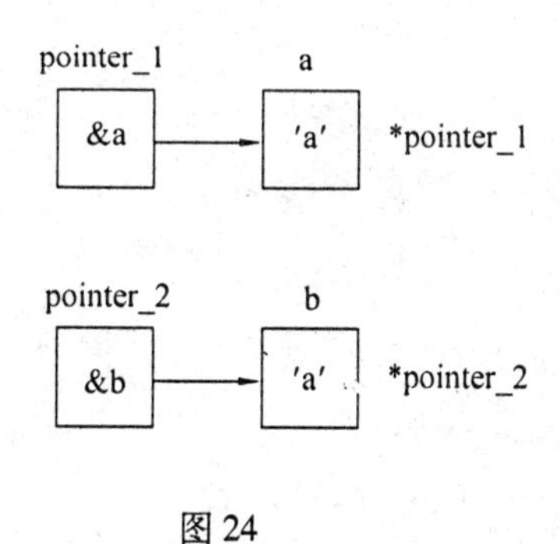

图 24

②最后一行的 * pointer_1 和 * pointer_2 就是变量 a 和 b。最后两个 printf 函数的作用相同。

③程序中有两处出现 * pointer_1 和 * pointer_2，请区分它们的含义。

④程序第 5,6 行的“pointer_1 = &a”和 “pointer_2 = &b”不能写成“ * pointer_1 = &a”和“ * pointer_2 = &b”。

请对下面关于“&”和“ * ”的问题进行考虑：

①如果已经执行了“pointer_1 = &a;”语句,则 & * pointer_1 是什么含义?

②“ * &a”的含义是什么?

③(pointer_1)++和 pointer_1++的区别是什么?

【例 24】 输入 a 和 b 两个整数,按先大后小的顺序输出 a 和 b。

```
main()
{ int *p1,*p2,*p,a,b;
  scanf("%d,%d",&a,&b);
  p1=&a;p2=&b;
  if(a<b)
    {p=p1;p1=p2;p2=p;}
  printf("\na=%d,b=%d\n",a,b);
  printf("max=%d,min=%d\n",*p1, *p2);
}
```

4. 指针变量作为函数参数

函数的参数不仅可以是整型、实型、字符型等数据,还可以是指针类型。它的作用是将一个变量的地址传送到另一个函数中。

【例 25】 题目同例 24,即输入的两个整数按大小顺序输出。现用函数处理,而且用指针类型的数据做函数参数。

```
swap(int *p1,int *p2)
{int temp;
temp=*p1;
*p1=*p2;
*p2=temp;
}
main()
{
  int a,b;
  int *pointer_1,*pointer_2;
  scanf("%d,%d",&a,&b);
  pointer_1=&a;pointer_2=&b;
  if(a<b) swap(pointer_1,pointer_2);
  printf("\n%d,%d\n",a,b);
}
```

对程序的说明:

swap 是用户定义的函数,它的作用是交换两个变量(a 和 b)的值。swap 函数的形参 p1,p2 是指针变量。程序运行时,先执行 main 函数,输入 a 和 b 的值。然后将 a 和 b 的地址分别赋给指针变量 pointer_1 和 pointer_2,使 pointer_1 指向 a,pointer_2 指向 b(图 25)。

接着执行 if 语句,由于 a<b,因此执行 swap 函数(图 26)。注意实参 pointer_1 和

pointer_2 是指针变量，在函数调用时，将实参变量的值传递给形参变量，采取的依然是“值传递”方式。因此，虚实结合后形参 p1 的值为 &a，p2 的值为 &b。这时 p1 和 pointer_1 指向变量 a，p2 和 pointer_2 指向变量 b。

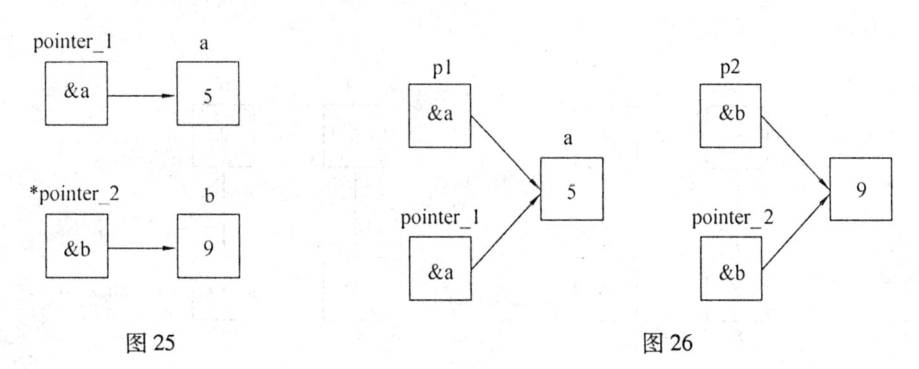

图 25　　　　图 26

接着执行 swap 函数的函数体，使 * p1 和 * p2 的值互换，也就是使 a 和 b 的值互换（图 27）。

函数调用结束后，p1 和 p2 不复存在（已释放），如图 28 所示。

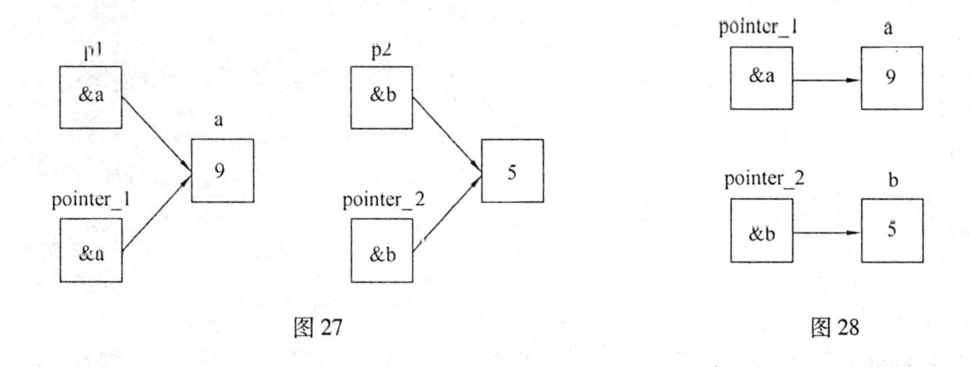

图 27　　　　图 28

最后在 main 函数中输出的 a 和 b 的值是已经过交换的值。

请注意，交换 * p1 和 * p2 的值是如何实现的。请找出下列程序段的错误：

```
swap(int  * p1,int  * p2)
{int  * temp;
 * temp = * p1;          /* 此语句有问题 */
 * p1 = * p2;
 * p2 = temp;
}
```

请考虑下面的函数能否实现实现 a 和 b 互换。

```
swap(int x,int y)
{int temp;
temp = x;
x = y;
```

```
y=temp;
}
```

如果在 main 函数中用“swap(a,b);”调用 swap 函数,会有什么结果呢? 请看图 29 所示。

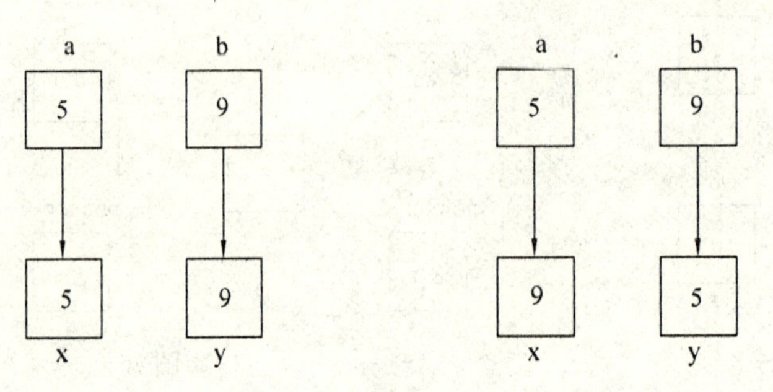

图 29

请注意,不能企图通过改变指针形参的值而使指针实参的值改变。

【例 26】 读下列程序,是否实现两个元素的交换。

```
swap(int *p1,int *p2)
{int *p;
p=p1;
p1=p2;
p2=p;
}
main()
{
   int a,b;
   int *pointer_1, *pointer_2;
   scanf("%d,%d",&a,&b);
   pointer_1=&a;pointer_2=&b;
   if(a<b) swap(pointer_1,pointer_2);
   printf("\n%d,%d\n", *pointer_1, *pointer_2);
   }
```

其中的问题在于不能实现如图 30 所示的第四步(D)。

【例 27】 输入 a,b,c 3 个整数,按大小顺序输出。

```
swap(int *pt1,int *pt2)
{int temp;
temp= *pt1;
 *pt1= *pt2;
 *pt2=temp;
}
```

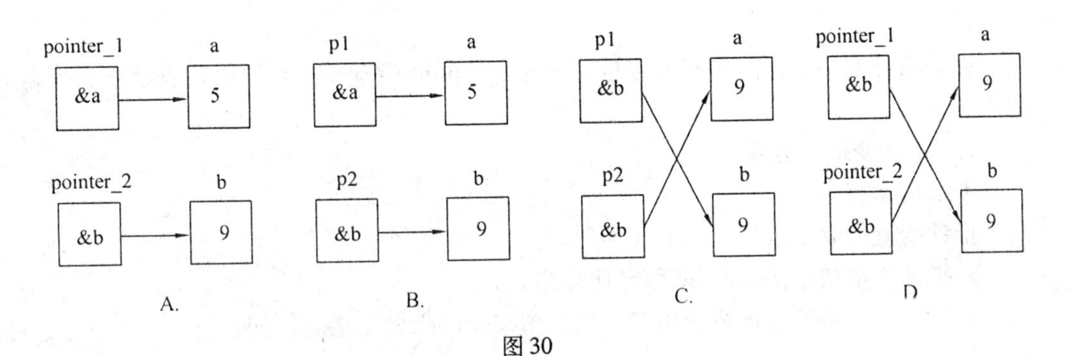

图 30

```
exchange(int *q1,int *q2,int *q3)
{ if(*q1<*q2)swap(q1,q2);
  if(*q1<*q3)swap(q1,q3);
  if(*q2<*q3)swap(q2,q3);
}
main()
{
  int a,b,c,*p1,*p2,*p3;
  scanf("%d,%d,%d",&a,&b,&c);
  p1=&a;p2=&b; p3=&c;
  exchange(p1,p2,p3);
  printf("\n%d,%d,%d \n",a,b,c);
}
```

5. 关于指针变量的进一步说明

指针变量可以进行某些运算,但其运算的种类是有限的。它只能进行赋值运算和部分算术运算及关系运算。

(1)指针运算符。

①取地址运算符(&)。取地址运算符(&)是单目运算符,其结合性为自右至左,其功能是取变量的地址。在 scanf 函数及前面介绍指针变量赋值中,已经了解并使用了 & 运算符。

②取内容运算符(*)。取内容运算符(*)是单目运算符,其结合性为自右至左,用来表示指针变量所指的变量。在*运算符之后跟的变量必须是指针变量。

需要注意的是,指针运算符(*)和指针变量说明中的指针说明符(*)是不同的。在指针变量说明中,"*"是类型说明符,表示其后的变量是指针类型。而表达式中出现的"*",则是一个运算符用以表示指针变量所指的变量。

【例 28】 通过指针变量输出 a 的值。

```
main()
{ int a=5,*p=&a;
  printf("%d",*p);
```

}

表示指针变量 p 取得了整型变量 a 的地址。printf("%d", * p)语句表示输出变量 a 的值。

(2)指针变量的运算。

①赋值运算。

指针变量的赋值运算有以下几种形式。

a. 指针变量初始化赋值,前面已作介绍。

b. 把一个变量的地址赋予指向相同数据类型的指针变量。例如:

```
int a, * pa;
pa=&a;      /* 把整型变量 a 的地址赋予整型指针变量 pa */
```

c. 把一个指针变量的值赋予指向相同类型变量的另一个指针变量。例如:

```
int a, * pa=&a, * pb;
pb=pa;      /* 把 a 的地址赋予指针变量 pb */
```

由于 pa,pb 均为指向整型变量的指针变量,因此可以相互赋值。

d. 把数组的首地址赋予指向数组的指针变量。例如:

```
int a[5], * pa;
pa=a;
```

(数组名表示数组的首地址,故可赋予指向数组的指针变量 pa)

也可写为:

```
pa=&a[0];  /* 数组第一个元素的地址也是整个数组的首地址,也可赋予
pa */
```

当然也可采取初始化赋值的方法:

```
int a[5], * pa=a;
```

e. 把字符串的首地址赋予指向字符类型的指针变量。例如:

```
char * pc;
pc="C Language";
```

或用初始化赋值的方法写为:

```
char * pc="C Language";
```

这里应说明的是并不是把整个字符串装入指针变量,而是把存放该字符串的字符数组的首地址装入指针变量。在后面还将详细介绍。

f. 把函数的入口地址赋予指向函数的指针变量。

例如:

```
int (* pf)();
pf=f;      /* f 为函数名 */
```

②加减算术运算。

对于指向数组的指针变量,可以加上或减去一个整数 n。设 pa 是指向数组 a 的指针变量,则 pa+n,pa-n,pa++,++pa,pa--,--pa 运算都是合法的。指针变量加或减一个整数 n 的意义是把指针指向的当前位置(指向某数组元素)向前或向后移动 n 个位置。应

该注意,数组指针变量向前或向后移动一个位置和地址加 1 或减 1 在概念上是不同的。因为数组可以有不同的类型,各种类型的数组元素所占的字节长度是不同的。如指针变量加 1,即向后移动 1 个位置表示指针变量指向下一个数据元素的首地址,而不是在原地址基础上加 1。例如:

```
    int a[5], *pa;
    pa=a;        /* pa 指向数组 a,也是指向 a[0] */
pa=pa+2;    /* pa 指向 a[2],即 pa 的值为 &pa[2] */
```

指针变量的加减运算只能对数组指针变量进行,对指向其他类型变量的指针变量作加减运算是毫无意义的。

③两个指针变量之间的运算。只有指向同一数组的两个指针变量之间才能进行运算,否则运算毫无意义。

a. 两指针变量相减。两指针变量相减所得之差是两个指针所指数组元素之间相差的元素个数。实际上是两个指针值(地址)相减之差再除以该数组元素的长度(字节数)。例如,pf1 和 pf2 是指向同一浮点数组的两个指针变量,设 pf1 的值为 2010H,pf2 的值为 2000H,而浮点数组每个元素占 4 个字节,所以 pf1-pf2 的结果为(2000H-2010H)/4=4,表示 pf1 和 pf2 之间相差 4 个元素。两个指针变量不能进行加法运算。例如,pf1+pf2 是什么意思呢?毫无实际意义。

b. 两指针变量进行关系运算。指向同一数组的两指针变量进行关系运算可表示它们所指数组元素之间的关系。例如:

pf1==pf2 表示 pf1 和 pf2 指向同一数组元素;

pf1>pf2 表示 pf1 处于高地址位置;

pf1<pf2 表示 pf2 处于低地址位置。

指针变量还可以与 0 比较。

设 p 为指针变量,则 p==0 表明 p 是空指针,它不指向任何变量。

p! =0 表示 p 不是空指针。

空指针是由对指针变量赋予 0 值而得到的。

例如:

```
#define NULL 0
int *p=NULL;
```

对指针变量赋 0 值和不赋值是不同的。指针变量未赋值时,可以是任意值,是不能使用的,否则将造成意外错误。而指针变量赋 0 值后,则可以使用,只是它不指向具体的变量而已。

【例 29】　借助指针实现 a,b 两个变量的简单运算。

```
main()
{ int a=10,b=20,s,t,*pa,*pb; /*说明 pa,pb 为整型指针变量*/
  pa=&a;                      /*给指针变量 pa 赋值,pa 指向变量 a*/
  pb=&b;                      /*给指针变量 pb 赋值,pb 指向变量 b*/
  s=*pa+*pb;                  /*求 a+b 之和,(*pa 就是 a,*pb 就是 b)*/
```

```
    t= * pa * * pb;                    /* 本行是求 a * b 之积 */
    printf("a=%d\nb=%d\na+b=%d\na*b=%d\n",a,b,a+b,a*b);
    printf("s=%d\nt=%d\n",s,t);
}
```

【例 30】 借助指针求 3 个数的最大值和最小值。

```
main()
{ int a,b,c, * pmax, * pmin;           /* pmax,pmin 为整型指针变量 */
  printf("input three numbers:\n");    /* 输入提示 */
  scanf("%d%d%d",&a,&b,&c);            /* 输入 3 个数字 */
  if(a>b){                             /* 如果第一个数字大于第二个数字… */
     pmax=&a;                          /* 指针变量赋值 */
     pmin=&b;}                         /* 指针变量赋值 */
  else{
     pmax=&b;                          /* 指针变量赋值 */
     pmin=&a;}                         /* 指针变量赋值 */
  if(c> * pmax) pmax=&c;               /* 判断并赋值 */
  if(c< * pmin) pmin=&c;               /* 判断并赋值 */
     printf("max=%d\nmin=%d\n", * pmax, * pmin); /* 输出结果 */
}
```

二、习题

(一)选择题

1. 变量的指针,其含义是指该变量的________。

A. 值　　B. 地址　　C. 名　　D. 一个标志

2. 设有说明 int (* ptr)[M];其中 ptr 是________。

A. M 个指向整型变量的指针

B. 指向 M 个整型变量的函数指针

C. 一个指向具有 M 个整型元素的一维数组的指针

D. 具有 M 个指针元素的一维指针数组,每个元素都只能指向整型量

3. 选择出 i 的正确结果________。

```
int i; char * s="a\045+045\'b"; for ( i=0;s++;i++);
```

A. 5　　B. 8　　C. 11　　D. 12

4. 如下程序的执行结果是________。

```
# include <stdio.h>
main( ) {int i; char * s="a\\\\\n ";
  for( i=0; s[i]! ='\0';i++)   printf("%c", * (s+i)); }
```

A. a　　B. a\　　C. a\\　　D. a\\\

5. 如下程序的执行结果是________。

```
# include   <stdio.h>
main( )   { static int a[ ] = {1,2,3,4,5,6} ;    int * p;   p = a;
          * (p+3) + = 2; printf( "%d,%d\n" , * p, * (p+3)) ;   }
```

A. 1,3　　B. 1,6　　C. 3,6　　D. 1,4

6. 如下程序的执行结果是________。

```
# include <stdio.h>
main( )   { static int a[ ][4] = {1,3,5,7,9,11,13,15,17,19,21,23} ;
   int  ( * p)[4], i = 1, j = 2; p = a;
      printf( "%d \n" , * ( * (p+i) +j)) ;   }
```

A. 9　　B. 11　　C. 13　　D. 17

7. 若有以下定义,则对 a 数组元素的正确引用是________。

int a[5], * p = a;

A. * &a[5]　　B. a+2　　C. * (p+5)　　D. * (a+2)

8. 若有以下定义,则对 a 数组元素地址的正确引用是________。

int a[5], * p = a;

A. p+5　　B. * a+1　　C. &a+1　　D. &a[0]

9. 若有定义: int a[2][3];则对 a 数组的第 i 行第 j 列(假设 i,j 已正确说明并赋值)元素值的正确引用为________。

A. * (* (a +i) +j)　　B. (a+i) [j]　　C. * (a+i+j)　　D. * (a +i) +j

10. 若有定义: int a[2][3];则对 a 数组的第 i 行第 j 列(假设 i,j 已正确说明并赋值)元素地址的正确引用为________。

A. * (a [i] +j)　　B. (a+i)　　C. * (a+j)　　D. a[i] +j

11. 设有下面的程序段: char s[ ] = "china";   char * p;   p = s;则下列叙述正确的是________。

A. s 和 p 完全相同

B. 数组 s 中的内容和指针变量 p 中的内容相等

C. s 数组长度和 p 所指向的字符串长度相等

D. * p 与 s[0]相等

12. 若有语句:char s1[ ] = "string", s2[8], * s3, * s4 = "string2";则对库函数 strcpy 的错误调用是________。

A. strcpy(s1, "string2");　　B. strcpy(s4, "string1");

C. strcpy(s3, "string1");　　D. strcpy(s1, s2);

13. 若有定义:int a[5];则 a 数组中首元素的地址可以表示为________。

A. &a　　B. a+1　　C. a　　D. &a[1]

14. 以下与 int * q[5];等价的定义语句是________。

A. int q[5]　　B. int * q

C. int * (q[5]);　　D. int (* q)[5];

15. 若有以下定义,则 * (p+5)表示________。

A. 元素 a[5]的地址　　　　B. 元素 a[5]的值

C. 元素 a[6]的地址　　　　D. 元素 a[6]的值

16. 若有定义:int ＊p[4];则标识符 p ________。

A. 是一个指向整型变量的指针

B. 是一个指针数组名

C. 是一个指针,它指向一个含有 4 个整型元素的一维数组

D. 说明不合法

17. 若有语句 int ＊point,a=4;和 point=&a;下面均代表地址的一组选项是________。

A. a,point,＊&a　　　　B. &＊a,&a,＊point

C. ＊&point,＊point,&a　　　　D. &a,&＊point,point

18. 若有说明:int ＊p,m=5,n;以下正确的程序段是________。

A. p=&n;　scanf("%d",&p);　　　　B. p=&n; scanf("%d",＊p);

C. scanf("%d",&n); ＊p=n;　　　　D. p=&n; ＊p=m;

19. 下面程序段的运行结果是________。

```
char    str[ ]="ABC",*p=str;
printf("%s\n",*(p+1));
```

A. 66　　　　B. BC

C. 字符'B'的地址　　　　D. 字符'B'

20. 已有定义 int k=2, ＊ptr1,＊ptr2;且 ptr1 和 ptr2 均已指向同一个变量 k,下面不正确执行的赋值语句是________。

A. k=＊ptr1+＊ptr2 ;　　　　B. ptr2=k;

C. ptr1=ptr2;　　　　D. k=＊ptr1＊(＊ptr2);

21. 有以下程序:

```
main()
{ char a,b,c,*d;
a='\'; b='\xbc';
c='\0xab'; d="\0127";
printf("%c%c%c%c\n",a,b,c,*d);
}
```

编译时出现错误,以下叙述中正确的是________。

A. 程序中只有 a='\';语句不正确

B. b='\xbc';语句不正确

C. d="\0127";语句不正确

D. a='\';和 c='\0xab';语句都不正确

22. 若有一些定义和语句:

```
int a=4,b=3,*p,*q,*w;
p=&a; q=&b; w=q; q=NULL;
```

则以下选项中错误的语句是________。

A. *q=0;　　B. w=p;　　C. *p=&a;　　D. *p=*w;

23. 有以下程序：

```
int *f(int *x,int *y)
{ if(*x<*y)
return x;
else
return y;
}
main()
{ int a=7,b=8,*p,*q,*r;
p=&a; q=&b;
r=f(p,q);
printf("%d,%d,%d\n",*p,*q,*r);
}
```

执行后输出结果是________。

A. 7,8,8　　B. 7,8,7　　C. 8,7,7　　D. 8,7,8

24. 有以下程序：

```
main()
{ char *s[]={"one","two","three"},*p;
p=s[1];
printf("%c,%s\n",*(p+1),s[0]);
}
```

执行后输出结果是________。

A. n,two　　B. t,one　　C. w,one　　D. o,two

25. 有以下程序：

```
main()
{ int x[8]={8,7,6,5,0,0},*s;
s=x+3;
printf("%d\n",s[2]);
}
```

执行后输出结果是________。

A. 随机值　　B. 0　　C. 5　　D. 6

26. 有以下程序：

```
main()
{ char str[]="xyz",*ps=str;
while(*ps) ps++;
for(ps--;ps-str>=0;ps--) puts(ps);}
```

执行后输出结果是________。

A. yz<回车>xyz　　B. z<回车>yz

C. z<回车>yz<回车>xyz　　D. x<回车>xy<回车>xyz

27. 有以下程序：

```
main()
{int a[][3]={{1,2,3},{4,5,0}},(*pa)[3],i;
pa=a;
for(i=0;i<3;i++)
if(i<2) pa[1][i]=pa[1][i]-1;
else pa[1][i]=1;
printf("%d\n",a[0][1]+a[1][1]+a[1][2]);
}
```

执行后输出结果是________。

A. 7　　B. 6　　C. 8　　D. 无确定值

28. 有以下程序：

```
void fun(int *a,int i,int j)
{ int t;
if (i<j)
{ t=a[i];a[i]=a[j];a[j]=t;
fun(a,++i,--j);
}
}
main()
{ int a[]={1,2,3,4,5,6},i;
fun(a,0,5);
for(i=0;i<6;i++)
printf("%d",a[i]);
}
```

执行后输出结果是________。

A. 6 5 4 3 2 1　　B. 4 3 2 1 5 6

C. 4 5 6 1 2 3　　D. 1 2 3 4 5 6

29. 有以下程序：

```
main(int argc,char *argv[])
{ int n,i=0;
while(argv[1][i]! ='\0')
{ n=fun(); i++;}
printf("%d\n",n*argc);
}
```

```
int fun( )
{ static int s=0;
s+=1;
return s;
}
```

假设程序编译、连接后生成可执行文件 exam. exe,若键入以下命令

exam 123〈回车〉

则运行结果为________。

A. 6　　B. 8　　C. 3　　D. 4

30. 有如下程序段:

```
int *p,a=10,b=1
p=&a; a= *p+b;
```

执行该程序段后,a 的值为________。

A. 12　　B. 11　　C. 10　　D. 编译出错

31. 对于类型相同的两个指针变量之间,不能进行的运算是________。

A. <　　B. =　　C. +　　D. -

32. 以下函数返回 a 所指数组中最小的值所在的下标值。

```
fun(int *a, int n)
{ int i,j=0,p;
p=j;
for(i=j;i<n-1;i++) {if(a[i]<a[p])________;}
return(p); }
```

在下划线处应填入________。

A. i=p　　B. a[p]=a[i]　　C. p=j　　D. p=i

33. 有如下说明:

```
int a[10]={1,2,3,4,5,6,7,8,9,10}, *p=a;
```

则数值为 9 的表达式是________。

A. *p+9　　B. *(p+8)　　C. *p+=9　　D. p+8

34. 有如下程序:

```
main( )
{ char s[ ]="ABCD", *P;
for(p=s+1;p;p++) printf("%s\n", *p);   }
```

该程序的输出结果是________。

A.	B.	C.	D.
ABCD	A	B	BCD
BCD	B	C	CD
CD	C	D	D
D	D		

35. 有如下程序:

```
main( )
{ char ch[2][5]={"6937","8254"}, *p[2];
int i,j,s=0;
for(i=0;i<2;i++) p[i]=ch[i];
for(i=0;i<2;i++)
for(j=0;p[i][j]>'\0';j+=2)
s=10*s+p[i][j]-'0';
printf("%d\n",s);
}
```

该程序的输出结果是________。

A. 69825　　B. 63825　　C. 6385　　D. 693825

36. 执行以下程序后,a 的值为________。

```
int *p, a = 10, b=1;
p = &a;  a = *p*b;
```

A. 12　　B. 编译出错　　C. 10　　D. 1

37. 以下各语句或语句组中,正确的操作是________。

A. char s[5]="abcde"　　B. char *s; gets(s);

C. char *s; s="abcde";　　D. char s[5]; scanf("%s", &s);

38. 若已定义:int a[9], *p=a;并在以后的语句中未改变 p 的值,则不能表示 a[1]地址的表达式是________。

A. p+1　　B. a+1　　C. a++　　D. ++p

39. 下列语句中,能正确进行字符串赋值操作的是________。

A. char st[4][5]

B. char s[5]={'A','B', 'C', 'D', 'E'}

C. char *s; s ="ABCDE";

D. char *s; scanf("%s",s);

40. 以下程序的输出结果是________。

```
#include <stdio.h>
void main(void)
{ char a[] = {9, 8, 7, 6, 5, 4, 3, 2, 1, 0}, *p = a+5;
  printf("%d", *--p);
  }
```

A. 非法　　B. a[4]的地址　　C. 3　　D. 5

41. 以下程序的运行结果是________。

```
#include <stdio.h>
  voidmain(void)
  {int a[4][3]={ 1, 2, 3, 4, 5, 6, 7, 8, 9,10,11,12};
   int *p[4], j;
```

```
for (j=0; j<4; j++) p[j]=a[j];
printf("%2d,%2d,%2d,%2d\n", *p[1], (*p)[1], p[3][2], *(p[3]+1));
}
```

A. 4, 4, 9, 8　　B. 程序出错

C. 4, 2, 12, 11　　D. 1, 1, 7, 5

42. 若有下列说明和语句:int a[4][5], (*p)[5]; p = a; 则对 a 数组元素的正确引用是________。

A. p+1　　B. *(p+3)　　C. *(p+1)+3　　D. *(*p+2)

43. 若有以下定义和语句,则输出结果是________。

```
int **pp, *p, a=10, b=20;
pp=&p; p=&a; p=&b; printf("%d,%d\n", *p, **pp);
```

A. 10,20　　B. 10,10　　C. 20,10　　D. 20,20

44. 若有以下定义和语句,则输出结果为________。

```
char *sp="\t\b\\\0English\n";
printf("%d", strlen(sp));
```

A. 12　　B. 3　　C. 17　　D. 13

45. 以下程序输出的结果是________。

```
void main()
{int a=5, *p1, **p2;
  p1=&a, p2=&p1;
  (*p1)++;
  printf("%d\n", **p2);
}
```

A. 5　　B. 4　　C. 6　　D. 不确定

46. 设 void f1(int * m, long n); int a; long b;, 则以下调用合法的是________。

A. f1(a,b);　　B. f1(&a,b);

C. f1(a,&b);　　D. f1(&a,&b);

47. 设 int x;, 则经过________后,语句 *px=0;可将 x 值置为0。

A. int * px;　　B. int * px=&x;

C. float * px;　　D. float * px=&x;

48. 若有说明:int i, j=2, *p=&i;, 则能完成 i=j 赋值功能的语句是________。

A. i=*p;　　B. *p=*&j;　　C. i=&j;　　D. i=**p;

49 以下定义语句中,错误的是________。

A. int a[]={1,2};　　B. char *a[3];

C. char s[10]="test";　　D. int n=5,a[n];

50. 阅读以下函数:

```
fun(char *s1, char *s2)
{ int i=0;
```

```
while(sl[i]==s2[i]&&s2[i]!='\0') i++;
return(sl[i]=='\0'&&s2[i]=='\0');
}
```

此函数的功能是________。

A. 将 s2 所指字符串赋给 s1

B. 比较 s1 和 s2 所指字符串的大小,若 s1 比 s2 大,函数值为 1,否则函数值为 0

C. 比较 s1 和 s2 所指字符串是否相等,若相等,函数值为 1,否则函数值为 0

D. 比较 s1 和 s2 所指字符串的长度,若 s1 比 s2 长,函数值为 1,否则函数值为 0

51. 若有以下定义:int a[10], * p=a;,则 * (p+3)表示的是________。

A. 元素 a[3]的地址　　B. 元素 a[3]的值

C. 元素 a[4]的地址　　D. 元素 a[4]的值

52. 若有如下语句:int * p1, * p2;,则其中 int 所指的是________。

A. p1 的类型　　B. * p1 和 * p2 的类型

C. p2 的类型　　D. p1 和 p2 所能指向变量的类型

53. 有如下语句:

```
int  a=5,b=8, * p1, * p2;
p1=&a;  p2=&b;
```

若有如下表达式:p1=p2; ,则能正确表示该语句执行后变量在内存中的存储结构的图示为________。

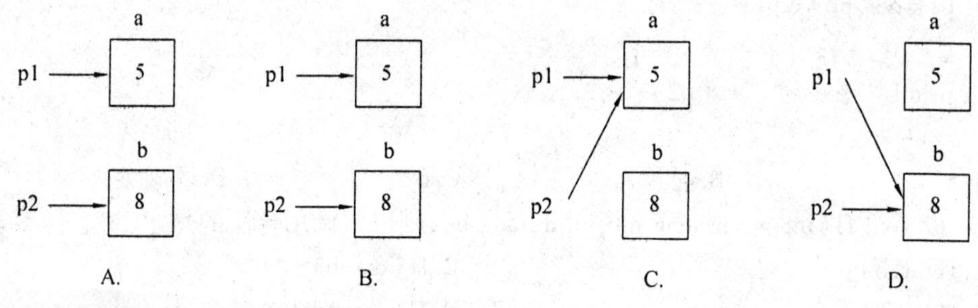

54. 有如下语句:int a=10,b=20, * p1, * p2; p1=&a; p2=&b;, 如图 A 所示,若实现如图 B 所示的存储结构,可选用的赋值语句是________。

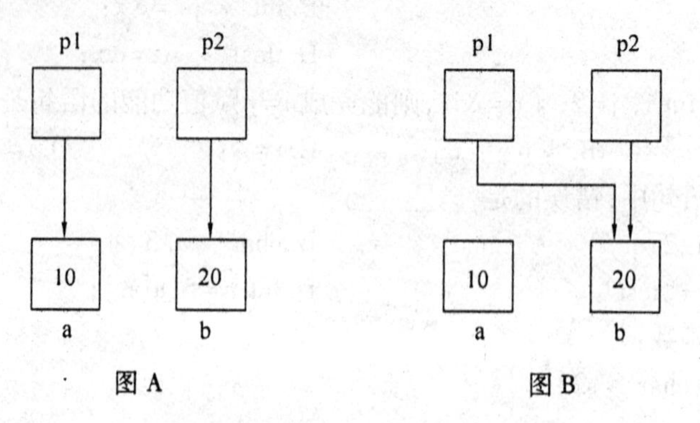

图 A　　图 B

A. * p1 = * p2　　B. p1 = p2　　C. p1 = * p2　　D. * p1 = p2

55. 若有说明:int i, j , * p=&i ;,则下面语句中与 i =j;等价的语句是________。

A. * p= * &j ;　　B. i = * p　　C. i=&j ;　　D. i= * * p

56. 以下程序的输出结果是________。

```
main()
{char * s="121";
int k=0,a=0,b=0;
do
{k++;
  if (k%2==0) {a=a+s[k]-'0';continue;}
  b=b+s[k]-'0'; a=a+s[k]-'0';
}while(s[k+1]);
printf("k=%d a=%d b=%d \n",k,a,b);
}
```

A. k=3 a=2 b=3　　B. k=3 a=3 b=2

C. k=2 a=3 b=2　　D. k=2 a=2 b=3

57. 设有以下定义:

```
int a[4][3]={1,2,3,4,5,6,7,8,9,10,11,12};
int( * ptr)[3]=a, * p=a[0];
```

则下列能正确表示数组元素 a[1][2]的表达式是________。

A. * ((* ptr+1)[2])　　B. * (* (p+5))

C. (* ptr+1)+2　　D. * (* (a+1)+2)

58. 执行以下程序后,y 的值是________。

```
main()
{ int a[]={2,4,6,8,10};
  int y=1,x, * p;
   p=&a[1];
  for(x=0;x<3;x++)
     y+= * (p+x);
  printf("%d\n",y);
}
```

A. 17　　B. 18　　C. 19　　D. 20

59. 阅读程序:

```
#include <stdio.h>
main()
{ int a[10]={1,2,3,4,5,6,7,8,9,0}, * p;
  p=a;
  printf("%x\n",p);
```

```
printf("%x\n",p+9);
}
```

该程序有两个 printf 语句,假设第一个 printf 语句输出的是 194,则第二个 printf 语句的输出结果是________。

A. 203　　B. 204　　C. 1a4　　D. 1a6

60. 下列程序的输出结果是________。

```
main()
{static int num[5]={2,4,6,8,10};
  int *n, **m;
  n=num;
  m=&n;
  printf("%d",*(n++));
  printf("%d\n",**m));
}
```

A. 4　4　　B. 2　2　　C. 2　4　　D. 4　6

61. 以下程序的输出结果是________。

```
#include <stdlid.h>
   fut(int **s,int p[2][3])
   {**s=p[1][1];}
   main()
   {int a[2][3]={1,3,5,7,9,11},*p;
   p=(int *)malloc(sizeof(int));
   fut(&p,a);
   printf("%d\n",*p);
   }
```

A. 1　　B. 7　　C. 9　　D. 11

62. 有如下语句:int a[10],*p;,下列表达式正确的是________。

A. p=a;　　B. p=a[0];　　C. *p=&a[0];　　D. p=&a;

63. 执行以下程序段后,y 的值为________。

```
static int a[]={1,3,5,7,9};
int y,x,*ptr;
y=1;
ptr=&a[1];
for(x=0;x<3;x++)
y*=*(ptr+x);
```

A. 105　　B. 15　　C. 945　　D. 无确定值

64. 执行以下程序段后,m 的值是________。

```
static int a[]={7,4,6,3,10};
```

int m,k, * ptr;
m=10;
ptr=&a[0];
for(k=0;k<5;k++)
　m=(* (ptr+k)<m)? * (ptr+k):m;

A. 10　　B. 7　　C. 4　　D. 3

65. 执行以下程序段后,m 的值为________。

static int a[2][3]={1,2,3,4,5,6};
int m, * ptr;
ptr=&a[0][0];
m=(* ptr) * (* (ptr+2)) * (* (ptr+4));

A. 15　　B. 48　　C. 24　　D. 无定值

66. 若有以下定义和语句:

int w[2][3],(* pw)[3];pw=w;

则对 w 数组元素的非法引用是________。

A. * (w[0]+2)　　B. * (pw+1)[2]

C. pw[0][0]　　D. * (pw[1]+2)

67. 以下程序的输出结果是________。

static int a[2][3]={1,2,3,4,5,6},(* p)[2],I;
p=a;
for (I=0;I<3;I++)
　printf("%d", * (* (p+1)+I));

A. 输出不确定　　B. 3 4 5

C. 2 3 4　　D. 4 5 6

68. 若有以下定义:

int a[ ]={1,2,3,4,5,6,7,8,9,10}, * p=a;

则值为 3 的表达式是 ________。

A. p+=2, * (p++)　　B. p+=2, * ++p

C. p+=3, * p++　　D. p+=2,++ * p

69. 若有以下定义和语句

int a[10]={1,2,3,4,5,6,7,8,9,10}, * p=a;

则不能表示 a 数组元素的表达式是________。

A. * p　　B. a[10]　　C. * a　　D. a[p-a]

70. 设 char * * s;以下正确的表达式是________。

A. s="computer";　　B. * s="computer";

C. * * s="computer";　　D. * s='c';

(二)填空题

1. 若有定义:int a[2][3]={2,4,6,8,10,12};,则 * (&a[0][0]+2 * 2+1)的值是

________，*(a[1] +2)的值是________。

2. 完成以下有关数组描述的填空。

(1)在C语言中，数组名是一个不可改变的________，不能对它进行赋值运算。

(2)数组在内存中占用一段连续的存储空间，它的首地址由________表示。

3. 定义语句 int *f( );和 int (*f)( );的含义分别为__________和__________。

4. 在C程序中，指针变量能够赋________值或________值。

5. 若定义 char *p="abcd";则 printf("%d", *(p+4));的结果为 ________。

6. 以下函数用来求出两整数之和，并通过形参将结果传回，请填空。

```
void func(int x,int y, ________)
{ *z=x+y; }
```

7. 若有以下定义，则通过指针 p 引用值为98的数组元素的表达式是__________。

```
int w[10]={23,54,10,33,47,98,72,80,61}, *p=w;
```

8. int a[10];则 a[i]的地址可表示为________或________，a[i]可表示为________。

9. 在C语言中，对于二维数组 a[i][j]的地址可表示为________或________。其中，对于 a[i]来说，它代表____________，它是一个____________。

10. 一个指针变量 p 和数组变量 a 的说明如下：int a[10], *p;，则 p=&a[1]+2 的含义是指针 p 指向数组 a 的第________个元素。

11. 一个数组，其元素均为指针类型数据，这样的数组叫做________。

12. int *p[4]表示一个____________；int(*p)[4]表示____________。

13. 若有以下定义和语句：

```
int w[10]={23,54,10,33,47,98,72,80,61}, *p;
p=w;
```

则通过指针 p 引用值为98的数组元素的表达式是____________。

(三)程序填空题

1. 以下程序的功能是：通过指针操作，找出3个整数中的最小值并输出。请填空。

```
# include <stdio.h>
main ( )
{ int *a, *b, *c, mun, x, y, z;
a=&x;    b=&y;    c=&z;
printf ("输入3个整数:");
scanf ("%d%d%d", a, b, c);
printf ("%d, %d, %d\n", *a, *b, *c);
num= *a;
if( *a> *b)        ___(1)___ ;
if(num> *c)        ___(2)___ ;
printf ("输出最小整数:%d\n ", num);
}
```

2. 下面的程序是把从终端读入的一行字符作为字符串放在字符数组中，然后输出。

请填空。

```
inti;   char s[80], *p;
for ( i=0;i<79; i++ )   {   s[i]=getchar( );   if ( s[i]= ='\n')   break; }
s[i]=___(1)___;         p=___(2)___;
while ( *p )   putchar ( *p++);
```

3. 下面的程序是判断输入的字符串是否是“回文”(顺读和倒读都一样的字符串称“回文”,如level)。请填空。

```
# include <stdio. h>
# include <string. h>
main ( )
{   char s[81], *p1, *p2;   int n;
  gets ( s );   n=strlen ( s );   p1=s;   p2=___(1)___;
  while (___(2)___)   {       if ( *p1! = *p2 )   break;
            else   { p1++;___(3)___; }   }
  if (p1<p2)   printf ("NO\n");   else   printf ("YES\n ");   }
```

4. 以下函数把b字符串连接到a字符串的后面,并返回a中新字符串的长度。请填空。

```
Strcen(char a[], char b[])
{ int num=0,n=0;
while( *(a+num)! =___(1)___) num++;
while(b[n]){ *(a+num)=b[n]; num++;___(2)___ };}
return(num);
}
```

5. 设函数findbig已定义为求3个数中的最大值。以下程序将利用函数指针调用findbig函数。请填空。

```
main()
{ int findbig(int,int,int);
int ( *f)(),x,y,z,big;
f=___(1)___;
scanf("%d%d%d",&x,&y,&z);
big=( *f)(x,y,z);
printf("big=%d\n",big);
}
```

6. 以下函数的功能是,把两个整数指针所指的存储单元中的内容进行交换。

```
void exchange(int *x, int *y)
{
int t;
t= *y;
```

```
    *y = __(1)__;
    *x = __(2)__;
}
```

7. 定义 compare(char *s1, char *s2)函数,以实现比较两个字符串大小的功能。

```
#include <stdio.h>
voidcompare(char *s1, char *s2)
  { while(*s1&&*s2&& __(1)__ ) {
    s1++;
    __(2)__;
    }
    return __(3)__;
  }
voidmain(void)
{printf("%d\n", compare("abCd", "abc"));
}
```

8. 以下程序求 a 数组中的所有素数的和,函数 isprime 用来判断自变量是否为素数(素数是只能被 1 和本身整除且大于 1 的自然数)。

```
#include <stdio.h>
intisprime(int);
void main(void)
{int i,a[10], *p=a,sum=0;
printf("Enter 10 num:\n");
for (i=0;i<10;i ++ ) scanf("%d",&a[i]);
for (i=0;i<10;i ++ )
if (isprime( *(p+ __(1)__ )) = = 1) {
    printf("%d", *(a+i));
    sum += *(a+i);
}
printf("\nThe sum=%d\n",sum);
  }
  int isprime(int x)
  { int i;
    for (i=2;i<=x/2;i ++ )
    if (x%i = = 0) return (0);
    __(2)__ ;
  }
```

9. 以下函数的功能是删除字符串 s 中的所有数字字符。请填空。

```
viod dele(char *s)
```

```
{ int n=0,i;
for(i=0;s[i];i++)
if(  (1)  )
s[n++]=s[i];
s[n]=  (2)  ;
}
```

10. 下面函数的功能是求出形式参数 array 所指的数组中的最大值和最小值,并把最大值和最小值分别存入 max 和 min 所对应的实参中,请把下面的程序填写完整。

```
void find (array,n,max. min)
int *array,n,*max. *min
{ int *p,*data_end;
data_end=array+n;
*max=*min=*array;
for(p=array+1;p<data_end;p++)
   {if(  (1)  ) *max=  (2)  
  else if (  (3)  ) *min=  (4)  
   }
return;
}
```

(四)读程序写结果题

1. 以下程序的执行结果是________。

```
# include <stdio. h>
main ( )
{ inti, j;  int *p,*q;  i=2;  j=10;  p=&i;  q=&j;  *p=10;  *q=2;
  printf("i=%d, j=%d\n ", i, j);  }
```

2. 以下程序的执行结果是________。

```
# include <stdio. h>
main ( )
{ int* *p,*q;  i=10;  q=&i;  p=&q;  printf("%d\n ", **p);  }
```

3. 以下程序的执行结果是________。

```
# include <stdio. h>
main ( )
{ int *p;   p=&i;   *p=2;   p++;   *p=5;  printf("%d,", *p);
     p- -;  printf("%d\n ", *p);  }
  }
```

4. 以下程序的执行结果是________。

```
# include <stdio. h>
main ( )
```

```
{ int *p, i;    i=5;   p=&i;   i=*p+10;   printf("i=%d\n", i);   }
```

5. 以下程序的执行结果是________。

```
# include <stdio.h>
main ( )
{ char s[ ]="abcdefg";   char *p;   p=s;    printf("ch=%c\n",
   *(p+5));   }
```

6. 以下程序的执行结果是________。

```
# include <stdio.h>
  main ( )
  { int a[ ]={2,3,4};   int s,i, *p;   s=1;   p=a;
    for (i=0; i<3; i++)      s *= *(p+i);    printf("s=%d\n", s); }
```

7. 以下程序的执行结果是________。

```
# include <stdio.h>
main ( )
  { int a[ ]={1,2,3,4,5,6}, *p;   for (p=&a[5];p>=a;p--)
    printf("%d", *p);   printf("\n"); }
```

8. 以下程序的执行结果是________。

```
# include <stdio.h>
main ( )
{ char ch[2][5]={"6934","8254"}, *p[2];   int i, j, s=0;
  for (i=0; i<2; i++)    p[i]=ch[i];
  for (i=0; i<2; i++)
  for (j=0; p[i][j]>'\0'&& p[i][j]<='9'; j+=2)
    s=10*s+p[i][j]-'0';      printf("%d\n", s); }
```

9. 以下程序的执行结果是________。

```
# include <stdio.h>
main ( )
{ char *p1, *p2, str[20]="xyz";      p1="abcd";    p2="ABCD";
  strcpy (str+1, strcat (p1+1,p2+1));   printf("%s", str);    }
```

10. 以下程序的执行结果是________。

```
#include <stdio.h>
void main(void)
{char *s, *s1 ="here is", *s2 ="key";
s = s1;
while ( *s1! ='\0') s1++;
while ( *s1++= *s2++);
s2 = s;
while ( *s2! ='\0') s2++;
```

```
printf("%d\n", s2-s);
}
```

11. 以下程序的执行结果是________。

```
#include <STDIO.H>
void main(void)
{static int a[] = {1, 3, 5, 7};
int *p[3] = {a+2, a+1, a};
int **q = p;
printf("%d\n", *(p[0]+1) + **(q+2));
}
```

12. 以下程序的执行结果是________。

```
#include <stdio.h>
fut(int **s, int p[2][3])
{ **s=p[1][1];
  }
void main(void)
{ int a[2][3] = {1,3,5,7,9,11}, *p;
p = (int *) malloc(sizeof(int));
fut(&p,a);
printf("%d\n", *P);
  }
```

13. 以下程序的执行结果是________。

```
#include <stdio.h>
voidmain(void)
{ static char a[]="ABCDEFGH",b[]="abCDefGh";
char *p1, *p2;
int k;
p1=a; p2=b;
for(k=0;k<=7;k++)
    if (*(p1+k)==*(p2+k)) printf("%c", *(p1+k));
    printf("\n");
      }
```

14. 以下程序的执行结果是________。

```
#include <stdio.h>
int fun(int x,int y,int *cp,int *dp)
{ *cp=x+y; *dp=x-y;
  }
void main(void)
```

```
{ int a, b, c, d;
a=30; b=50;
fun(a,b,&c,&d);
printf("%d,%d\n", c, d);
  }
```

15. 下列程序的输出结果________。

```
#include<stdio.h>
main()
{char b[]="ABCDEFG"
  char *chp=&b[7];
  while(--chp>&b[0])
  putchar(*chp);
  putchar('\n');
}
```

16. 阅读程序:

```
main()
{char str1[]="people and compuer",str2[10];
  char *p1=str1,*p2=str2;
  scanf("%s",p2);
  printf("%s",p2);
  printf("%s\n",p1);
}
```

运行上面的程序,输入字符串 people and computer,程序的输出结果是________。

17. 下列程序的运行结果是________。

```
main()
{ int i, *p;
  static int a[4]={1,2,3,4};
  p=a;
  for(i=0;i<3;i++)
      printf("%d,", *p++);
}
```

18. 以下程序的运行结果是________。

```
main()
{ int i, *p;
   static int a[4]={1,2,3,4};
   p=a;
   for(i=0;i<3;i++)
   printf("%d", *++p);
```

```
}
```

19. 分析程序：

```
#define FORMAT "%d,%d\n"
main()
{static int a[3][4]={1,2,3,4,5,6,7,8,9,10,11,12}
  printf(FORMAT,a, *a);
  printf(FORMAT,a[0], *(a+0);
  printf(FORMAT,&a[0],&a[0][0]);
  printf(FORMAT,a[1],a+1);
  printf(FORMAT,&a[1][0], *(a+1)+0);
  printf(FORMAT,a[2], *(a+2));
  printf(FORMAT,&a[2],a+2);
  printf(FORMAT,a[1][0], *( *(a+1)+0));
}
```

如果数组 a 的首地址为 404，则程序的运行结果为________。

(五)编程题

1. 编写一个程序计算一个字符串的长度。

2. 编写一个程序，用 12 个月份的英文名称初始化一个字符指针数组，当键盘输入整数为 1 到 12 时，显示相应的月份名，键入其他整数时显示错误信息。

3. 编一程序，将字符串 computer 赋给一个字符数组，然后从第一个字母开始间隔地输出该字符串。请用指针完成。

4. 编一程序，将字符串中的第 m 个字符开始的全部字符复制成另一个字符串。要求在主函数中输入字符串及 m 的值并输出复制结果，在被调函数中完成复制。

5. 设有一数列，包含 10 个数，已按升序排好。现要求编一程序，它能够把从指定位置开始的 n 个数按逆序重新排列并输出新的完整数列。进行逆序处理时要求使用指针方法。试编程。例如：原数列为 2,4,6,8,10,12,14,16,18,20，若要求把从第 4 个数开始的 5 个数按逆序重新排列，则得到新数列为 2,4,6,16,14,12,10,8,18,20。

6. 通过指针数组 p 和一维数组 a 构成一个 3×2 的二维数组，并为 a 数组赋初值 2,4,6,8,…。要求先按行的顺序输出此“二维数组”，然后再按列的顺序输出它。试编程。

7. 编写一个函数，输入 n 为偶数时，调用函数求 1/2+1/4+...+1/n，当输入 n 为奇数时，调用函数 1/1+1/3+...+1/n(利用指针函数)。

8. 编写一程序，从键盘输入 10 个数存入数组 data[10]中，同时设置一个指针变量 p 指向数 data，然后通过指针变量 p 对数组按照从小到大的顺序排序，最后输出其排序结果。

9. 编写一程序，从一个 3 行 4 列的二维数组中找出最大数所在的行和列，并将最大值及所在行列值打印出来。要求将查找和打印的功能编一个函数，二维数组的输入在主函数中进行，并将二维数组通过指针参数传递的方式由主函数传递到子函数中。

10. 编写一程序，首先将一个包含 10 个数的数组按照升序排列，然后将从一指定位置

m 开始的 n 个数按照逆序重新排列,并将新生成的相互组输出。要求使用指针控制方法实现上述功能。

11. 编写一程序,在主函数中输入 10 个数并保存到数组,同时编写一被调用函数 funct,函数 funct 有两个形式参数(其中一个用于接收数组,另一个表示该数组的元素个数),funct 的功能是找出该数组中的最大值的位置并将该最大值的地址作为函数 funct 的返回值到主函数中。在主函数中打印出该数组的最大值。

12. 编写一程序,设置一个排序函数 sort,该函数将数组按照从小到大的顺序进行排序。其中有两个形式参数:一个为指向数组的指针 p;另一个为数组的元素个数 n。在主函数 main()中要求从键盘输入 10 个数存入数组 data[10]中,同时要求调用函数 sort 对 data 进行排序,并在 main()中输出最终的排序结果。

第 9 章　结构体与共用体

一、知识点回顾

1. 结构体类型变量的定义方法

(1)定义结构体的类型。

```
struct  student
  {
  …


  }
```

由此可定义这种类型的变量,如 struct student student1, student2; 其中 student1, student2 是这种结构的变量名。用这种方法定义数据结构的形式是:

struct　结构体名　变量名

(2)同时定义结构体的类型和结构的变量类型。

```
struct  结构体名
{
  数据类型  成员名 1
  数据类型  成员名 2
  …
  数据类型  成员名 n
}变量 1,变量 2;
```

这时变量 1、变量 2 就属于结构体类型的变量。

(3)定义时同时给出结构体的构造和被定义的变量。

```
struct
{
  char title[30];
```

```
    char anthor[20];
    float price;
}book1,book2;
```

这时 book1,book2 就是花括号内各成员项构成的结构体类型变量。

2. 结构体类型出始化

结构体类型的变量存储类型可分为自动的、静态的和外部的,但没有寄存器类型的结构体类型变量。按照 ANSI C 标准规定,前述各种存储类型的结构体类型的变量都是可以出始化的。其形式如下:

```
struct 结构体名
{
    数据类型      成员名 1;
    …
    数据类型      成员名 n;
}变量名={出始化数据}
```

如果结构体类型已定义,也可用以下方式出始化:

```
struct    结构体名    变量名={出始化数据}
```

3. 结构体类型变量的定义方法

(1)定义共用体类型。

在 C 语言中,同一区域可供不同类型的数据使用(但不在同一时刻),这些不同的数据,可以形成一种新的数据构造类型,它被称之为共用体。从形式上共用体类型定义的一班形式为:

```
union   共用体名
{
    数据类型   成员名 1;
    数据类型   成员名 2;
    …
    数据类型   成员名 n;
}
```

在上述定义中,共用体类型由 union 及共用体名标识,其中 union 是系统指定的关键字,共用体名由用户制订,但要符合标识符的规则。

(2)共用体类型变量定义。

共用体类型变量以及指向共用体类型变量的指针变量的定义方法与结构体变量和指向结构体类型的指针变量的定义方法十分相似。可以用以下说明语句定义这种类型的变量和指向这种类型变量的指针变量:

```
union   semp   univar, * uniptr;
```

4. 共用体类型变量与结构体变量的区别

共用体变量和结构体变量的定义形式虽然相似,但它们却有着显著的区别。这种本质的区别表现为:结构变量的不同成员分别使用不同的内存空间,一个结构类型变量所占内存空间大小,为该变量各个成员所占用的内存大小的总和,结构体变量中的各个成员相互独立,彼此不占用同一存储空间;但共用体变量中的各个成员都有相同的起始地址,这个起始地址就是该共用体变量的起始地址,一个共用体变量所占用的存储空间的大小与它的某一成员项所需的存储空间大小相同,即是各成员项中需要占内存最大的成员项空间的那一个。

5. 枚举类型

(1)枚举类型的定义。

```
enum 枚举型名
  {枚举常量1,枚举常量2,…,枚举常量n};
```

注意在右花括号的后面有一个语句结束符分号。

其中,枚举型名是用户取的标识符;枚举常量是用户给常量取的标识符。

该语句定义了一个名为"枚举型名"的枚举类型,该枚举型中含有n个枚举常量,每个枚举型常量均有值。C语言规定枚举常量的值依次等于0,1,2,…,n-1。

例如:定义一个表示星期的枚举型:

```
enum week
{sun,mon,tue,wed,thu,fri,sat};
```

定义的这个枚举型共有7个枚举常量,它们的值依次为0,1,2,3,4,5,6。

C语言规定,在定义枚举型时,可以给枚举常量赋初值,其方法是在枚举常量的后面跟着"=整型常量"。

(2)枚举型变量的定义。

当某个枚举型定义后,可以用这种枚举型来定义变量、数组。枚举型变量的定义方法有3种。

①先定义枚举型,后定义枚举型变量、数组。

```
enum color
{red,yellow,blue};
enum color color_1,color_2[2];
/*定义一个枚举型变量color1和具有两个元素的数组color_2*/
```

②定义枚举型的同时定义枚举型变量、数组。

```
enum color
{red,yellow,blue} enum color color_1,color_2[2];
/*定义一个枚举型变量color1和具有两个元素的数组color_2*/
```

③定义无名称的枚举型的同时定义枚举型变量、数组。

```
enum
{red,yellow,blue} enum color color_1,color_2[2];
/*定义一个枚举型变量color1和具有两个元素的数组color_2*/
```

(3)枚举型变量的引用。

④给变量或数组元素赋值,格式为:

枚举型变量或数组元素=同一种枚举型常量名

```
enum color
{red,yellow,blue} c_1;
c_1=yellow;    /* 赋值 */
```

⑤在循环中用枚举变量或数组元素控制循环。

```
enum color
{red,yellow,blue} c_1;
int k=0;
for(c_1=red;c_1<=blue;c_1++)
k++;
printf("k=%d\n",k);
```

二、典型题分析

1. 设有下列定义语句,则表达式"p->x[1]"的值是________;表达式"(*p).k"的值是________。

```
struct { int x[5];
int k;
} s={{1,2},3}, *p=&s;
```

【分析】 p是指向结构型变量s的结构型指针变量,所以"p->成员名"就是结构型变量s的成员。由于表达式中给出的成员是数组元素x[1],所以该表达式的值就是x[1]的值。从赋初值来看,这个数组元素的初值为2,所以第一个空白应该填写2。同样道理,*p就是p指向的结构型变量s,所以第二个表达式就是s.k,k是结构型变量s的成员,初值为3,所以第二个表达式的值为3。

【答案】 2　3

2. 设有下列定义语句,则下列表达式中能表示结构型xx的成员x的表达式是(　　)。

```
struct xx{ int x;};
struct yy { struct xx xxx;int yy;} xxyy;
```

① xxyy.x ② xxyy->x ③(&xxyy)->xxx.x ④xxx.x

【分析】 分析备选答案①:xxyy是结构型yy的变量,其后跟".成员"是正确的,但是这个成员必须是结构型yy的成员,而表达式中的"x"是结构型xx的成员,所以是错误的。分析备选答案②:xxyy是结构型变量,其后不能跟"->",这样会造成语法错误。分析备选答案③:&xxyy是结构型变量xxyy的地址,其后跟"->成员"是正确的,表示该结构型的成员,这个成员是结构型的成员xxx,而这个成员的数据类型又是另一个结构型xx,所以其后应该是".xx的成员",表达式中恰好是xx的成员x,所以这个表达式是正确的(注意:这是嵌套结构型成员的引用格式)。分析备选答案④:xxx是结构型成员,不能直接引用,前面必须有结构型变量或结构型数组元素。

【答案】 ③

3. 设有下列定义语句,则表达式"(*(p+1)).name[1]"的值是________;表达式

“(p+1)-> score[1]”的值是________。

struct { long num;char name[10];float score[3];

}s[2]={{101L,"zhao",{90,80,70}},{102L,"qian",{75,65,55}}},*p=s;

【分析】 指针变量 p 是指向结构型数组 s 的首地址,所以 p+ 1 就是数组元素 s[1] 的地址,因此,*(p+ 1)就是 s[1],这是一个结构型数组元素,其后跟“.name[1]”,代表结构型成员,所以第一个空白处应该填写的是结构型成员 name 数组的元素 name[1]的值,从赋初值的情况来看,这个值是字符“i”。再来分析第二个表达式, p+1 是结构型数组 s 的元素 s[1]的地址,在地址后面跟“->score[1]”,也是代表结构型成员,因此,第二个空白处填写的是结构型成员 score 数组的元素 score[1]的值,这个值显然是65.0。

【答案】 'i' 65.0

4.关于获得系统日期函数(getdate())和获得系统时间(gettime())的函数,下列说法中错误的是( )。

①需要在程序的开头写上相关的包含命令

②如果需要通过 getdate()函数获得系统日期,必须定义一个 struct date 型的变量

③如果需要通过 gettime()函数获得系统时间,必须定义一个 struct time 型的变量和一个 struct time 型的指针变量

④getdate()函数和 gettime()函数均无返回值

【分析】 分析备选答案①:显然说法正确,使用任何系统函数都要写上包含该函数的包含命令。分析备选答案②:因为调用 getdat()函数时,需要一个能接受系统日期的结构型 struct date 的变量,虽然该函数的参数是指向该种结构型的指针变量,但是可以用“&结构型变量名”作为实际参数,所以本答案的说法也是正确的。分析备选答案③:和备选答案②类似,从 gettime()函数的调用要求来说,也需要一个能存放系统时间的 struct tine 结构型的变量,虽然调用函数时需要的是指针变量,但是可以用“& 结构型变量名”来调用,并不一定需要同时有结构型变量和结构型指针变量,所以该说法是错误的,符合题意。分析备选答案④:教材中明确指出,这两个系统函数均无返回值。

【答案】 ③

5.设有下列定义语句,则表达式“sizeof(union uu)”的值是________;表达式“size-of((&uu1)—>x[5])”的值是________。

union uu { short x[10]; char s[10]; float x10;} uu1;

【分析】 sizeof()函数的参数可以是数据类型符,也可以是已经定义的变量、数组元素等对象。该函数的返回值是测试对象所占用的内存字节数。对于第一个表达式来说,测试对象是共用型“union un”。对于共用型来说,所占用的字节数是共用型成员中占用字数最多的成员所占用的字节数。

共用型 union uu 的3个成员占用的字节数分别为20,10,4,所以该表达式的值是20。第二个表达式测试的是共用型 uu 的变量 uul 的成员 x 数组元素 x[5]所占用的字节数,这个成员的数据类型是短整型,所以每个数组元素占用的字节数是2,即该表达式的值为2。

【答案】 20,2

6.设有下列定义语句:

enum { A=65,B=67, C=69} abc;

则关于循环语句“for(abc=A;abc<C;abc++);”的正确说法是(　　)。

①语法出错　②死循环　③循环次数是 4　④循环次数是 2

【分析】 由于 A、B、C 是枚举常量,所以可以用在循环语句中作为控制变量来控制循环。分析备选答案①:显然这个答案是错误的,上述循环语句的语法是正确的。注意循环体是一个空语句,这是允许的。分析备选答案②、③、④,关键是搞清楚这个循环到底执行多少次。分析这个问题时,有一个原则,即使用枚举型变量时,进行++运算是加上整数 1,还是将定义枚举型时,枚举常量表中的后一个枚举常量值放到这个枚举变量中,答案是前者。掌握了这个原则,就可以来分析循环到底执行多少次。首先,枚举型变量 abc 等于枚举常量 A 的值(为整数 65),控制循环的条件是“abc<C”,此时枚举常量 C 的值是 69,条件成立,执行循环体一次,再执行“abc++”,此时枚举变量 abc 的值不是枚举常量 B(其值为 67),而是在原值 65 的基础上加上整数 66。按照相同的方法,可以知道控制变量 abc 的值将依次等于 65,66,67,68,循环的条件都满足。当 abc 加 1 后变为 69 时,判断控制循环的条件“adc<C”将不再成立,退出循环。由上述分析,该循环一共执行 4 次,所以只有备选答案③是符合题意的。

【答案】 ③

7. 关于枚举型变量的引用,下列说法中错误的是(　　)。

①给枚举型变量赋值可以使用:枚举型变量=(enum 枚举型)整常数

②两个同一种枚举型的变量之间可以进行关系运算

③两个同一种枚举型的变量之间可以进行加减运算

④一个枚举型变量可以进行++、--的运算

【分析】 分析备选答案①:整数不能作为枚举型常量值,但是“(enum 枚举型名)整数”是通过数据类型强制转换原则将整数转换成枚举型数据,所以该答案的说法是正确的。分析备选答案②:只要两个枚举型变量是同一种枚举型,它们之间就可以进行比较大小的运算(即关系运算),所以该答案的说法也是正确的。分析备选答案③:给枚举型变量所赋的值只能是枚举型常量,虽然枚举型常量的值是整数,但是枚举型数据是一种特殊类型的数据,不是整型数据,所以它们之间不能进行算术运算,该答案的说法是错误的,符合题意。分析备选答案④:教材关于枚举型变量使用在循环中的例子里,已经使用了“枚举型变量++”,显然该答案中的说法是正确的,不符合题意。

【答案】 ③

8. 下列关于结构型、共用型、枚举型的定义语句中,正确的是(　　)。

①struct ss{ int x}　　②union uu { int x;} xx=5;

③enum ee{ int x;};　　④struct{int x;};

【分析】 分析备选答案①:在成员名 x 的后面缺少一个分号,在右花括号的后面缺少一个分号,所以语法上是错误的。分析备选答案②:共用型变量是不能赋初值的,该语句语法出错。分析备选答案③:枚举型定义时,花括号中是枚举常量表,即用逗号分隔的一个个枚举常量,不能对每个枚举常量给出数据类型,所以该语句也有语法错误。显然备选答案④是正确的,符合题意。注意,在这个定义语句中,没有给出结构型名,这是允许

的。

【答案】 ④

9. 若有下列定义语句“typedef int ＊INTARRAY[10];”,则和定义语句“INTAIthAY a,b;”作用相同的数据定义语句是(　　)。

①int a[10], b[10];　　②int a[10], ＊b;

③int ＊a,b[10];　　④int ＊a[10], ＊b[10];

【分析】 首先来分析给出的前一个定义语句,这个语句是定义用户自己的数据类型符的,从语句本身可以看出,这是定义指向整型数据的指针型数组的用户数据类型。再分析给出的后一个定义语句,显然这个语句是使用用户定义的数据类型符“INTARRAY”来定义具体的指针型数组,从语句中可以看出,一共定义了两个名为 a 和 b 的指向整型数据的,长度为 10 的指针数组。显然,分析给出的 4 个备选答案,只有备选答案④的功能是定义两个名为 a 和 b 的指向整型数据的指针型数组,且数组长度为 10,所以本题的正确答案应选④。

【答案】 ④

10. 下列程序的功能是输入一个学生的学号,在 3 个学生的信息(参看程序清单中的结构型定义)中查找,如果找到,则输出该学生的姓名和总分;如果找不到,则输出提示“NotFound!”。请填写程序中缺少的语句成分。

```
struct { long num; /＊学生的学号＊/
char nane[10]; /＊学生的姓名＊/
float total; /＊学生的总分＊/
}
s[3] = {{101L,"chi",658},102L,"gu",648},{103L,"cheng",549}};
main()
{ long x;
int i, flag= 0;
scanf("%1d", &x);
for( i= 0; i< 3; i++)
if(________)
{ flag= 1;
break;
}
if(flag)
prinif("%s%f\n", s[i].name, s[i].total);
else
printf("Not Found! \n");
}
```

【分析】 这是一个在数组中寻找符合条件的数组元素的常见问题,唯一要注意的是这个数组是结构型数组,这个查找的条件是结构型成员的位置。浏览程序可以发现,和一般的顺序查找算法相同,也是利用一重次数型循环依次处理当前数组元素,若查到,则在标记变量 flag 中置 1,退出循环;若查不到,则利用循环前在标记变量 flag 中预置的 0 来表示。最后利用标记变量 flag 的值进行不同的输出。分析到这里,就可以来考虑需要填写的内容,这个内容显然是查到的条件:输入的学号 x 要等于当前结构型数组元素 s[i]的成员 num 值,具体写出来就是:x = = s[i]. num。注意,这个答案还有另一种写法:x = = (&s[i])->num。

【答案】　x = =S[i]. num 或 x = = (&s[i])->num

11. 阅读下列程序,写出程序运行后的输出结果。

```
struct stu { int x;
int *px;
} a[4], *p=a;
main()
{ int i,y[4] = {10,11,12,13};
for(i=0;i< 4; i++)
a[i].x=i,a[i].px=y+i;
printf("%d,",++p->x);
printf("%d,",(++p)->x);printf("%d\n",++( *p->px) ) ;
}
```

【分析】　主函数体的第 1 条语句是数据定义语句,给定义的整型数组 y 赋了初值。最后的 3 条语句是输出语句,输出表达式显然是结构型成员的值。所以,首先要搞清楚结构型数组 a 的每个元素各个成员的值。从 for 循环语句中不难看出,结构型数组 a 的所有元素的成员的值如下:

a[0]. x 的值为 0 a[0]. px 是指针型,指向数组元素 y[0];

a[1]. x 的值为 1 a[1]. px 是指针型,指向数组元素 y[1];

a[2]. x 的值为 2 a[2]. px 是指针型,指向数组元素 y[2];

a[3],x 的值为 3 a[3]. px 是指针型,指向数组元素 y[3]。

注意:结构型指针变量 p 已经通过赋初值方式,指向结构型数组 a 的首地址。

现在来分析第 1 个输出语句的输出表达式“++p->x”,由于“->”运算符优先于“++”,所以首先执行“p-> x”,p 是指向结构型数组的首地址,即 p 是指向结构型数组 a 的数组元素 a[0]的,所以“p->x”就是 a[0]的成员 x,其值为 0,再执行“++”运算,其值为 1,这就是第 1 条输出语句的输出结果。注意,此时指针变量 p 的位未改变,仍是指向 a[0];a[0]. x 的值改为 1。

同样道理,可以分析第 2 条输出语句的输出表达式“(++p)->x”,先执行“++p”。使得 p 指向的数组元素为 a[1],“(++ p)-> x”代表数组元素 a[1]的成员 x,其值为 1。注意:此时的 p 已经指向 a[1],而 a[1]. x 的值没有改变。

最后分析第 3 条输出语句的输出表达式“++(*p->px)”,由于“->”优先于“ *”,所以先计算“p->px”,现在的 p 是指向数组元素 a[1]的,“p->px”的运算结果是 a[1]的成员 px,这是一个指针变量,它是指向数组元素 y[1],所以“(*p-> px)”代表 y[1],其值为 11。因此,输出表达式“++(* p->px)”的值应该是 12。注意:此时的 p 值没有改变,而 y[1]的值改为 12;

【答案】 1,1,12

12. 阅读下列程序,写出程序运行后的输出结果。

```
main()
{ union { int x;char y[2];} xy;
xy.y[0]=010;
xy.y[1]=00;
printf("%d\n",xy.x);
}
```

【分析】 程序的第 1 条语句定义了一个共用型变量 xy,该共用型的成员有两个:一个是整型的 x;一个是字符型数组 y[2]。由于共用型成员占用相同的内存单元,所以这两个成员占用的内存单元示意图如图 31 所示:

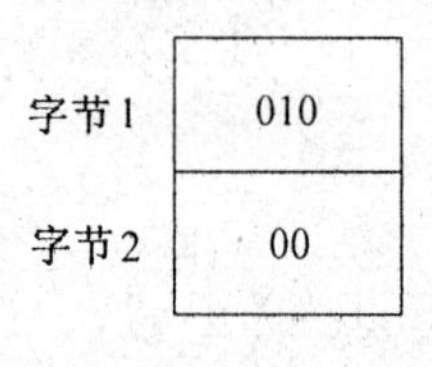

图 31

两条赋值语句使得字节 1 的值为 010、字节 2 的值为 00。按照二进制数在内存的存放顺序是“低位在前、高位在后”的规则,“字节 1 字节 2”中存放的值是 0010,这是八进制数,转换成十进制数为 8。而“字节 1 字节 2”就是分配给整型变量 x 的,所以变量 x 的值为 8。程序中的输出语句输出的值就是整型变量 x 的值,输出格式是十进制整数,所以输出结果是 8。

【答案】 8

13. 读下列程序,写出程序的主要功能。

```
#include"dos.h"
main()
{ struct date today;
int n, year1;
getdate(&today);
scanf("%d",&year1);
while((n=today.da_year-year1)>=0)
{ printf("age=%d\n",n);
scanf("%d",&year1);
}
}
```

【分析】 程序的前两条语句是定义变量,其中的 today 是日期结构型 date 变量,该变量有 3 个成员,分别为: da_ year(整型年份)、da_ mon(整型月份)、da_day(整型日期)。

第3条语句是利用系统函数“gatdate()”获得系统日期并存入结构型变量 today 中。第4条语句是输入一个整数存入变量 yearl 中。接下来的语句是当型循环,控制循环的条件“n>=0”,n 的值是 today.da_year_year1。其中前者是系统日期中的年份,后者是输入的整数,从变量名中可以看出是一个年份,因此变量 n 的值是一个人的年龄。循环体就是输出这个变量 n 的值。

综上所述,while 循环的功能是:输入一个年份(某人的出生年份),计算其年龄。如果年龄小于0,则退出循环;否则输出年龄后继续循环。

【答案】 输入一个人的出生年份,计算并输出该人的年龄。反复进行,直到输入的年份使得计算的年龄为负数时终止。

14. 编一个程序,输入10名职工的姓名、基本工资和职务工资,统计并输出工资总和最高和最低的职工姓名、基本工资、职务工资及其工资总和(要求10个职工的信息用结构型数组存放)。

【分析】 首先要设计一个结构型用来存放职工的信息。用次数型循环输入职工的信息,并存入结构型数组。再用次数型循环计算并寻找最大的工资总和及最小的工资总和,并记录其下标,退出该循环后利用记录的两个下标输出对应职工的工资总和最高和最低的职工姓名、基本工资、职务工资及其工资总和。

【答案】
```
# define N 10
main()
{ struct { char name[20];
float jbgz;
float zwgz;
} person[N];
int i;
float max,min,max_i,min_i,x1,x2;
for(i=0;i<N;i++)
{ scanf("%s",person[i].name);
scanf("%f,%f",&x1,&x2);
person[i].jbgz=x1;
person[i].zwgz=x2;
}
max=min=person[0].jbgz+person[0].zwgz;
max_i=min_i=0;
for(i=1;i<N;i++)
{ if(max<person[i].jbgz+person[i].zwgz)
{ max=person[i].jbgz+person[i]. zwgz;
max_1=1
}
if(min>person[i].jbgz+person[i].zwgz)
```

```
{ min=person[i].jbgz+person[i]+person[i].zwgz;
min_l =l;
}
}
printf("max:%20s%10.2f%10.2f%10.2f\n",person[max_i].name,
person[max_i] .jbgz,person[max_i].zwgz,
person[max_i].jbgz+person[max_i].zwgz);
printf("min:%20s%10.2f%10.2f%10.2f\n",person[min_i].name,
person[min_i].jbgz,person[min_i]zwgz,
person[min_i].jbgz+person[min_i].zwgz;
}
```

说明:数据输入格式如下:

(第1名职工的)姓名↙

(第1名职工的)基本工资,职务工资↙

(第2名职工的)姓名↙

(第2名职工的)基本工资,职务工资↙

…

注:↙为回车换行符。

15. 编一个程序,输入10个学生的姓名、年龄、课程1、课程2、课程3的成绩,统计并分别输出3门课程成绩为第1名的学生姓名、年龄和3科成绩(要求10个学生信息用结构型数组存放,每个学生3科成绩用实型数组存放)。

【分析】 设计一个结构型数组用来存放10名学生的信息。用次数型循环输入学生的信息,并存入结构型数组。再用二重次数型循环查找并输出3门课程第1名学生的信息。外层循环执行3次,分别处理3门课程;内层循环的任务就是寻找该课程的最高分,并记录对应学生的下标,退出内层循环后即输出该门课程最高分的学生及其信息。

【答案】

```
# define N 10
main()
{ struct student { char[20];
int age;
float score[3];
}stu[N];
int i,j,max_i;
float max;
for(i=0; i<N;i++)
{ scanf("%s",stu[i].name);
scanf("%d",&stu[i].age);
scanf("%f,%f,%f",&stu[i].score[0],stu[i]. score[1],
&stu[i].score[2]);
```

```
}
for(j=0;j<3;j++)
{ max=stu[0].score[j];
max_i= 0;
for(i=1;i<N;i++)
if(max<stu[i].score[j])
{ max= stu[i].score[j];
max_i=l;
}
printf("score%1d:name=%s age=%d\n",
j+1,stu[max_i].name,stu[max_i].age);
printf("score1=%f score2=%f score3=%f\n",
stu[max_i].score[0],stu[max_i].score[1],
sin[max_i].score[2]);
}
}
```

说明:数据输入格式如下:

(第1名学生的)姓名↙

(第1名学生的)年龄↙

(第1名学生的)课程1成绩,课程2成绩,课程3成绩↙

(第2名学生的)姓名↙

(第2名学生的)年龄↙

(第2名学生的)课程1成绩,课程2成绩,课程3成绩↙

注:"↙"是回车换行键。

本章回顾了结构体、共用体和枚举类型的知识后,给出了典型的例题分析,这些例题能起到引导的作用,读者可以模仿分析方法去解题。

三、习题

(一)选择题

1. 在定义一个结构体变量时,系统分配给它的存储空间是________。

A. 该结构体中第一个成员所需存储空间

B. 该结构体中最后一个成员所需存储空间

C. 该结构体中占用最大存储空间的成员所需存储空间

D. 该结构体中所有成员所需存储空间的总和

2. 在定义一个共用体变量时,系统分配给他的存储空间是________。

A. 该共用体中第一个成员所需存储空间

B. 该共用体中最后一个成员所需存储空间

C. 该共用体中占用最大存储空间的成员所需存储空间

D. 该共用体中所有成员所需存储空间的总和

3. 若有以下说明和语句:

```
struct    student
{int        no;
   char * name;    }work, * p=&work;
```

则以下引用方式不正确的是________。

A. work. no
B. (* p). no
C. p->no
D. work->no4

4. 若有以下说明和语句:

```
struct    date
{ int    year, month, day;    };
    struct    worklist
    { char name[20];
   char    sex;
    struct    date    birthday;      }person;
```

对结构体变量 person 的出生年份进行赋值时,下面正确的赋值语句是________。

A. year=1958
B. birthday. year=1958
C. person. birthday. year=1958
D. person. year=1958

5. 以下对结构体类型变量的定义中不正确的是________。

A.
```
#define    STUDENT struct student
STUDENT
{ int    num;
floatage;    }std1;
```

B.
```
struct student
{ int    num;
float    age;
}std1;
```

C.
```
struct
{ int    num;
float    age;
}std1;
```

D.
```
struct
{ int    num;
float    age;    } student;
struct student std1;
```

6. 设有以下说明语句:

```
struct stu
{ int    a;    float    b; }stutype;
```

则下面的叙述不正确的是________。

A. struct 是结构体类型的关键字

B. struct stu 是用户定义的结构体类型

C. stutype 是用户定义的结构体类型名

D. a 和 b 都是结构体成员名

7. C 语言结构体类型变量在程序执行期间________。

A. 所有成员一直驻留在内存中

B. 只有一个成员驻留在内存中

C. 部分成员驻留在内存中

D. 没有成员驻留在内存中

8. 以下程序的运行结果是________。

```
# include    <stdio. h>
main( )
{ struct   date
  { int   year, month, day;   }today;
  printf( "%d\n" ,sizeof( struct date) ) ;   }
```

A. 6　　　　B. 8　　　　C. 10　　　　D. 128

9. 有如下定义:

```
struct person{char name[9]; int age;};
struct person class[10] = {"Johu" , 17,
"Paul" , 19
"Mary" , 18,
"Adam"  16,};
```

根据上述定义,能输出字母 M 的语句是________。

A. prinft("%c\n" ,class[3]. mane) ;

B. pfintf("%c\n" ,class[3]. name[1]) ;

C. prinft("%c\n" ,class[2]. name[1]) ;

D. printf("%^c\n" ,class[2]. name[0]) ;

10. 设有如下定义:

```
struct ss
{ char name[10];
int age;
char sex;
} std[3], * p=std;
```

下面各输入语句中错误的是________。

A. scanf("%d" ,&(*p). age) ;

B. scanf("%s" ,&std. name) ;

C. scanf("%c" ,&std[0]. sex) ;

D. scanf("%c" ,&(p->sex))

11. 设有以下说明语句,则下面的叙述中不正确的是________。

```
struct ex {
int x ; float y; char z ;
} example;
```

A. struct 结构体类型的关键字　　　　B. example 是结构体类型名

C. x,y,z 都是结构体成员名　　　　D. struct ex 是结构体类型

12. 若程序中有下面的说明和定义:

```
struct   stt
{   int x;
    char b;
}
struct stt a1,a2;
```

则会发生的情况是________。

A. 程序将顺利编译、连接、执行

B. 编译出错

C. 能顺利通过编译、连接,但不能执行

D. 能顺利通过编译,但连接出错

13. 已知教师记录定义为:

```
structstudent
{ int no;
  char name[30];
  struct
  {unsigned int year;
   unsigned int month;
   unsigned int day;
  }birthday;
} stu;
structstudent  * t = &stu;
```

若要把变量 t 中的生日赋值为"1980 年 5 月 1 日",则正确的赋值方式为________。

A. year = 1980;
   month = 5;
   day = 1;

B. t. year = 1980;
   t. month = 5;
   t. day = 1;

C. t. birthday. year = 1980;
   t. birthday. month = 5;
   t. birthday. day = 1;

D. t-> birthday. year = 1980;
   t-> birthday. month = 5;
   t-> birthday. day = 1;

14. 以下结构类型可用来构造链表的是________。

A. struct aa{ int a;int * b;};

B. struct bb{ int a;bb * b;};

C. struct cc{ int * a;cc b;};

D. struct dd{ int * a;aa b;};

15. 以下程序的输出结果是________。

```
amovep(int *p, int a[3][3],int n)
{ int i, j;
for( i=0;i<n;i++)
for(j=0;j<n;j++){ *p=a[i][j];p++; }
```

```
}
main()
{ int *p,a[3][3]={{1,3,5},{2,4,6}};
p=(int *)malloc(100);
amovep(p,a,3);
printf("%d %d \n",p[2],p[5]);free(p);
}
```

A. 56　　B. 25　　C. 34　　D. 程序错误

16. 以下程序的输出结果是________。

```
struct HAR
{ int x, y; struct HAR *p;} h[2];
main()
{ h[0].x=1;h[0].y=2;
h[1].x=3;h[1].y=4;
h[0].p=&h[1].x;
h[1].p=&h[0].x;
printf("%d %d \n",(h[0].p)->x,(h[1].p)->y);
}
```

A. 12　　B. 23　　C. 14　　D. 32

17. 对于以下的变量定义,表达式正确的是________。

```
struct node {
char s[10];
int k;
} p[4];
```

A. p->k=2　　B. p[0].s="abc"

C. p[0]->k=2　　D. p->s='a'

18. 对于以下的变量定义,表达式________不符合 C 语言语法。

```
struct node {
int len;
char *pk;
} x = {2, "right"}, *p = &x;
```

A. p->pk　　B. *p.pk　　C. *p->pk　　D. *x.pk

19. 以下程序的输出结果是(　　)。

```
union myun
{ struct
{ int x, y, z; } u;
int k;
} a;
```

```
main( )
{ a.u.x=4; a.u.y=5; a.u.z=6;
a.k=0;
printf("%d\n",a.u.x);
}
```

A. 4　　B. 5　　C. 6　　D. 0

20. 设有如下说明：

```
typedef struct
{ int n; char c; double x;} STD;
```

则以下选项中，能正确定义结构体数组并赋初值的语句是________。

A. STD tt[2]={{1,'A',62},{2, 'B',75}};

B. STD tt[2]={1,"A",62},2, "B",75};

C. struct tt[2]={{1,'A'},{2, 'B'}};

D. struct tt[2]={{1,"A",62.5},{2, "B",75.0}};

(二)填空题

1. 定义结构体的关键字是________。

2. 一个结构体变量所占用的空间是______________。

3. "."称为________运算符，"->"称为________运算符。

4. 有如下定义：

```
struct
{int   x;
int   y;   }s[2]={{1,2},{3,4}}, *p=s;
```

则表达式 ++p->x 的结果是________；表达式 ++p->y 的结果是________。

5. 若有定义：

```
struct   num
{int   a;
int   b;
float f;   }n={1, 3, 5.0};
struct   num *pn=&n;
```

则表达式 pn->b/n.a * ++pn->b 的值是________；表达式(* pn).a+pn->f 的值是________。

6. 设有定义语句 struct {int a; float b; char c; }abc, * p_abc=&abc; ,则对结构型成员 a 的引用方法可以是：________ 、________、________ 。

7. 若有以下说明和定义语句，则变量 w 在内存中所占的字节数是________。

```
union aa{float x; float y; char c[6];};
struct st{union aa v; float w[5]; double ave;}w;
```

8. 设有以下结构类型说明和变量定义，则变量 a 在内存所占字节数是________。

```
struct stud
```

```
{ char num[6];
int s[4];
double ave;
} a, *p;
```

9. 以下程序用以输出结构体变量所占内存单元的字节数，请在________内填上适当的内容。

```
struct   per
{
double   x;
char str[50];
};
main( )
{struct   per   bt;
printf(" bt size =%d\n",________);
  }
```

10. 有如下定义：

```
struct
{
   int x;
   char *y;
}tab[2]={{1,"ab"},{2,"cd"}}, *p=tab;
```

则表达式 *p->y 的结果是________；表达式 *(++p)->y 的结果是________。

(三)读程序写结果题

1. 以下程序的运行结果是________。

```
struct   n {
int   x;
char   c;   };
main( )
{ struct   n   a={10,'x'};
  func(a);
  printf ("%d,%c", a.x, a.c);   }
func(struct n b)
{b.x=20;
b.c='y';    }
```

2. 以下程序的运行结果是________。

```
main( )
{ struct   EXAMPLE
   { struct {int   x;
```

```
        int  y; }in ;
    int a;
    int  b; }e;
  e.a=1;
  e.b=2;
  e.in.x=e.a * e.b;
  e.in.y=e.a + e.b;
  printf("%d,%d", e.in.x, e.in.y); }
```

3. 以下程序的运行结果是________。

```
main( )
{ static  struct  s1
    {
      char  c[4], *s;
    }s1={"abc","def"};
  static  struct  s2
  {char   *cp;
    struct  s1 ss1;
    }s2={"ghi", {"jkl", "mno"}};
  printf("%c,%c\n", s1.c[0], *s1.s);
  printf("%s,%s\n", s1.c, s1.s);
  printf("%s,%s\n", s2.cp, s2.ss1.s);
  printf("%s,%s\n", ++s2.cp, ++s2.ss1.s);
}
```

4. 以下程序的运行结果是________。

```
struct  s{ int a;  float b;  char  *c;  }
main( )
{static  struct  s
    x={19,83.5,"zhang"};
  struct  s  *px=&x;
  printf("%d %.1f %s\n", x.a, x.b,x.c);
  printf("%d %.1f %s\n", px->a, (*px).b,px->c);
  printf("%c %s\n", *px->c-1, &px->c[1]);
}
```

5. 以下程序的运行结果是________。

```
struct  stru {int  x;  char  c;  };
main( )
{ struct  stru  a={10,'x'}, *p=&a;
    func (p);
```

```
  printf ("%d,%c", a.x, a.c);  }
func (struct  stru  *b)
{ b->x=20;
  b->c='y';  }
```

6. 以下程序的执行结果是________。

```
#include <stdio.h>
  struct stu {
  int num;
  char name[10];
  int age;
  };
  void fun(struct stu *p)
  {
  printf("%s\n",(*p).name);
  }
  void main(void)
  {
    struct stu students[3]={ {9801,"Zhang",20}, {9802,"Wang",19}, {9803,"
Zhao",18} };
      fun(students+2);
  }
```

7. 以下程序的执行结果是(字符 0 的 ASCII 码为十六进制的 30)________。

```
main()
{union {char c; char i[4];}z;
  z.i[0]=0x39; z.i[1]=0x36;
  printf("%c\n",z.c);
}
```

8. 以下程序的执行结果是________。

```
main()
{struct student
  { char name[10];
  float k1;
  float k2;
  }a[2]={{"zhong",100,70},{"wang",70,80}}, *p=a;
  printf ("\nname:%s total=%f",p->name, p->k1+p->k2);
  printf("\nname:%s total=%f\n", a[1].name,a[1].k1+a[1].k2);
}
```

9. 以下程序的执行结果是________。

```
main()
{enum em{em1=3,em2=1,em3};
char *aa[]={"AA","BB","CC","DD"};
printf("%s%s%s\n", aa[em1],aa[em2],aa[em3]);
}
```

10. 以下程序的执行结果是________。

```
#include <stdio.h>
#include <string.h>
typedef struct { char name[9]; char sex; float score[2]; } STU;
void f( STU a)
{STU b={"Zhao" ,'m',85.0,90.0} ; int i;
   strcpy(a.name,b.name);
   a.sex=b.sex;
   for(i=0;i<2;i++) a.score[i]=b.score[i];
}
main()
{ STU c={"Qian",'p',95.0,92.0};
f(c); printf("%s,%c,%2.0f,%2.0f\n",c.name,c.sex,c.score[0],c.score[1]);
}
```

11. 以下程序的执行结果是________。

```
#include <string.h>
struct STU
{ int num;
   float TotalScore;
};
void f(struct STU p)
{ struct STU s[2]={{20088,550},{20099,537}};
   p.num=s[1].num;
   p.TotalScore=s[1].TotalScore;
}
main()
{ struct STU s[2]={{20098,703},{20089,580}};
   f(s[0]);
   printf("%d %f\n",s[0].num,s[0].TotalScore);
}
```

(四)程序设计题

1. 用结构体存放如下表中的数据,然后输出每个人的姓名和实发工资(实发工资=基本工资+浮动工资-支出)。

姓名	基本工资	浮动工资	支出
Tom	1 240.00	800.00	75.00
Lucy	1 360.00	900.00	50.00
Jack	1 560.00	1 000.00	80.00

2. 编写程序，输入 10 个学生的学号、姓名、3 门课程的成绩，求出总分最高的学生姓名并输出。

3. 编写程序，输入下列学生成绩表中的数据，并用结构体数组存放。然后统计并输出三门课程的名称和平均分数。

student_name	English	Math	Computer
Lincoln	97.5	89.0	78.0
Clinton	90.0	93.0	87.5
Bush	75.0	79.5	68.5
Obama	82.5	69.5	54.0

4. 设有 a，b 两个单链表。每个链表的结点中有一个数据和指向下一结点的指针，a，b 为两链表的头指针：

(1)分别建立这两个链表。

(2)将 a 链表中的所有数据相加并输出其和。

将 b 链表接在 a 链表的尾部连成一个链表。

第 10 章　文　　件

所谓文件是指一组相关数据的有序集合。这个数据集有一个名称，叫做文件名。实际上在前面的各章中已经多次使用了文件，如源程序文件、目标文件、可执行文件、库文件(头文件)等。

一、知识点回顾

文件通常是驻留在外部介质(如磁盘等)上的，在使用时才调入内存中来。从不同的角度可对文件作不同的分类。从用户的角度看，文件可分为普通文件和设备文件两种。

普通文件是指驻留在磁盘或其他外部介质上的一个有序数据集，可以是源文件、目标文件、可执行程序，也可以是一组待输入处理的原始数据，或者是一组输出的结果。对于源文件、目标文件、可执行程序可以称作程序文件，对输入输出数据可称作数据文件。

设备文件是指与主机相连的各种外部设备，如显示器、打印机、键盘等。在操作系统中，把外部设备也看作是一个文件来进行管理，把它们的输入、输出等同于对磁盘文件的读和写。

通常把显示器定义为标准输出文件,一般情况下在屏幕上显示有关信息就是向标准输出文件输出。如前面经常使用的 printf,putchar 函数就是这类输出函数。

键盘通常被指定标准的输入文件,从键盘上输入就意味着从标准输入文件上输入数据。scanf,getchar 函数就属于这类输入函数。

从文件编码的方式来看,文件可分为 ASCII 码文件和二进制码文件两种。ASCII 文件也称为文本文件,这种文件在磁盘中存放时每个字符对应一个字节,用于存放对应的 ASCII 码。

例如,数 5678 的存储形式为:

ASCII 码:	00110101	00110110	00110111	00111000
	↓	↓	↓	↓
十进制码:	5	6	7	8

共占用 4 个字节。

ASCII 码文件可在屏幕上按字符显示。例如,源程序文件就是 ASCII 文件,用 DOS 命令 TYPE 可显示文件的内容。由于是按字符显示,因此能读懂文件内容。

二进制文件是按二进制的编码方式来存放文件的。

例如, 数 5678 的存储形式为:

00010110 00101110

只占 2 个字节。二进制文件虽然也可在屏幕上显示,但其内容无法读懂。C 系统在处理这些文件时,并不区分类型,都看成是字符流,按字节进行处理。

输入输出字符流的开始和结束只由程序控制而不受物理符号(如回车符)的控制。因此也把这种文件称作"流式文件"。

本章讨论流式文件的打开、关闭、读、写、定位等各种操作。

1. 文件指针

在 C 语言中用一个指针变量指向一个文件,这个指针称为文件指针。通过文件指针就可对它所指的文件进行各种操作。

定义说明文件指针的一般形式为:

FILE *指针变量标识符;

其中 FILE 应为大写,它实际上是由系统定义的一个结构,该结构中含有文件名、文件状态和文件当前位置等信息。在编写源程序时不必关心 FILE 结构的细节。例如:

```
FILE *fp;
```

表示 fp 是指向 FILE 结构的指针变量,通过 fp 即可找到存放某个文件信息的结构变量,然后按结构变量提供的信息找到该文件,实施对文件的操作。习惯上也笼统地把 fp 称为指向一个文件的指针。

2. 文件的打开与关闭

文件在进行读写操作之前要先打开,使用完毕要关闭。所谓打开文件,实际上是建立文件的各种有关信息,并使文件指针指向该文件,以便进行其他操作。关闭文件则断开指针与文件之间的联系,也就禁止再对该文件进行操作。

在 C 语言中,文件操作都是由库函数来完成的。在本章内将介绍主要的文件操作函数。

3. 文件的打开(fopen 函数)

fopen 函数用来打开一个文件,其调用的一般形式为:

文件指针名=fopen(文件名,使用文件方式);

其中,"文件指针名"必须是被说明为 FILE 类型的指针变量;"文件名"是被打开文件的文件名;"使用文件方式"是指文件的类型和操作要求。"文件名"是字符串常量或字符串数组。

例如:

```
FILE *fp;
fp=("file a","r");
```

其意义是在当前目录下打开文件 file a,只允许进行"读"操作,并使 fp 指向该文件。

又如:

```
FILE *fphzk
fphzk=("c:\\hzk16","rb")
```

其意义是打开 C 驱动器磁盘的根目录下的文件 hzk16,这是一个二进制文件,只允许按二进制方式进行读操作。两个反斜线"\\"中的第一个表示转义字符,第二个表示根目录。

使用文件的方式共有 12 种,表 6 给出了它们的符号和意义。

表 6

文件使用方式	意　义
"rt"	只读打开一个文本文件,只允许读数据
"wt"	只写打开或建立一个文本文件,只允许写数据
"at"	追加打开一个文本文件,并在文件末尾写数据
"rb"	只读打开一个二进制文件,只允许读数据
"wb"	只写打开或建立一个二进制文件,只允许写数据
"ab"	追加打开一个二进制文件,并在文件末尾写数据
"rt+"	读写打开一个文本文件,允许读和写
"wt+"	读写打开或建立一个文本文件,允许读写
"at+"	读写打开一个文本文件,允许读,或在文件末追加数据
"rb+"	读写打开一个二进制文件,允许读和写
"wb+"	读写打开或建立一个二进制文件,允许读和写
"ab+"	读写打开一个二进制文件,允许读,或在文件末追加数据

对于文件使用方式有以下几点说明:

(1)文件使用方式由 r,w,a,t,b,+ 6 个字符拼成,各字符的含义是:

r(read):读。

w(write):写。

a(append):追加。

t(text):文本文件,可省略不写。

b(banary):二进制文件。

+:读和写。

(2)凡用"r"打开一个文件时,该文件必须已经存在,且只能从该文件读出。

(3)用"w"打开的文件只能向该文件写入。若打开的文件不存在,则以指定的文件名建立该文件,若打开的文件已经存在,则将该文件删去,重建一个新文件。

(4)若要向一个已存在的文件追加新的信息,只能用"a"方式打开文件。但此时该文件必须是存在的,否则将会出错。

(5)在打开一个文件时,如果出错,fopen 将返回一个空指针值 NULL。在程序中可以用这一信息来判别是否完成打开文件的工作,并作相应的处理。因此常用以下程序段打开文件:

```
(6)if((fp=fopen("c:\\hzk16","rb")==NULL)
    {
      printf("\nerror on open c:\\hzk16 file!");
      getch();
      exit(1);
    }
```

这段程序的意义是,如果返回的指针为空,表示不能打开 C 盘根目录下的 hzk16 文件,则给出提示信息"error on open c:\ hzk16 file!",下一行 getch()的功能是从键盘输入一个字符,但不在屏幕上显示。在这里,该行的作用是等待,只有当用户从键盘敲任一键时,程序才继续执行,因此用户可利用这个等待时间阅读出错提示。敲键后执行 exit(1)退出程序。

(7)把一个文本文件读入内存时,要将 ASCII 码转换成二进制码,而把文件以文本方式写入磁盘时,也要把二进制码转换成 ASCII 码,因此文本文件的读写要花费较多的转换时间。对二进制文件的读写不存在这种转换。

(8)标准输入文件(键盘),标准输出文件(显示器),标准出错输出(出错信息)是由系统打开的,可直接使用。

4. 文件关闭函数(fclose 函数)

文件一旦使用完毕,应用关闭文件函数把文件关闭,以避免文件的数据丢失等错误。

fclose 函数调用的一般形式是:

fclose(文件指针);

例如:

```
fclose(fp);
```

正常完成关闭文件操作时,fclose 函数返回值为 0。如返回非零值则表示有错误发生。

5. 文件的读写

对文件的读和写是最常用的文件操作。在 C 语言中提供了多种文件读写的函数:

(1)字符读写函数:fgetc 和 fputc。

(2)字符串读写函数:fgets 和 fputs。

(3)数据块读写函数:freed 和 fwrite。

(4)格式化读写函数:fscanf 和 fprinf。

下面分别予以介绍。使用以上函数都要求包含头文件 stdio. h。

6. 字符读写函数 fgetc 和 fputc

字符读写函数是以字符(字节)为单位的读写函数。每次可从文件读出或向文件写入一个字符。

(1)读字符函数 fgetc。

fgetc 函数的功能是从指定的文件中读一个字符,函数调用的形式为:

字符变量=fgetc(文件指针);

例如:

```
ch=fgetc(fp);
```

其意义是从打开的文件 fp 中读取一个字符并送入 ch 中。

对于 fgetc 函数的使用有以下几点说明:

①在 fgetc 函数调用中,读取的文件必须是以读或读写方式打开的。

②读取字符的结果也可以不向字符变量赋值。

例如:

```
fgetc(fp);
```

但是读出的字符不能保存。

(3)在文件内部有一个位置指针。用来指向文件的当前读写字节。在文件打开时,该指针总是指向文件的第一个字节。使用 fgetc 函数后,该位置指针将向后移动一个字节。因此可连续多次使用 fgetc 函数,读取多个字符。应注意文件指针和文件内部的位置指针是不同的。文件指针是指向整个文件的,须在程序中定义说明,只要不重新赋值,文件指针的值是不变的。文件内部的位置指针用以指示文件内部的当前读写位置,每读写一次,该指针均向后移动,它不需在程序中定义说明,而是由系统自动设置。

【例 31】　读入文件 c1. doc,在屏幕上输出。

```
#include<stdio. h>
main()
{
  FILE *fp;
  char ch;
  if((fp=fopen("d:\\jrzh\\example\\c1. txt","rt"))= =NULL)
    {
    printf("\nCannot open file strike any key exit!");
    getch();
    exit(1);
    }
```

```
    ch=fgetc(fp);
    while(ch! =EOF)
    {
        putchar(ch);
        ch=fgetc(fp);
    }
    fclose(fp);
}
```

本例程序的功能是从文件中逐个读取字符,在屏幕上显示。程序定义了文件指针 fp,以读文本文件方式打开文件“d:\\jrzh\\example\\ex1_1. c”,并使 fp 指向该文件。如打开文件出错,给出提示并退出程序。程序第 12 行先读出一个字符,然后进入循环,只要读出的字符不是文件结束标志(每个文件末有一结束标志 EOF),就把该字符显示在屏幕上,再读入下一字符。每读一次,文件内部的位置指针向后移动一个字符,文件结束时,该指针指向 EOF。执行本程序将显示整个文件。

(2)写字符函数 fputc。

fputc 函数的功能是把一个字符写入指定的文件中,函数调用的形式为:

fputc(字符量,文件指针);

其中,待写入的字符量可以是字符常量或变量,例如:

fputc('a',fp);

其意义是把字符 a 写入 fp 所指向的文件中。

对于 fputc 函数的使用也要说明几点:

①被写入的文件可以用写、读写、追加方式打开,用写或读写方式打开一个已存在的文件时将清除原有的文件内容,写入字符从文件首开始。如需保留原有文件内容,希望写入的字符以文件末开始存放,必须以追加方式打开文件。被写入的文件若不存在,则创建该文件。

②每写入一个字符,文件内部位置指针向后移动一个字节。

③fputc 函数有一个返回值,如写入成功,则返回写入的字符,否则返回一个 EOF。可用此来判断写入是否成功。

【例 32】 从键盘输入一行字符,写入一个文件,再把该文件内容读出显示在屏幕上。

```
#include<stdio. h>
main()
{
    FILE *fp;
    char ch;
    if((fp=fopen("d:\\jrzh\\example\\string","wt+"))= =NULL)
    {
        printf("Cannot open file strike any key exit!");
        getch();
```

```
    exit(1);
  }
  printf("input a string:\n");
  ch=getchar();
  while (ch!='\n')
  {
    fputc(ch,fp);
    ch=getchar();
  }
  rewind(fp);
  ch=fgetc(fp);
  while(ch!=EOF)
  {
    putchar(ch);
    ch=fgetc(fp);
  }
  printf("\n");
  fclose(fp);
}
```

程序中第 6 行以读写文本文件方式打开文件 string。程序第 13 行从键盘读入一个字符后进入循环,当读入字符不为回车符时,则把该字符写入文件之中,然后继续从键盘读入下一字符。每输入一个字符,文件内部位置指针向后移动一个字节。写入完毕,该指针已指向文件末。如要把文件从头读出,须把指针移向文件头,程序第 19 行 rewind 函数用于把 fp 所指文件的内部位置指针移到文件头。第 20 至 25 行用于读出文件中的一行内容。

【例 33】 把命令行参数中的前一个文件名标识的文件,复制到后一个文件名标识的文件中,如命令行中只有一个文件名则把该文件写到标准输出文件(显示器)中。

```
#include<stdio.h>
main(int argc,char *argv[])
{
FILE *fp1,*fp2;
char ch;
if(argc==1)
{
  printf("have not enter file name strike any key exit");
  getch();
  exit(0);
}
```

```
    if((fp1=fopen(argv[1],"rt"))==NULL)
    {
        printf("Cannot open %s\n",argv[1]);
        getch();
        exit(1);
    }
    if(argc==2) fp2=stdout;
    else if((fp2=fopen(argv[2],"wt+"))==NULL)
    {
        printf("Cannot open %s\n",argv[1]);
        getch();
        exit(1);
    }
    while((ch=fgetc(fp1))!=EOF)
        fputc(ch,fp2);
    fclose(fp1);
    fclose(fp2);
}
```

本程序为带参的 main 函数。程序中定义了两个文件指针 fp1 和 fp2,分别指向命令行参数中给出的文件。如命令行参数中没有给出文件名,则给出提示信息。程序第 18 行表示如果只给出一个文件名,则使 fp2 指向标准输出文件(即显示器)。程序第 25 行至 28 行用循环语句逐个读出文件 1 中的字符再送到文件 2 中。再次运行时,给出了一个文件名,故输出给标准输出文件 stdout,即在显示器上显示文件内容。第三次运行,给出了两个文件名,因此把 string 中的内容读出,写入到 OK 之中。可用 DOS 命令 type 显示 OK 的内容。

7. 字符串读写函数 fgets 和 fputs

(1)读字符串函数 fgets。

函数的功能是从指定的文件中读一个字符串到字符数组中,函数调用的形式为:

fgets(字符数组名,n,文件指针);

其中的 n 是一个正整数。表示从文件中读出的字符串不超过 n-1 个字符。在读入的最后一个字符后加上串结束标志'\0'。例如:

fgets(str,n,fp);

的意义是从 fp 所指的文件中读出 n-1 个字符送入字符数组 str 中。

【例 34】 从 string 文件中读入一个含 10 个字符的字符串。

```
#include<stdio.h>
main()
{
    FILE *fp;
```

```
    char str[11];
    if((fp=fopen("d:\\jrzh\\example\\string","rt"))==NULL)
    {
      printf("\nCannot open file strike any key exit!");
      getch();
      exit(1);
    }
    fgets(str,11,fp);
    printf("\n%s\n",str);
    fclose(fp);
}
```

本例定义了一个字符数组 str 共 11 个字节，在以读文本文件方式打开文件 string 后，从中读出 10 个字符送入 str 数组，在数组最后一个单元内将加上'\0'，然后在屏幕上显示输出 str 数组。输出的 10 个字符正是例 31 程序的前 10 个字符。

对 fgets 函数有两点说明：

①在读出 n-1 个字符之前，如遇到换行符或 EOF，则读出结束。

②fgets 函数也有返回值，其返回值是字符数组的首地址。

(2)写字符串函数 fputs。

fputs 函数的功能是向指定的文件写入一个字符串，其调用形式为：

fputs(字符串,文件指针);

其中字符串可以是字符串常量，也可以是字符数组名，或指针变量。例如：

fputs("abcd",fp);

其意义是把字符串“abcd”写入 fp 所指的文件之中。

【例 35】　在例 32 中建立的文件 string 中追加一个字符串。

```
#include<stdio.h>
main()
{
  FILE *fp;
  char ch,st[20];
  if((fp=fopen("string","at+"))==NULL)
  {
    printf("Cannot open file strike any key exit!");
    getch();
    exit(1);
  }
  printf("input a string:\n");
  scanf("%s",st);
  fputs(st,fp);
```

```
    rewind(fp);
    ch=fgetc(fp);
    while(ch! =EOF)
    {
      putchar(ch);
      ch=fgetc(fp);
    }
    printf("\n");
    fclose(fp);
}
```

本例要求在 string 文件末加写字符串,因此,在程序第 6 行以追加读写文本文件的方式打开文件 string。然后输入字符串,并用 fputs 函数把该串写入文件 string。在程序 15 行用 rewind 函数把文件内部位置指针移到文件首。再进入循环,逐个显示当前文件中的全部内容。

8. 数据块读写函数 fread 和 fwtrite

C 语言还提供了用于整块数据的读写函数,可用来读写一组数据,如一个数组元素、一个结构变量的值等。

读数据块函数调用的一般形式为:

    fread(buffer,size,count,fp);

写数据块函数调用的一般形式为:

    fwrite(buffer,size,count,fp);

其中,buffer 是一个指针,在 fread 函数中,它表示存放输入数据的首地址。在 fwrite 函数中,它表示存放输出数据的首地址。

size:表示数据块的字节数。

count:表示要读写的数据块块数。

fp:表示文件指针。

例如:

    fread(fa,4,5,fp);

其意义是从 fp 所指的文件中,每次读 4 个字节(一个实数)送入实数组 fa 中,连续读 5 次,即读 5 个实数到 fa 中。

【例 36】 从键盘输入两个学生数据,写入一个文件中,再读出这两个学生的数据,并显示在屏幕上。

```
#include<stdio.h>
struct stu
{
  char name[10];
  int num;
  int age;
```

```
  char addr[15];
}boya[2],boyb[2],*pp,*qq;
main()
{
  FILE *fp;
  char ch;
  int i;
  pp=boya;
  qq=boyb;
  if((fp=fopen("d:\\jrzh\\example\\stu_list","wb+"))==NULL)
  {
     printf("Cannot open file strike any key exit!");
     getch();
     exit(1);
  }
  printf("\ninput data\n");
  for(i=0;i<2;i++,pp++)
  scanf("%s%d%d%s",pp->name,&pp->num,&pp->age,pp->addr);
  pp=boya;
  fwrite(pp,sizeof(struct stu),2,fp);
  rewind(fp);
  fread(qq,sizeof(struct stu),2,fp);
  printf("\n\nname\tnumber age addr\n");
  for(i=0;i<2;i++,qq++)
  printf("%s\t%5d%7d %s\n",qq->name,qq->num,qq->age,qq->addr);
  fclose(fp);
}
```

本例程序定义了一个结构 stu,说明了两个结构数组 boya 和 boyb 以及两个结构指针变量 pp 和 qq。pp 指向 boya,qq 指向 boyb。程序第 16 行以读写方式打开二进制文件“stu_list”,输入两个学生数据之后,写入该文件中,然后把文件内部位置指针移到文件首,读出两块学生数据后,在屏幕上显示。

9. 格式化读写函数 fscanf 和 fprintf

fscanf、fprintf 函数与前面使用的 scanf 和 printf 函数的功能相似,都是格式化读写函数。两者的区别在于 fscanf 和 fprintf 函数的读写对象不是键盘和显示器,而是磁盘文件。

这两个函数的调用格式为:

```
fscanf(文件指针,格式字符串,输入表列);
fprintf(文件指针,格式字符串,输出表列);
```

例如:

```
fscanf(fp,"%d%s",&i,s);
fprintf(fp,"%d%c",j,ch);
```

用 fscanf 和 fprintf 函数也可以完成例 36 的问题。修改后的程序如例 37 所示。

【例 37】 用 fscanf 和 fprintf 函数成例 36 的问题。

```
#include<stdio.h>
struct stu
{
  char name[10];
  int num;
  int age;
  char addr[15];
}boya[2],boyb[2],*pp,*qq;
main()
{
  FILE *fp;
  char ch;
  int i;
  pp=boya;
  qq=boyb;
  if((fp=fopen("stu_list","wb+"))==NULL)
  {
    printf("Cannot open file strike any key exit!");
    getch();
    exit(1);
  }
  printf("\ninput data\n");
  for(i=0;i<2;i++,pp++)
    scanf("%s%d%d%s",pp->name,&pp->num,&pp->age,pp->addr);
  pp=boya;
  for(i=0;i<2;i++,pp++)
    fprintf(fp,"%s %d %d %s\n",pp->name,pp->num,pp->age,pp->
        addr);
  rewind(fp);
  for(i=0;i<2;i++,qq++)
    fscanf(fp,"%s %d %d %s\n",qq->name,&qq->num,&qq->age,qq->addr);
  printf("\n\nname\tnumber      age      addr\n");
    qq=boyb;
  for(i=0;i<2;i++,qq++)
```

```
    printf("%s\t%5d  %7d      %s\n",qq->name,qq->num, qq->age,
           qq->addr);
  fclose(fp);
}
```

与例 36 相比，本程序中 fscanf 和 fprintf 函数每次只能读写一个结构数组元素，因此采用了循环语句来读写全部数组元素。还要注意指针变量 pp,qq 由于循环改变了它们的值，因此在程序的 25 和 32 行分别对它们重新赋予了数组的首地址。

10. 文件的随机读写

前面介绍的对文件的读写方式都是顺序读写，即读写文件只能从头开始，顺序读写各个数据。但在实际问题中常要求只读写文件中某一指定的部分。为了解决这个问题可移动文件内部的位置指针到需要读写的位置，再进行读写，这种读写称为随机读写。

实现随机读写的关键是要按要求移动位置指针，这称为文件的定位。

11. 文件定位

移动文件内部位置指针的函数主要有两个，即 rewind 函数和 fseek 函数。

rewind 函数前面已多次使用过，其调用形式为：

rewind(文件指针)；

它的功能是把文件内部的位置指针移到文件首。下面主要介绍 fseek 函数。

fseek 函数用来移动文件内部位置指针，其调用形式为：

fseek(文件指针，位移量，起始点)；

其中，“文件指针”指向被移动的文件；“位移量”表示移动的字节数，要求位移量是 long 型数据，以便在文件长度大于 64 KB 时不会出错，当用常量表示位移量时，要求加后缀“L”；“起始点”表示从何处开始计算位移量，规定的起始点有 3 种：文件首、当前位置和文件尾。

其表示方法如表 7 所示。

表 7

起始点	表示符号	数字表示
文件首	SEEK_SET	0
当前位置	SEEK_CUR	1
文件末尾	SEEK_END	2

例如：

fseek(fp,100L,0)；

其意义是把位置指针移到离文件首 100 个字节处。

还要说明的是 fseek 函数一般用于二进制文件。在文本文件中由于要进行转换，故往往计算的位置会出现错误。

12. 文件的随机读写

在移动位置指针之后，即可用前面介绍的任一种读写函数进行读写。由于一般是读写一个数据块,因此常用 fread 和 fwrite 函数。

下面用例题来说明文件的随机读写。

13. 文件检测函数

C 语言中常用的文件检测函数有以下几个。

(1)文件结束检测函数 feof 函数。

调用格式:

```
feof(文件指针);
```

功能:判断文件是否处于文件结束位置,如果文件结束,则返回值为 1,否则为 0。

(2)读写文件出错,检测函数。

ferror 函数调用格式:

```
ferror(文件指针);
```

功能:检查文件在用各种输入输出函数进行读写时是否出错。如果 ferror 返回值为 0,则表示未出错,否则表示有错。

(3)文件出错标志和文件结束标志置 0 函数。

clearerr 函数调用格式:

```
clearerr(文件指针);
```

功能:本函数用于清除出错标志和文件结束标志,使它们为 0 值。

二、习题

(一)选择题

1. 当已存在一个 abc. txt 文件时,执行函数 fopen ("abc. txt","r++")的功能是________。

A. 打开 abc. txt 文件,清除原有的内容

B. 打开 abc. txt 文件,只能写入新的内容

C. 打开 abc. txt 文件,只能读取原有内容

D. 打开 abc. txt 文件,可以读取和写入新的内容

2. 若用 fopen( )函数打开一个新的二进制文件,该文件可以读也可以写,则文件打开模式是________。

A."ab+"　　B."wb+"　　C."rb+"　　D."ab"

3. 使用 fseek 函数可以实现的操作是________。

A. 改变文件的位置指针的当前位置

B. 文件的顺序读写

C. 文件的随机读写

D. 以上都不对

4. fread(buf,64,2,fp)的功能是________。

A. 从 fp 文件流中读出整数 64,并存放在 buf 中

B. 从 fp 文件流中读出整数 64 和 2,并存放在 buf 中

C. 从 fp 文件流中读出 64 个字节的字符,并存放在 buf 中

D. 从 fp 文件流中读出 2 个 64 个字节的字符，并存放在 buf 中

5. 以下程序的功能是________。

```
main( )
{FILE  *fp;   char str[ ] = "HELLO";   fp = fopen("PRN","w");   fpus(str,
fp);fclose(fp);  }
```

A. 在屏幕上显示"HELLO"

B. 把"HELLO"存入 PRN 文件中

C. 在打印机上打印出"HELLO"

D. 以上都不对

6. 若 fp 是指向某文件的指针，且已读到此文件末尾，则库函数 feof(fp) 的返回值是________。

A. EOF　　　　B. 0　　　　C. 非零值　　　　D. NULL

7. 以下叙述中不正确的是________。

A. 在 C 语言中的文本文件以 ASCII 码形式存储数据

B. 在 C 语言中，对二进制位的访问速度比文本文件快

C. 在 C 语言中，随机读写方式不使用于文本文件

D. 在 C 语言中，顺序读写方式不使用于二进制文件

8. 以下程序企图把从终端输入的字符输出到名为 abc. txt 的文件中，直到从终端读入字符#号时结束输入和输出操作，但程序有错。

```
#include <stdio. h>
main( )
{ FILE  *fout; char ch;
fout = fopen('abc. txt','w');
ch = fgetc(stdin);
while(ch! ='#')
{ fputc(ch,fout);
ch  = fgetc(stdin);
}
fclose(fout);
}
```

出错的原因是________。

A. 函数 fopen 调用形式有误

B. 输入文件没有关闭

C. 函数 fgetc 调用形式有误

D. 文件指针 stdin 没有定义

9. 若 fp 为文件指针，且文件已正确打开，i 为 long 型变量，以下程序段的输出结果是________。

```
fseek(fp, 0, SEEK_END);
```

```
i=ftell(fp);
printf("i=%ld\n", i);
```

A. -1　　　　B. fp 所指文件的长度,以字节为单位

C. 0　　　　D. 2

(二)填空题

1. C语言中根据数据的组织形式,把文件分为________和________两种。

2. 使用 fopen("abc","r+")打开文件时,若 abc 文件不存在,则________。

3. 使用 fopen("abc","w+")打开文件时,若 abc 文件已存在,则________。

4. C语言中文件的格式化输入输出函数对是________;文件的数据块输入输出函数对是________;文件的字符串输入输出函数对是________。

5. C语言中文件指针设置函数是________;文件指针位置检测函数是________。

6. 在C程序中,文件可以用________方式存取,也可以用________方式存取。

7. 在C程序中,数据可以用________和________两种代码形式存放。

8. 在C语言中,文件的存取是以________为单位的,这种文件被称作________文件。

9. feof(fp)函数用来判断文件是否结束,如果遇到文件结束,函数值为________,否则为________。

(三)程序填空题

1. 下面程序用变量 count 统计文件中字符的个数。请填空。

```
# include    <stdio.h>
main( )
{FILE   *fp;    long count=0;
   if((fp=fopen("letter.dat", __(1)__ ))= =NULL)
   {printf("cannot open file\n");   exit(0);   }
   while(! feof(fp))    { __(2)__ ; __(3)__ ;  }
   printf("count=%ld\n", count);    fclose(fp);     }
```

2. 以下程序的功能是将文件 file1.c 的内容输出到屏幕上并复制到文件 file2.c 中。请填空。

```
# include    <stdio.h>
main( )
  {FILE __(1)__ ;   fp1= fopen("file1.c", "r");    fp2= fopen("file2.c","w");
   while(! feof(fp1))    putchar(getc (fp1)); __(2)__
   while(! feof(fp1))    putc __(3)__ ;
   fclose(fp1);    fclose(fp2);   }
```

3. 以下程序中用户由键盘输入一个文件名,然后输入一串字符(用#结束输入)存放到此文件中形成文本文件,并将字符的个数写到文件尾部。

```
#include <stdio.h>
void main(void)
```

```
{
FILE *fp;
char ch,fname[32]; int count=0;
printf("Input the filename :");scanf("%s",fname);
if ((fp=fopen( ___(1)___ ,"w+"))= =NULL) {
  printf("Can't open file:%s \n",fname);
  exit(0);
  }
  printf("Enter data:\n");
  while ((ch=getchar())! ="#") {
    fputc(ch,fp);
    count++;
  }
  fprintf( ___(2)___ ,"\n%d\n",count);
  fclose(fp);
    }
```

(四)编程题

1. 编写一个程序,由键盘输入一个文件名,然后把从键盘输入的字符依次存放到该文件中,用"#"作为结束输入的标志。

2. 编写一个程序,建立一个 abc 文本文件,向其中写入"this is a test"字符串,然后显示该文件的内容。

3. 编写一程序,查找指定的文本文件中某个单词出现的行号及该行的内容。

4. 编写一程序 fcat. c,把命令行中指定的多个文本文件连接成一个文件。例如:

    fcat file1 file2 file3

它把文本文件 file1、file2 和 file3 连接成一个文件,连接后的文件名为 file1。

5. 编写一个程序,将指定的文本文件中某单词替换成另一个单词。

第四部分　习题答案

第1章　答案

(一)选择题

1~5　C B A C D　　6~10　C C A C B

11~14　A A C B

(二)填空题

1. 主函数　main 函数
2. 函数的说明部分　函数体
3. 最外层的一对大括弧内的部分
4. 变量定义部分　执行部分
5. 输入和输出函数
6. 函数
7. 省略

第2章　答案

(一)选择题

1~5	D D D A C	6~10	A A D D D
11~15	D A A D D	16~20	A C B B A
21~25	A A C A C	26~30	A C B B A
31~35	D D A B B	36~40	C C A B A
41~45	B A C C B	46~50	D A B C A
51~55	A A B D A	56~60	B B B C A
61~65	D B A C B	66~67	D C

(二)填空题

1. 基本类型　构造类型　指针类型　空类型
2. 数组类型　结构体类型　共用体类型
3. 整型　字符型　实型　枚举类型

4. 常量
5. 整型常量　实型常量　字符常量　字符串常量
6. 用一个标识符代表一个常量
7. 数值型常量
8. 大写　小写
9. 其值可以改变的量
10. 整型变量　实型变量　字符型变量
11. 数据类型　数据类型
12. 标识符
13. 字母　数字　下划线　字母　下划线
14. 使用
15. 十进制　十六进制　八进制
16. 基本型　短整型　长整型　无符号　int　short　long　unsigned
17. l 或 L
18. 小数形式　指数形式
19. 单精度　双精度
20. 单引号
21. 逗号
22. 变量初始化
23. fgab c de

hj k

注:第一行空白处分别为一个、三个空格

第二行空白处分别为六个、三个空格

24. -32 768 ~ +32 767
25. 字符形式　整数形式
26. A B
27. 32
28. 双引号
29. '\0'
30. 75.5
31. double
32. $-10^{38} \sim 10^{38}$
33. 双目
34. 左结合
35. x=3.600000,i=3
36. -3　4
37. 赋值表达式　算术表达式　关系表达式　逻辑表达式　条件表达式　逗号表达式
38. 表达式 2
39. 赋值　逗号　18　18　18　3
40. 9,11,9,10
41. 逗号
42. 强制类型转换

第3章　答案

（一）选择题

1～5　A　B　D　B　A　　6～10　A　B　B　A　D

11～15　D　A　A　C　D　　16～20　C　C　C　B　A

21～23　A　A　D

（二）填空题

1. 控制语句　空语句　复合语句　函数调用语句　表达式语句
2. 函数调用
3. 向终端输出一个字符
4. 在终端设备上（或系统隐含的输出设备上）按照指定的格式进行输出
5. 格式说明　普通字符
6. d　c　s
7. 小于　左　右
8. 连续两个%
9. 从终端输入一个字符
10. 地址　a在内存中的地址
11. 变量地址　变量名
12. 一个分号
13. 花括弧
14. 10<CR>40<CR>4<CR>4<CR>（<CR>表示回车换行符）
15. double a,b;　a+b　a-b　a * b　a/b
16. 65　A
17. 10<CR>40<CR>2,0<CR>3,0（<CR>表示回车换行符）
18. 32<CR>16,15<CR>40<CR>13,13（<CR>表示回车换行符）
19. 3.140000,3.141
20. a
<cr>

（三）编程题

1.
```
#include <stdio.h>
main( )
{char c1,c2;
 c1=getchar( );
 printf("%c,%d\n",c1,c1);
 c2=c1+'A'-'a';
 printf("%c,%d\n",c2,c2);
}
```

2.
```
#include <stdio.h>
#include <math.h>
main( )
```

```
{float  a,b,c,disc,x1,x2,realpart,imagpart;
 scanf("%f%f%f",&a,&b,&c);
 printf("the equation");
 if(fabs(a)<=1e-6)
   printf("is not quadratic");
 else disc=b*b-4*a*c;
 if(fabs(disc) <=1e-6)
    printf("has two equal roots:%8.4f\n",-b/(2*a));
    else  if (disc>1e-6)
    {x1=(-b+sqrt(disc))/(2*a);
     x2=(-b-sqrt(disc))/(2*a);
     printf("has distincr real roots: %8.4f\n",x1,x2);
       }
    else
      {realpart=-b/(2*a);
        imagpart=sqrt(-disc)/(2*a);
        printf("has complex roots:\n");
        printf("%8.4f+%8.4fi\n",realpart,imagpart);
        printf("%8.4f-%8.4fi\n",realpart,imagpart);
        }
    }
```

3. main( )

```
  {printf("I am a student. \n");
   printf("I love China. \n");
  }
```

第4章　答案

(一)选择题

1~5	B	A	D	B	B
6~10	A	C	D	B	D
11~15	A	D	A	B	A
16~20	C	D	C	D	C
21~25	B	C	A	D	A
26~30	A	C	C	B	B
31~35	D	B	C	B	A
36~40	D	A	D	A	A
41~43	C	C	D		

(二)填空题

1. else 与它前面最近的一个 if 配对

2. 由键盘输入一个数,打印出它的类型标识符

3. if(a<=b) {x=1; printf(" * * * * y=%d\n",y); }

   else { y=2; printf(" # # # # x=%d\n",x); }

4. (1) a= =0

(2)b= =0

(3) _derta<0

5. OK!

NO!

ERROR!

6. x=1 y=0

x=2

7. (1)x/10

(2)case 0： case 1： case 2： case 3： case 4： case 5：

(3)case 9：

8. a=b a<c t=b

9. (1)ch>='A'&& c<='Z' (2) ch=ch-32

10. -1

11. x=6

12. 根据条件判定值,从两种选择对象中,选取一个作为整个运算的结果

13. 整个条件表达式的结果就取自运算分量 b 的结果　整个条件表达式的结果就取自运算分量 c 的结果

14. ! && ||

15. (1)2 (2)3

CC

a=2,b=2,c=4

16. (1)a<b||a<c (2)a>c&&b>c (3)a<c||b<c (4)a%2! =0

17. 3,2,3,3

18. 01

19. (1)3 (2)2 (3)3

20. x>10&&x<100||x<0

21. 10110

(三)编程题

1.
```
#include  <math. h>
#include  <stido. h>
main( )
{float a,b,c,s,s1;
 printf("Please enter 3 reals:\n");
 scanf("%f%f%f",&a,&b,&c);
 if((a+b)>c&&(a+c)>b&&(b+c)>a)
   {s=(a+b+c)*0.5;
    s1=s*(s-a)*(s-b)*(s-c);
    s=sqrt(s1);
    printf("\nArea of the triangle is %f\n",s);
   }
  else
  printf("It is not triangle! \n");
  }
```

```
2. #include <stdio. h>
   #define pi 3. 14159
   main( )
   {int   k;
    float r,c,a;
    printf("input r,k\n");
    scanf("%f%d",&r,&k);
    switch(k)
    {case 1: a=pi * r * r; printf("area=%f\n",a);break;
    case 2: c=2 * pi * r;printf("circle=%f\n",c);break;
    cese 3: a=pi * r * r;c=2 * pi * r;printf("area=%f circle=%f\n",a,c);break;
    }
  }
3. main( )
    {int year,leap;
     scanf("%d",&year);
     if(year%4==0)
       {if(year%100==0)
          {if(year%400==0)
          leap=1;
       else   leap=0;
       }
     else   leap=1;
       }
    else   leap=0;
  if(leap)
    printf("%d is ",year);
  else   printf("%d is not ",year);
    printf(" a leap year\n");
  }
4. #include <math. h>
    main()
     {float x,y;
      scanf("%f",&x);
      if(x<0)   y=x*x;
      else   if(x>=0&&x<10)    y=-0.5 * x+10;
         else   y=x-sqrt(x);
       printf("y=%f",y);
      }
5. main()
    {float   score;
     scanf("%f",&score);
```

```
  if(score>=90)   printf("A");
   else if(score>=80)    printf("B");
       else if(score>=70)    printf("C");
          else if(score>=60)    printf("D");
            else    printf("E");
  }
```

6. main( )

```
  {int num,a,b,c,d,p;
  scanf("%d",&num);
   if(num<=9999&&num>999)    p=4;
     else if(num>99)    p=3;
       else   if(num>9)   p=2;
          else   if(num>0)   p=1;
   printf("位数是:%d\n",p);
   a=num/1000;
   b=num/100%10;
   c=num/10%10;
   d=num%10;
   switch(p)
   {case 4:printf("%d%d%d%d\n",d,c,b,a);
      case 3:printf("%d%d%d \n",d,c,b);
      case 2:printf("%d%d\n",d,c);
      case 1:printf("%d \n",d);
   }
  }
```

第5章　答案

(一)选择题

1～5	A	C	C	C	B	6～10	D	D	A	C	B
11～15	A	B	A	B	A	16～20	B	B	C	A	C
21～25	A	A	A	B	B	26～30	D	B	D	D	C
31～35	C	D	C	A	B	36	D				

(二)填空题

1. 先判断条件是否成立(为真),若成立(为真)再执行循环语句　先执行循环语句,再判断条件是否成立(为真),若成立,则继续执行循环;若不成立,则结束循环。do…while 至少执行一次循环语句

2. 表达式1;

   while(表达式2)

   表达式3;

3. 终止包含它的最内层循环的执行,或从 switch…case 语句中跳出,执行后面的语句

4. switch…case　循环

5. 结束本次循环执行

6. 结束本次循环,后进行循环的条件判定,即不终止整个循环的执行过程　终止整个循环的执行,不再进行条件判定

7. 一个循环体内包括另一个完整的循环结构

8. 18 或 19

9. 与 if 语句构成循环结构　从循环体内转到循环体外

10. 先判断表达式,后执行语句　先执行语句,后判断表达式

11. 表达式 1;

```
while(表达式 2)
{语句;
  表达式 3;
}
```

12. 字母　数字　下划线

(三)填空题

1. (1)x>=0

(2)x<amin

2. (1)s=0

(2)m%n==0

(3)s==m

3. (1)new>=1e-6

(2)i++

(四)读程序写结果题

1. 3,3

2. 3

3. 47

4. 8921

5. s=6

6. 8

7.
```
*
* *
* * *
* * * *
```

8.
```
#&
*
```

9.
```
* * * * * *
 *     *
*     *
* * * * * *
```

(五)编程题

1.
```
mian( )
{int n=0,m=0,temp,r;
  printf("Please Input m and n value:\n");
```

```
    scanf("%d%d",&m,&n);
    if(m>n)
     {temp=m;
      m=n;
      n=temp;
      }
  r=m%n;
  while(r!=0)
  {m=n;
  n=r;
  r=m%n;
  }
  printf("The MAX Factor is %d\n",n);
  }
```

2.
```
#include  <stdio.h>
    main( )
    {int n=1,m=0,k,mod_mn=1;
     printf("Please Input m value:\n");
     scanf("%d",&m);
     n=1;
     for(k=0;;k++)
       {mod_mn=m/(n*10);
        printf("%d",(m-mod_mn*n*10)/n);
        if(mod_mn==0) break;
        n*=10;
        }
    }
```

3.
```
#include <stdio.h>
    main( )
    {int l,m,n,answer_flag=0;
     n=1;
     printf("Big Rooster,Hen,Chickabiddy\n");
     for(l=0;l<=20;l++)
       for(m=0;m<=(100-l*5)/3;m++)
          {n=(100-l*5-m*3)*3;
           if(l*m*n>0&&l+m+n==100&&(l*5+m*3+n/3)==100)
              {printf("%-4d%-4d%-4d\n",l,m,n);
               answer_flag=1;
               }
           }
       if(answer_flag==0)
          printf("Not Answer");
```

```
}
Big Rooster,Hen,Chickabiddy
   4        18      78
   8        11      81
  12         4      84
```

4.

```
#include <stdio.h>
#include <math.h>
main( )
{int k,l,m,n=0;
   printf("Please Input n:\n");
   for(m=101;m<=200;m+=2)
     {if(n%10==0)   printf("\n");
      k=sqrt(m);
      for(l=2;l<=k;l++)
        if(m%l==0) break;
      if(l>=k+1) {printf("%d",m); n++; }
     }
}
```

101 103 107 109 113 127 131 137 139 149

151 157 163 167 173 179 181 191 193 197

199

5.

```
#include <stdio.h>
main( )
{int l,m,n,answer_flag=0;
 n=1;
 printf("\n1Cent Coin,2Cent Coin,5Cent Coin\n");
 for(l=0;l<=100;l++)
   for(m=0;m<=(100-l)/2;m++)
     {n=(100-l-m*2)/5;
      if(l+m*2+n*5==100)
       {printf("%-4d%-4d%-4d\n",l,m,n);
         answer_flag+=1;
        }
     }
   if(answer_flag==0)
      printf("Not Answer");
   else   printf("Total of Exchange Method is %d",answer_flag);
}
```

共有 541 种换法。

6.

```
#include <stdio.h>
main( )
{int m1,n1,n,k,temp;
```

```
    float s=0;
    printf("Please Input n:\n");
    scanf("%d",&n);
    m1=1;
    n1=2;
    for(k=0;k<n;k++)
    {s+=(float)n1/m1;
     temp=m1;
     m1=n1;
     n1=temp+n1;
     }
     printf("\ns=%f",s);
    }
```

前20项的和为32.660259。

7.
```
#include <stdio.h>
   main( )
   {int k,l,n;
    double e=1,fact_k=1;
    printf("Please Input n:");
    scanf("%d",&n);
    for(k=1;k<=n;k++)
    {fact_k=1;
     for(l=1;l<=k;l++)
     fact_k *=l;
     e+=1/(double)fact_k;
     }
     printf("e=%lf",e);
}
```

Please Input n:100

结果为:e=2.718 282。

8.
```
#include <stdio.h>
   main( )
   {int k,l,m,n;
    printf("Please Input n:\n");
    scanf("%d",&n);
    for(k=1;k<=n;k++)
    {for(m=0,l=1;l<=k/2;l++)
      if(!(k%l))    m+=l;
    if(m==k)   printf("%4d",k);
    }
   }
```

结果为:6　28 496。

9. #include <stdio. h>
```
main( )
{int year=0,number=0;
for(year=2000;year<3000;year++)
{if((year%4= =0&&year%100! =0)||year%400= =0)
    {printf("%d",year);
     number++;
     if(number%10= =0)   printf("\n");
     }
  }
  printf("\ntotal number of leap year is %d",number);
}
```
10. #include <stdio. h>
```
main( )
{int j,k;
  printf("\n");
  for(j=1;j<10;j++)
  {for(k=1;k<=j;k++)
   printf("%d * %d=%-4d",k,j,j * k);
   printf("\n");
   }
  }
```
11. main( )
```
{inti,j,k,n;
 printf("'水仙花'数是:");
 for(n=100;n<1000;n++)
 {i=n/100;
  j=n/10-i * 10;
  k=n%10;
  if(i * 100+j * 10+k=i * i * i+j * j * j+k * k * k)
   {
     printf("%d",n);
     }
   }
printf("\n");
}
```
“水仙花”数是:153 370 371 407。

12. #include <stdio. h>
```
mian( )
{int k,sum=0,sign=1;
  for(k=1;k<=101;k+=2)
   {sum+=k * sign;
```

```
      sign * =-1;
      }
    printf(" \nsum=%d",sum);
    }
13. #include  <stdio.h>
    mian( )
    {int k,l,n;
     double sum=0,fact_k=1;
     printf("Please Input n:");
     scanf("%d",&n);
     for(k=1;k<=n;k++)
      {fact_k=1;
       for(l=1;l<=k;l++)
        fact_k * =l;
       sum+=fact_k;
      }
     printf("sum=%.2lf",sum);
    }
14. #include <stdio.h>
   main( )
   {int k,l,n,a;
    double sum=0,fact_k=1;
    printf("Please Input n and a value:");
    scanf("%d%d",&n,&a);
    for(k=1;k<=n;k++)
    {fact_k=0;
    for(l=1;l<=k;l++)    fact_k=fact_k * 10+a;
    sum+=fact_k;
    }
printf("sum=%.2lf",sum);
}
15. #include  <stdio.h>
   #include  <math.h>
   main( )
   {int n,a;
    double x1,x2,e=1;
    printf("\nPlease Input a value:");
    scanf("%d",&a);
    x1=1;
    for(n=1;e>0.00001;n++)
      {x2=(x1+a/x1)/2;
       e=fabs(x2-x1);
```

```
    x1=x2;
    }
  printf("sqrt(%d)=%lf",a,x1);
 }
```

16. 第10次落地时共经过299.609 375米,第10次反弹高度为0.097656米。

```
#include  <stdio.h>
mian( )
{int n,k;
double  x1,x2,sum=0;
printf("\nPlease Input times value:");
scanf("%d",&k);
x1=100;
sum=100;
for(n=0;n<k;n++)
  {x2=x1/2;
  sum+=2*x2;
  x1=x2;
  }
sum-=x2*2;
printf("High of %d times =%lf",k,x1,sum);
}
```

17. main()

```
{float a=1,b,pi,t=1;
while(t>=1e-6)
{pi=pi+t;
a++;
b=a*a;
t=1/b;
}
pi=pi*6;
printf("pi=%f",pi);
}
```

第6章　答案

(一)选择题

1~5	B	D	D	D	C	6~10	D	A	B	A	D
11~15	D	C	B	A	C	16~20	C	D	B	C	A
21~25	D	B	D	B	D	26~30	B	C	B	B	C
31~35	A	A	D	B	D	36~40	D	B	D	C	C
41~45	D	C	A	B	D	46~50	A	D	A	B	A

(二)判断题

1　×　2　✓　3　✓　4　×　5　✓　6　✓　7　×

8　×　9　×　10　×　11　×　12　×　13　✓　14　✓

15　×　16　×　17　×　18　✓　19　✓　20　×　21　✓

22　✓　23　×　24　×　25　✓

(三)填空题

1. 标识符

2. 常量　符号常量　变量

3. 0　数据类型

4. 逐个引用　整个数组

5. static

6. 可以省略

7. 按行存放

8. 行标　列标

9. m-1　n-1

10. 字符数组

11. 数组名

12. 不做

13. \0

14. gets(s1);

15. he

(四)程序填空题

1. (1)sum=0;　(2)sum=sum+a[i];　(3)sum/10;

2. (1)i==j　(2)a[i][j]

3. (1)i<10 或者 i<=9(2)a[i]-a[i-1]　(3)i%3==0

4. (1)a[i]>b[j]　(2)i<3　(3)j<5

5. (1)b[j]! ='\0'　(2)a[i]='\0'

6. (1)a[i][0]=1　(2)a[i][i]=1　(3)a[i-1][j-1]+a[i-1][j]

7. (1)'\0'　(2)s[j]=s[i]　(3)j++

8. (1)i<3　(2)a[i][j]+b[i][j]　(3)" \n"

(五)读程序写结果题

1. you&me

2. 21

3. 6

4. a　b　c　d　e

5. 1　5　9　2　6　10　3　7　11　4　8　12

6. AzyD

7. 5 7 4 8 9 1

   1 5 7 4 8 9

   9 1 5 7 4 8

   8 9 1 5 7 4

4 8 9 1 5 7
7 4 8 9 1 5

8.

```
#####
* ####
* * ###
* * * ##
* * * * #
* * * * *
```

9.

0123
1234
2345
3456

10.

ab
c
d

11. 10 4 6 8 2 4 6 12 2

(六)程序设计题

1.
```
main()
    {int i=0,j=0,a[3][3],s1,s2;
    for(i=0;i<3;i++)
      for(j=0;j<3;j++) scanf("%d",&a[i][j]);
    s1=a[0][0]+a[1][1]+a[2][2];
    s2=a[0][2]+a[1][1]+a[2][0];
    printf("s1=%d,s2=%d\n",s1,s2);
    }
```

2.
```
main()
{
   int a[9],i,temp;
   for(i=0;i<10;i++)
       scanf("%d",&a[i]);
   for(i=0;i<10;i++)
        printf("%d    ",a[i]);
   printf("\n");
   for(i=0;i<5;i++)
   {
        temp=a[i];
        a[i]=a[9-i];
        a[9-i]=temp;
   }
```

```
    for(i=0;i<10;i++)
        printf("%d    ",a[i]);
    printf("\n");
}
```

3. main()

```
{
    int a[8]={2,8,7,6,4,28,70,25};
    int b[8]={79,27,32,41,57,66,78,80};
    int c[8],i;
    for(i=0;i<8;i++)
        c[i]=a[i]+b[i];
    for(i=0;i<8;i++)
        printf("%d\t",a[i]);
    printf("\n");
    for(i=0;i<8;i++)
        printf("%d\t",b[i]);
    printf("\n");
    for(i=0;i<8;i++)
        printf("%d\t",c[i]);
    printf("\n");
}
```

4. main()

```
{
int a[4][4]={{25,36,78,13},{12,26,88,93},{75,18,22,32},{56,44,36,58}};
int dui1=0,dui2=0,i,j,temp;
for(i=0;i<4;i++)
    for(j=0;j<4;j++)
    {
        if(i==j)
            dui1+=a[i][j];
        if(i+j==3)
            dui2+=a[i][j];
    }
    for(i=0;i<4;i++)
    {
        for(j=0;j<4;j++)
            printf("%d\t",a[i][j]);
        printf("\n");
    }
    printf("dui1=%d\tdui2=%d\n",dui1,dui2);
    for(i=0;i<4;i++)
    {
```

```
      temp=a[0][i];
      a[0][i]=a[2][i];
      a[2][i]=temp;
   }
  for(i=0;i<4;i++)
   {
   for(j=0;j<4;j++)
       printf("%d\t",a[i][j]);
   printf("\n");
   }
}
```

6.
```
main()
        {int i,j,a[100];
          for(i=2;i<100;i++)
            {a[i]=i;
               for(j=2;j<=i;j++)
                 {if(j<i) if(a[i]%j==0) break;
                  if(a[i]-j==0) printf("%5d",a[i]);}
               }
          printf("\n");
        }
```

或

```
#include"math.h"
main()
{static int i,j,k,a[98];
   for(i=2;i<100;i++)
     {a[i]=i;k=sqrt(i);
      for(j=2;j<=a[i];j++)
      if(j<k) if(a[i]%j==0) break;
      if(j>=k+1) printf("%5d",a[i]);
     }
   printf("\n");
}
```

7.
```
main()
{inti,array[10];
  int min,k=0;
  printf("\nPlease input array 10 elements\n");
  for(i=0;i<10;i++)
     scanf("%d",&array [i]);
  printf("Before exchange:\n");
  for(i=0;i<10;i++)
     printf("%5d",array[i]);
```

```
    min=array[0];
    for(i=1;i<10;i++)
       if(min>array[i])
       {min= array[i];   k=i; }
    array[k]=array[0];
    array[0]=min;
    printf("\nAfter exchange:\n");
    for(i=0;i<10;i++)
        printf("%5d",array[i]);
    printf("\nk=%d\nmin=%d\n",k,min);
    }
```

8.
```
#include"stdio.h"
main()
{
    char str[40];
    int alphabet=0,digit=0,space=0,other=0,i=0;
    printf("please input a srting:\n");
    gets(str);
    while(str[i]! ='\o')
       {
if((‘A'<=str[i])&&(str[i]<='Z')||&&(‘a'<=str[i])&&(str[i]<='z'))
       ++alphabet;
         else if(str[i]==' ')   ++space;
           else if((str[i]<='9')&&(str[i]>='0'))
                  ++digit;
                else ++other;
    }
Printf("%d,%d,%d,%d",alphabet,space,digit,other);
}
```

9.
```
main()
{int a[7][7],i,j,k;
for(i=0;i<7;i++)
   for(j=0;j<7;j++)
      {if(i==j||i+j==6)
         a[i][j]=1;
         if(i<j&&i+j<6)a[i][j]=2;
          if(i>j&&i+j<6)a[i][j]=3;
          if(i<j&&i+j>6)a[i][j]=4;
          if(i>j&&i+j>6)a[i][j]=5;}
for(i=0;i<6;i++)
{ for(j=0;j<6;j++)
    printf("%2d",a[i][j]);
```

```
    printf("\n");}}
10. #define N 10
#define M 10
main()
{
    intI,j,m,n,flag1,flag2,a[N][M],max,maxj;
    /*输入二维数组 array1*/
    printf("输入二维数组的行数:");
    scanf("%d",&n);
    printf("输入二维数组的列数:");
    scanf("%d",&m);
    printf("输入二维数组:\n");
    for(i=0;i<n;i++)
      for(j=0;j<m;j++)
        {
          prinf("请输入 a[%2d][%2d]:",I,j);
          scanf("%d",&a[i][j]);
        }
    printf("\n");
    /*输出数组*/
    prinf("二维数组为:\n");
    for(i=0;i<n;i++)
      {
        for(j=0;j<m;j++) printf("%d\t",a[i][j]);
        printf("\n");
      }
    /*寻找鞍点*/
    flag2=0;  /*flag2 作为数组中是否有鞍点的标志*/
    for(i=0;i<n;i++)
      {
        max=a[i][0];
        for(j=0;j<m;j++)
            if(a[i][j]>max)
              { max=a[i][j];
                maxj=j;
              }
        for(k=0,flag1=1;k<n&&flag1;k++)/*flag1 作为行中的最大值是否就是鞍点的标志*/
            if(max>a[k][maxjj])/*判断行中的最大值是否也是列中的是大值*/
                flag1=0;
        if(flag1)
            { printf("\n第%d行第%d列的%d是鞍点\n",j,maxj,max);
              flag2=0;
```

```
        }
    }
    if(! flag2) printf("\n 无鞍点! \n");
}
```

第7章　答案

(一)选择题

1~5	A	B	B	D	B	6~10	B	D	A	A	D
11~15	A	D	D	B	A	16~20	B	C	B	A	A
21~25	A	D	B	C	C	26~30	C	B	D	C	D
31~35	C	C	A	D	D	36~40	A	B	B	B	B

(二)填空题

1. 程序中的 main( )函数

2. 函数说明部分　函数体

3. a[0]=1,a[1]=2　单向值传递,不能返回交换后的值

4. a[0]=2,a[1]=1　因实参是地址,已对指定地址中的内容进行了交换

5. fun(double　b[][])

6. 包含它的函数　调用函数

(三)程序填空题

7. (1)d=a*b/c

(2)num1<num2

(3)x%y

8. (1)break

(2)getchar( )

3. (1)(int)((value*10+5)/10)

4. (1)2*i+1

(2)a(i)

(3)a(i)

5. (1) j

(2) str[j-1]

6. (1)n*fac(n-1)

(2)fac(n)

7. (1)i<10

(2)array[i]

(3)average(score)

(四)读程序写结果

9. 15

10. i=7;j=6;x=7<cr>　i=2;j=7;x=5;<cr>

11. 111

12. A+B=9

13. 123

14. 246

15. 1:a=1,b=1
   2:a=1,b=2
   3:a=1,b=3

16. x=9
   x=10

17. 9

18. input a integer number:5
   5! =120

19. 21

20. 777

21. 15

22. 0

23. sum=6

(五)编程题

1.
```
main( )
 {float grade[10],i,aver;
  for(i=0;i<10;i++)
     scanf("%f",grade[i]);
  aver=fensu(grade,10)
 for(i=0;i<10;i++)
  if(grade[i]>aver)   printf("%f",grade[i]);
 }
 fensu(float a[10],int n)
 { float sum=0,pj;
  for(i=0;i<n;i++)
    sum=sum+a[i];
 pj=sum/n;
 return(pj);
 }
```

2.
```
#include <stdio.h>
func(int num)
{int s=0;
num=abs(num);
do
{s+=num%10;
   num/=10;
  }while(num);
}
main( )
{int n;
```

```
printf("输入一个整数:");
scanf("%d",&n);
printf("结果:%d",func(n));
}
```

3.
```
double add(double x,double y)
   {return x+y;   }
```

4.
```
double mypow(double x,int y)
{inti; double p;
p=1.0;
for(i=1;i<=y;++i)   p=p*x ;
return p;
}
```

5.
```
sum(int n)
{inti,k=0;
   for(i=0;i<=n;i++)   k+=i;
    return k;
}
```

6.
```
fun(int x,int y)
{int z;
   z=fabs(x-y);
   return(z);
}
```

7.
```
isprime (int a)
{int i;
for(i=2;i<sqrt((double)a);i++)
      if(a%i= =0) return 0;
   return1;
   }
```

8.
```
#include "stdio.h"
main()
{int i=5;
   void palin(int n);
   printf("\40:");
   palin(i);
   printf("\n");}
void palin(int n)
{char next;
if(n<=1)
   {next=getchar();
   printf("\n\0:");
   putchar(next); }
else
```

```
  { next=getchar( ) ;
  palin( n-1) ;
  putchar( next) ; }
}
9. #include "stdio. h"
main( )
{ int i,n;
  int fact( ) ;
  scanf( "%d" ,&n) ;
  for( i=0;i<n;i++)
  printf( "%d!  =%d\n" ,i,fact( i) ) ;
  }
int fact( int j)
{ int sum;
  if( j= =0)
  sum=1;
  else
  sum=j * fact( j-1) ;
  return sum;
  }
10. main( )
  { float average( float b[ ] ) ;
  void sort( float b[ ] ) ;
   float a[10] ,j,aver;
   for( j=0;j<10;j++)
     scanf( "%f" ,&a[j]) ;
   aver=average( a) ;
   printf( "aver=%f\n" ,aver) ;
   sort( a) ;
   for( j=0;j<10;j++)
   printf( "%.2f   " ,a[j]) ;
   }
   float average( float b[  ])
   { int j;   float sum=0,aver;
   for( j=0;j<10;j++)
        sum=sum+b[i];
  aver=sum/10.0;
  return( aver) ;
  }
  void sort( float b[  ])
   { int i,j,max,k;
    for( i=0;i<10;i++)
```

```
 {max=b[i]; k=i;
for(j=i+1;j<10;j++)
 if(max<b[j])  {max=b[j]; k=j;}
 b[k]=b[i];
 b [i]=max;}
 }
```

11. main( )

```
 {int a[4][4],i,j,sum;
 for(i=0;i<4;i++)
   for(j=0;j<4;j++)
     scanf("%d",&a[i][j]);
   sum=he(a);
   huan(a);
   printf("sum=%d",sum);
   }
   he(int b[ ][ ])
   { inti,j,sum=0;
     for(i=0;i<4;i++)
       for(j=0;j<4;j++)
         if(i= =j) sum=sum+b[i][j];
          else if(i+j= =3)   sum=sum+b[i][j];
       return(sum);
     }
   huan(int b[][])
   {int c[4][4], i,j;
     for(i=0;i<4;i++)
       for(j=0;j<4;j++)
         c[j][i]=b[i][j];
      for(i=0;i<4;i++)
       {for(j=0;j<4;j++)
        printf("%d",c[i][j]);
        printf("\n");
        }
     }
```

12. main( )

```
{ void tongji(char c[ ],char d[ ]);
  char zuida(char c[ ]);
  char a[10],b[10],max1,max2;
  inti;
    for(i=0;i<10;i++)
  scanf("%c",&a[i]);
  for(i=0;i<10;i++)
```

```
    scanf( " %c" ,&b[i]);
  max1 = zuida(a);
  max2 = zuida(b);
  printf(" max1 = %c, max2 = %c" , max1 , max2);
  tongji(a,b);
  }
  char zuida(char c[ ])
  {inti; char max = c[0];
   for(i = 1;i<10;i++)
   if(max<c[i])      max = c[i];
  return(max);
  }
  void tongji(char c[ ],char d[ ])
  {inti,da = 0,deng = 0,xiao = 0;
  for(i = 0;i<10;i++)
   if(c[i]>d[i])      da++;
   else if(c[i]= =d[i])   deng++;
     else   xiao++;
  printf(" da = %d,deng = %d,xiao = %d" ,da,deng,xiao);
}
```

第 8 章　答案

(一)选择题

1～5	B	C	B	C	B	6～10	C	D	D	A	D
11～15	D	C	C	C	B	16～20	B	D	D	B	B
21～25	D	C	B	C	B	26～30	C	A	A	A	B
31～35	C	D	B	D	C	36～40	C	C	C	B	D
41～45	C	B	D	A	C	46～50	B	B	B	D	C
51～55	B	D	D	B	A	56～60	C	D	C	D	D
61～65	C	C	B	A	D	66～70	D	A	B	B	B

(二)填空题

1. 12　12

2. (1)地址常量　(2)数组名

3. 返回一个指向整型值的指针的函数　指向一个返回整型值的函数的指针

4. 地址　NULL(或'\0',0 或空值)

5. 0

6. int ＊z

7. ＊(p+5)或 p[5]

8. &a[i]　a+i　＊(a+i)

9. &a[i][j]　a[i]+j　数组第 i 行元素的首地址(或是由数组第 i 行元素组成的一维数组的数组名)　地址值(或第 i 行元素组成的一维数组的首地址)

10.4

11.指针数组

12.p是由4个指针组成的指针数组　p是一个指针变量,它指向4个整型元素组成的数组

13.*(p+5)或p[5]

(三)程序填空题

1.(1)num= *b

　(2)num= *c

2.(1)'\0'

　(2)s

3.(1)s+n-1

　(2)p1<p2

　(3)p2--

4.(1)'\0'

　(2)n++

5.(1)findbig

6.(1) *x

　(2)t

7.(1) *s1 = = *s2

　(2)s2++

　(3) *s1- *s2

8.(1)i

　(2)return(1);

9.(1)s[i]>='0'&&s[i]<='9'

　(2)'\0'

10.(1) *max< *p

　(2) *p;

　(3) *min> *p

　(4) *　p;

(四)读程序写结果

1.i=10,j=2

2.10

3.5,2

4.i=15

5.ch=f

6.s=24

7.654321

8.6385

9.xbcdBCD

10.10

11.8

12.9

13.CDG

14.80,-20

15. GFEDCB
16. PEOPLEpeople and computer
17. 1,2,3
18. 2,3,4
19. 404,404
404,404,
404,404
412,412
412,412
420,420
420,420
5,5

(五)编程题

1.
```
#include <stdio.h>
main( )
{char *str;
 printf("输入一字符串:");
 gets(str);
 printf("[%s]的长度为:%d\n",str,string_length(str));
}
string_length(char *s)
{int len=0;
while(*s++)
     len++;
return(len);
}
```

2.
```
#include <stdio.h>
main( )
{char *months[ ]={"January","February","March","April","May","June","July","August","September","October","November","December"};
  int n;
  printf("月份:");
  scanf("%d",&n);
  if(n<=12&&n>=1)
    printf("%d月的英文名称是%s\n",n,*(months+n-1));
  else
    printf("输入的月份无效! \n");
}
```

3.
```
#include <stdio.h>
main( )
{static char x[ ]="computer";
 char *p;
 for(p=x;p<x+7;p+=2)
```

```
        putchar( * p);
    printf("\n");
}
```

4.
```
#include <stdio.h>
#include <string.h>
main( )
{int m;
 char   str1[80],str2[80];
 printf("Input a string:\n");
 gets(str2);
 printf("Input m:\n");
 scanf("%d",&m);
 if(strlen(str2)<m)
   printf("Err input! \n");
else   {copystr(str1,str2,m);
        printf("Result is:\n",str1);
        }
}
copystr(char * p1,char * p2,int m)
{int n=0;
 while(n<m-1)
    {p2++,n++;   }
 while( * p2! ='\0')
    { * p1= * p2;p1++;p2++;   }
  * p1='\0';
 }
```

5.
```
#include <stdio.h>
main( )
{int b[10],position,num,k, * q1, * q2,temp;
 printf("Input 10 sorted numbers\n");
 for(k=0;k<10;k++)
       scanf("%d",&b[k]);
   printf("\nInput the position:\n");
   scanf("%d",& position);
   printf("\nInput the number of data that be sorted again:\n");
   scanf("%d",&num);
   printf("The old array b is:\n");
    for(k=0;k<10;k++)
        printf("%4d",b[k]);
   printf("\n");
   q1=&b[position-1];
   q2=&b[position-2+num];
   for(;q1<&b[position-1]+num/2;q1++,q2--)
```

```
        {temp= *q1;   *q1 = *q2;   *q2=temp;  }
      printf("The new array b is:\n");
      for(k=0;k<10;k++)
        printf("%4d",b[k]);
      }
6. main( )
   {int i,j,a[6]={2,4,6,8,10,12}, *p[3];
    for(i=0;i<3;i++)    p[i]=&a[2*i];
    for(i=0;i<3;i++)
      { for(j=0;j<2;j++)    printf("%4d",p[i][j]);
        printf("\n");
      }
   for(i=0;i<2;i++)
      { for(j=0;j<3;j++)    printf("%4d",p[j][i]);
        printf("\n");
      }
   }
7. #include "stdio.h"
 main()
 {float peven(),podd(),dcall();
   float sum;
   int n;
   while (1)
   {scanf("%d",&n);
   if(n>1)
   break;}
   if(n%2==0)
   {printf("Even=");
   sum=dcall(peven,n);}
   else
   {printf("Odd=");
     sum=dcall(podd,n);}
     printf("%f",sum);
   }
   float peven(int n)
   {float s;
     int i;
     s=1;
     for(i=2;i<=n;i+=2)
     s+=1/(float)i;
     return(s);
   }
 float podd(int n)
```

```
{float s;
  int i;
  s=0;
  for(i=1;i<=n;i+=2)
  s+=1/(float)i;
  return(s);
  }
float dcall(fp,n)
  float (*fp)();
  int n;
  {float s;
  s=(*fp)(n);
  return(s);
  }
```

8.
```
#include <stdio.h>
main( )
{inti,j,temp,data[10],*p;
 printf("\nInput 10 integer\n");
for(i=0;i<10;i++)
   scanf("%d",&data[i]);
 p=data;
 printf("The Old Values are:\n");
for(i=0;i<10;i++)
   printf("%d",data[i]);
 printf("\n");
for(i=0;i<9;i++)
  for(j=i+1;j<10;j++)
           if(*(p+i)>*(p+j))
       {temp=*(p+i);
        *(p+i)=*(p+j);
        *(p+j)=temp;
        }
  printf("The New Values are:\n");
  for(i=0;i<10;i++)
     printf("%d",data[i]);
  }
```

9.
```
#include <stdio.h>
#include <string.h>
 void funct(int(*array)[4],int m,int n)
 {int i,j,max,line=0,col=0;
  int (*p)[4];
  max=array[0][0];
  p=array;
```

```
    for(i=0;i<m;i++)
      for(j=0;j<n;j++)
       if(max<p[i][j])
         {max= p[i][j];
         line=i;
         col=j;
         }
    printf("max=%d,line=%d,col=%d",max,line,col);
    }
    main( )
    {int data[3][4],i,j;
     printf("\nInput 12 integer:\n");
     for(i=0;i<3;i++)
       for(j=0;j<4;j++)
         scanf("%d",&data[i][j]);
       for(i=0;i<3;i++)
         {for(j=0;j<4;j++)
         printf("%4d",data[i][j]);
           printf("\n");
           }
         funct(data,3,4);
  }
10. #include <stdio.h>
   main( )
   {int data[10],m,n,j, *p1, *p2,temp;
    printf("\nInput 10 integer\n");
    for(j=0;j<10;j++)
      scanf("%d",&data[j]);
    printf("Input m and n:\n");
    scanf("%d%d",&m,&n);
    if(m<1||m>10||n<1||n>10||(m+n)>11)
     {printf("Input Error! \n");
      exit(0);
      }
    sort(data,10);
    printf("Result of sort is:\n");
    for(j=0;j<10;j++)
      printf("%d",data[j]);
    printf("\n");
    p1=data+m-1;
    p2=data+m+n-2;
    for( ;p1<data+m-1+n/2;p1++,p2--)
     {temp= *p1;   *p1= *p2;   *p2=temp; }
```

```
    printf("Final Result is:\n");
    for(j=0;j<10;j++)
      printf("%d",data[j]);
    }
sort(int *p,int n)
{inti,j,temp;
for(i=0;i<n-1;i++)
  for(j=i+1;j<n;j++)
    if(*(p+i)>*(p+j))
      { temp=*(p+i);
        *(p+i)=*(p+j);
        *(p+j)=temp;
      }
  }
11.#include <stdio.h>
   int *funct(int *array,int n);
   main( )
   {int data[10],j,*p;
    printf("Input 10 integers\n");
    for(j=0;j<10;j++)
      scanf("%d",&data[j]);
    p=funct(data,10);
    printf("The MAX is:\n%d",*p);
    }
    int *funct(int *array,int n)
    {int max,j,*p,position=0;
     max=*array;
     p=array;
     for(j=1;j<n;j++)
       {if(max<*(p+j))
          {max=*(p+j);
           position=j;
           }
       }
     return(p+position);
}
12.#include <stdio.h>
  main( )
  {inti,data[10];
   printf("\nInput 10 integer\n");
   for(i=0;i<10;i++)
     scanf("%d",&data[i]);
   printf("The Old Values are:\n");
```

```
    for(i=0;i<10;i++)
      printf("%d",data[i]);
    printf("\n");
    sort(data,10);
    printf("The New Values are:\n");
    for(i=0;i<10;i++)
        printf("%d",data[i]);
    }
sort(int *p,int n)
{inti,j,temp;
   for(i=0;i<n-1;i++)
      for(j=i+1;j<n;j++)
         if(*(p+i)>*(p+j))
            {temp=*(p+i);
              *(p+i)=*(p+j);
              *(p+j)=temp;
              }
      }
```

第9章　答案

(一)选择题

1～5　D　C　D　C　D　　6～10　B　A　A　D　B

11～15　B　B　D　B　A　　16～20　D　A　D　D　A

(二)填空题

1. struct

2. 该结构体中所有成员所需存储空间的总和

3. 成员　指向

4. 2　3

5. 12　6.0

6. abc. a　p_abc->a　(*p_abc). a

7. 34

8. 22

9. sizeof(ht)

10. a　c

(三)读程序写结果题

1. 10,x

2. 2,3

3. a,d

abc,def

ghi,mno

hi,no

4.

19 83.5 zhang

19 83.5 zhang

y hang

5. 20,y

6. zhao

7. 9

8. name:zhong total=170.0000

name:wang total=150.00000

9. DDBBCC

10. Qian,p,95,92

11. 20098 703.000000

(四)程序设计题

```
1. #define N 3
struct person
{char *name;
  float wages;
  float floatwages;
  float expenditure;
  float realpay;
};
main()
{    struct person p[N];
     int i=0;
     for(i=0;i<N;i++)
     {   scanf("%s,%f,%f,%f",p[i].name,&p[i].wages,&p[i].floatwages,&p[i].expendi-
ture);
     p[i].realpay=p[i].wages+p[i].floatwages+p[i].expenditure;
     }
     for(i=0;i<N;i++)
     printf("%s,%f",p[i].name,p[i].realpay);
}
2. #define N 10
struct student
{    long number;
     char *name;
     float score[4];
};
main()
{   struct student stu[N];
    int i,max_i=0;
    float max
```

```
scanf("%ld,%s,%f,%f,%f",&stu[0].number,stu[0].name,&stu[0].score[0],&stu[0].score
[1],&stu[0].score[2]);
max=stu[0].score[3]=stu[0].score[0]+stu[0].score[1]+stu[0].score[2];
for(i=1;i<N;i++)
    {scanf("%ld,%s,%f,%f,%f",&stu[i].number,stu[i].name,&stu[i].score[0],&stu[i].
score[1],&stu[i].score[2]);
    stu[i].score[3]=stu[i].score[0]+stu[i].score[1]+stu[i].score[2];
    if (max<stu[i].score[3])
        max=stu[i].score[3],max_i=i;
    }
    printf("max:%s,%f",stu[max_i].name,stu[max_i].score[3]);
}
```

3.

```
#include "stdio.h"
struct student
{  char  *name;
   float cc;
   float sql;
   float c;
   float ave;};
main()
{  struct student stu[4];
   int i=0;
   for(;i<4;i++)
   { scanf("%s,%f,%f,%f",stu[i].name ,&stu[i].cc ,&stu[i].sql ,&stu[i].c);
       stu[i].ave=(stu[i].cc+stu[i].sql+stu[i].c)/3.0;
   }
   for(i=0;i<4;i++)
       printf("%s,%f",stu[i].name ,stu[i].ave);
}
```

4.

```
#include "stdio.h"
#include "stdlib.h"
/*定义链表数据结构  */
typedef  struct  node{
   float  data;   /*这里设数据类型为 float */
   struct  node   *next;
}Lnode;
Lnode   *a, *b;
/*建立 a 链表 */
Lnode  * newcreate(Lnode   *a,int  n)  /*建立 n 个元素的 a 链表*/
  {  int  i;
     float x;
     Lnode   *q, *s;
```

```
        q=a;
        for(i=0;i<n;i++)
  {  printf("请输入链表的第%d个数据:",i);
     scanf("%f",&x);
     s=(Lnode *)malloc(sizeof(Lnode));
     s->data=x;
     q->next=s;
     q=q->next;
  }
  return(a);
    }
/*求a链表的所有数据之和 */
float    sum (Lnode   *a)
{     float   total=0.0;
       Lnode  *p;
       p=a->next;   /*p指向a的第一个结点*/
       while(p)
          {  total=total+(p->data);
             p=p->next;
          }
       return   total;
}
/*将b链接到a的后面*/
Lnode    *relation(Lnode *a,Lnode *b)
   {  Lnode *q, *p;
      q=a;
      p=a->next;
      while(p)
        { q=p;
          p=p->next;
        }
        q->next=b;
        return(a);
   }
main()
{
}
```

第10章　答案

(一)选择题

1~5　D　B　A　D　C　　6~9　C　D　A　B

(二)填空题

1. 文本文件　二进制文件
2. 出错
3. 清除 abc 原有的数据
4. fscanf/fprintf　fread/fwrite　fgets/fputs
5. fseek　ftell
6. 顺序　随机
7. 二进制　ASCII
8. 字节　流式
9. 非零值　0

(三)程序填空题

1. (1)"r"
   (2)fgetc(fp)
   (3)count++
2. (1) *fp1, *fp2
   (2)rewind(fp1);
   (3)getc (fp1), fp2
3. (1)fname
   (2)fp

(四)编程题

1.
```
#include <stdio.h>
main( )
{FILE *fp;
char ch,fname[10];
printf("输入一个文件名:");
gets(fname);
if((fp=fopen(fname,"w+"))= =NULL)
{printf("不能打开%s 文件\n",fname);
  exit(1);
  }
printf("输入数据:\n");
while((ch=getchar())! ='#')
  fputc(ch,fp);
fclose(fp);
}
```

2.
```
#include <stdio.h>
```

```
#include <string. h>
main( )
{FILE *fp;
char msg[ ]="this is a test";
char buf[20];
if((fp=fopen("abc","w+"))= =NULL)
{printf("不能建立 abc 文件\n");
  exit(1);
}
fwrite(msg,strlen(msg)+1,1,fp);
fseek(fp,SEEK_SET,0);
fread(buf,strlen(msg)+1,1,fp);
printf("%s\n",buf);
fclose(fp);
}
fclose(fp);
}
3./ * filename:findword. c */
#include <stdio. h>
main(int argc,char *argv[ ])
{char buff[256];
FILE *fp;
int lcnt;
if(argc<3)
{printf("Usage findword filename word\n");
exit(0);
}
if((fp=fopen(argv[1],"r"))= =NULL)
{printf("不能打开%s 文件\n",argv[1]);
exit(1);
}
lcnt=1;
while(fgets(buff,256,fp)! =NULL)
{if(str_index(argv[2],buff)! = -1)
  printf("%3d:%s",lcnt,buff);
lcnt++;
}
fclose(fp);
}
int str_index(char substr[ ],char str[ ])
{inti,j,k;
for(i=0;stı[i];i++)
```

```
    for(j=i,k=0;str[j]= =substr[k];j++,k++)
      if(! substr[k+1])
        return(i);
return(-1);
}
```

使用命令：

findword findword. c printf

执行本程序的结果如下：

10:printf("Usage findword filename word\n");

15:printf("不能打开%s 文件\n",argv[1]);

22:printf("%3d:%s",lcnt,buff);

4.

```
/ * filename:fcat. c * /
#include <stdio. h>
unsigned char  * buffer;
main(int argc,char  * argv[ ])
{inti;
if(argc<=2)
   {printf("Usage:fcat file1 file2 file3\n");
   exit(1);
   }
buffer=(unsigned char  * )malloc(80);
for(i=2;i<argc;i++)
   fcat(argv[1],argv[i]);
}
fcat(char target[ ],char source[ ])
{FILE  * fp1, * fp2;
if((fp1=fopen(target,"a"))= =NULL)
{printf("文件%s 打开失败! \n",target);
  exit(1);
}
if((fp2=fopen(source,"r"))= =NULL)
{printf("文件%s 打开失败! \n",source);
exit(1);
}
fputs("\n",fp1);
fputs("Filename:",fp1);
fputs(source,fp1);
fputs("\n------------------------------\n",fp1);
while(fgets(buffer,80,fp2))
   fputs(buffer,fp1);
fclose(fp1);
fclose(fp2);
```

```
}
5. /*filename:replaceword.c*/
#include <stdio.h>
#include <string.h>
main(int argc,char *argv[ ])
{char buff[256];
FILE *fp1,*fp2;
if(argc<5)
{printf("Usage:replaceword oldfile newfile oldword newword\n");
  exit(0);
  }
if((fp1=fopen(argv[1],"r"))= =NULL)
{printf("不能打开%s 文件\n",argv[1]);
  exit(1);
  }
if((fp2=fopen(argv[2],"w"))= =NULL)
{printf("不能建立%s 文件\n",argv[2]);
  exit(1);
  }
while(fgets(buff,256,fp1)! =NULL)
{while(str_replace(argv[3],argv[4],buff)! =-1);
  fputs(buff,fp2);
  }
fclose(fp1);
fclose(fp2);
}
int str_replace(char oldstr[ ],char newstr[ ],char str[ ])
{inti,j,k,location=-1;
char temp[256],temp1[256];
for(i=0;str[i]&&(location= =-1);i++)
   for(j=i,k=0;str[j]= =oldstr[k];j++,k++)
      if(! oldstr[k+1])
         location=i;
if(location! =-1)
{for(i=0;i<location;i++)
  temp[i]=str[i];
  temp[i]='\0';
  strcat(temp,newstr);
  for(k=0;oldstr[k];k++);
  for(i=0,j=location+k;str[j];i++,j++)
     temp1[i]=str[j];
  temp1[i]='\0';
```

```
    strcat(temp,temp1);
    strcpy(str,temp);
    return(location);
  }
  else
  return(-1);
  }
```

附录1　Turbo C 常用函数表

库函数并不是C语言的一部分。它是由人们根据需要编制并提供用户使用的。每一种C编译系统都提供了一批库函数,不同的编译系统所提供的库函数的数目和函数名以及函数功能是不完全相同的。ANSI C标准提出了一批建议提供的标准库函数。它包括了目前多数C编译系统所提供的库函数,但也有一些是某些C编译系统未曾实现的。考虑到通用性,本书列出ANSI C标准建议提供的、常用的部分库函数。对多数C编译系统,可以使用这些函数的绝大部分。由于C库函数的种类和数目很多(例如,屏幕和图形函数,日期时间函数,与系统有关的函数等,每一类函数又包含各种功能的函数),限于篇幅,这里不能全部介绍,只从教学的角度出发,列出最基本的。读者在编制C程序时可能要用到更多的函数,请查阅所用系统的手册。

1. 数学函数

使用数学函数(附表1)时,应该在该源文件中使用以下命令行:

#include<math. h>或#include" math. h"

附表1.1

函数名	函数原型	功能	返回值	说明
abs	int abs(int x)	求整数x的绝对值	计算结果	
acos	double acos(double x)	计算arccos(x)的值	计算结果	x应在-1到1范围内
asin	double asin(double x)	计算arcsin(x)的值	计算结果	x应在-1到1范围内
atan	double atan(double x)	计算arctan(x)的值	计算结果	
atan2	double atan2(double x, double y)	计算arctan(x/y)的值	计算结果	
cos	double cos(double x)	计算cos(x)的值	计算结果	x的单位为弧度
cosh	double cosh(double x)	计算x的双曲余弦cosh(x)的值	计算结果	
exp	double exp(double x)	计算e^x的值	计算结果	
fabs	double fabs(double x)	求x的绝对值	计算结果	
floor	double floor(double x)	求出不大于x的最大整数	计算结果	
fmod	double fmod(double x, double y)	求整数x/y的余数	返回余数的双精度数	

续附表 1.1

函数名	函数原型	功能	返回值	说明
frexp	double fmod (double val, int * eptr)	把双精度数 val 分解为数字部分(尾数)x 和以 2 为底的指数 n,即 val = x * 2^n,存放在 eptr 指向的变量中	返回数字部分 x, 0.5≤x<1	
log	double log(double x)	求 $\log_e x$,即 ln x	计算结果	
log10	double log10 (double x)	求 $\log_{10} x$	计算结果	
modf	double fmod (double val, int * iptr)	把双精度数 val 分解为整数部分和小数部分,把整数部分存放到 iptr 指向的单元中	val 的小数部分	
pow	double pow(double x, double y)	计算 x^y 的值	计算结果	
rand	int rand(void)	产生-90 到 32 767 间的随机整数	随机整数	
sin	double sin(double x)	计算 sin(x)的值	计算结果	x 的单位为弧度
sinh	double sinh (double x)	计算 x 的双曲正弦函数 sinh(x)的值	计算结果	
sqrt	double sinh (double x)	计算 $\sqrt{x}$	计算结果	x≥0
tan	double tan(double x)	计算 tan(x)的值	计算结果	x 的单位为弧度
tanh	double tanh (double x)	计算 x 的双曲正切函数 tanh(x)的值	计算结果	

2. 字符函数和字符串函数

ANSI C 标准要求在使用字符串函数时要包含头文件“string. h”,在使用字符函数时,要包含头文件“ctype. h”。有的 C 编译不遵循 ANSI C 标准的规定,而用其他名称的头文件。使用时请查阅有关手册。

附表 1.2

函数名	函数原型	功能	返回值	包含文件
isalnum	int isalnum(int ch)	检查 ch 是否是字母(alpha)或数字(numeric)	是,字母或数字返回 1;不是,返回 0	ctype. h

续附表 1.2

函数名	函数原型	功能	返回值	包含文件
isalpha	int isalpha (int ch)	检查 ch 是否是字母	是,返回 1; 不是,返回 0	ctype. h
iscntrl	int iscntrl (int ch)	检查 ch 是否控制字符(其 ASCII 码在 0 和 0x1F)	是,返回 1; 不是,返回 0	ctype. h
isdigit	int isdigit (int ch)	检查 ch 是否是数字(0~9)	是,返回 1; 不是,返回 0	ctype. h
isgraph	int isgraph (int ch)	检查 ch 是否是可打印字符(其 ASCII 码在 0x21 到 0x7E 之间),不包含空格	是,返回 1; 不是,返回 0	ctype. h
islower	int islower (int ch)	检查 ch 是否是小写字母(a~z)	是,返回 1; 不是,返回 0	ctype. h
isprint	int isprint (int ch)	检查 ch 是否是可打印字符(包括空格),其 ASCII 码在 0x20 到 0x7E 之间	是,返回 1; 不是,返回 0	ctype. h
ispunct	int ispunct (int ch)	检查 ch 是否是标点字符(不包括空格),即除字母、数字和空格以外的所有可打印字符	是,返回 1; 不是,返回 0	ctype. h
isspace	int isspace (int ch)	检查 ch 是否是空格,跳格符(制表符)、或换行符	是,返回 1; 不是,返回 0	ctype. h
issupper	int issupper (int ch)	检查 ch 是否是小写字母(A~Z)	是,返回 1; 不是,返回 0	ctype. h
isxdigit	int isxdigit (int ch)	检查 ch 师傅是一个 16 进制数学字符(即 0~9,或 A~F,或 a~f)	是,返回 1; 不是,返回 0	ctype. h

续附表 1.2

函数名	函数原型	功能	返回值	包含文件
strcat	char * strcat(char * str1,char * str2)	把字符串 str2 接到 str1 的后面,str1 最后面的'\0'被取消	str1	string. h
strchr	char * strcat(char * str1,int ch), str2	找出 str 指向的字符串中第一次出现字符 ch 的位置	返回指向该位置的指针,如找不到,则返回空指针	string. h
strcmp	int * strcmp(char * str1,char * str2)	比较两个字符串 str1 和 str2	str1<str2,返回负值;str1>str2,返回正值;str1 = str2,返回 0	string. h
strcpy	char * strcpy (char * str1,char * str2)	把 str2 指向的字符串拷贝到 str1 中	返回 str1	string. h
strstr	char * strstr (char * str1,char * str2)	找出字符串 str2 在字符串 str1 中第一次出现的位置,不包括 str2 的字符串结束符	返回该位置的指针,如找不到,返回空指针	string. h
strlen	unsigned int strlen (char * str1)	统计字符串 str 中字符的个数(不包括'\0')	返回字符个数	string. h
tolower	int tolower(int ch)	将字符 ch 转换为小写字符	返回 ch 所代表的字符的小写字母	string. h
toupper	inttoupper (int ch)	将字符 ch 转换为大写字符	返回 ch 相应的大写字母	string. h

3. 输入输出函数

凡用以下的输入输出函数,应该使用#include<stdio. h>,把 stdio. h 头文件包含到源程序文件中。

附表 1.3

函数名	函数原型	功能	返回值	说明
clearerr	voidclearer (FILE * fp)	清除文件指针错误。指示器	无	
close	int close(int fp)	关闭文件	关闭成功,返回 0;不成功,返回-1	非 ANSI 标准
creat	int creat (char * filename,int mode)	以 mode 所指定的方式建立文件	成功,返回正数;否则返回-1	非 ANSI 标准
eof	int eof(int fp)	检查文件是否结束	遇到文件结束,返回 1;否则返回 0	非 ANSI 标准
feof	int feof(FILE * fp)	检查文件是否结束	遇到文件结束,返回非零值;否则返回 0	
fclose	int fclose(FILE * fp)	关闭 fp 所指的文件,释放文件缓冲区	有错,返回非 0;否则返回 0	
fgetc	int fget(FILE * fp)	从 fp 所指定的文件中取得下一个字符	返回所得到的字符。若读入出错,返回 EOF	
fgets	char * fgets(char * buf, int n, FILE * fp)	从 fp 指向的文件读取一个长度为(n-1)的字符,存入起始地址为 buf 的空间	返回地址 buf,若遇文件结束或出错,返回 NULL	
fopen	FILE * fopen (char * filename, char * mode)	以 mode 指定的方式打开名为 filename 的文件	成功,返回一个文件真针(文件信息区的起始地址),否则返回 0	
fprintf	int fprintf (FILE * fp, char * format, args,…)	把 args 的值以 format 指定的格式输出到 fp 所指定的文件中	实际输出的字符数	
fputc	int fputc (char ch, FILE * fp)	将字符 ch 输出到 fp 指向的文件中	成功,返回该字符;否则返回非 0	
fputs	int fputs(char * str, FILE * fp)	将 str 指向的字符串输出到 fp 所指定的文件	返回 0,若出错返回非 0	
fread	int fread(char * pt, unsigned size, unsigned n, FILE * fp)	从 fp 所指定的文件中读取长度为 size 的 n 个数据项,存到 pt 所指向的内存区	返回所读的数据项个数,如遇文件结束或出错返回 0	

续附表 1.3

函数名	函数原型	功能	返回值	说明
fscanf	int fscanf(FILE *fp, char format,args…)	从 fp 指定的文件中按 format 给定的格式将输入数据送到 args 所指向的内存单元(args 是指针)	已输入的数据个数	
fseek	int fseek(FILE *fp, long offset,int base)	将 fp 所指向的文件的位置指针移到以 base 所指出的位置为基准,以 offset 为位移量的位置	返回当前位置;否则,返回-1	
ftell	long ftell(FILE *fp)	返回 fp 所指向的文件中的读写位置	返回 fp 所指向的文件中的读写位置	
fwrite	int fwrite(char *ptr, unsigned size, unsigned n ,FILE *fp)	把 ptr 所指向的 n *size 个字节输出,到 fp 所指向的文件中	写到 fp 文件中的数据项的个数	
getc	int getc(FILE *fp)	从 fp 所指向的文件中读入一个字符	返回所读的字符,若文件结束或出错,返回 EOF	
getchar	int getchar(void)	从标准输入设备读入一个字符	读字符。若文件结束或出错,则返回-1	
getw	int getw(FILE *fp)	从 fp 所指向的文件读取下一个字(整数)	输入的整数。如文件结束或出错,返回-1	非 ANSI 标准函数
open	int open (char *filename ,int mode)	以 mode 指出的方式打开已存在的名为 filename 文件	返回文件号(正数),如打开失败,返回-1	非 ANSI 标准函数
printf	int printf(char *format,args,…)	按 format 指向的格式字符串所指定的格式,将输出表列 args 的值输出到标准输出设备	输出字符的个数。如出错,返回负值	format 可以是一个字符串,或字符数组的起始地址
putc	int putc(int ch, FILE *fp)	把一个字符输出到 fp 所指的文件中	输出的字符 ch。若出错,返回 EOF	
putchar	int putc(char ch)	把字符 ch 输出到标准输出设备	输出的字符 ch。如果出错,返回 EOF	

续附表 1.3

函数名	函数原型	功能	返回值	说明
puts	int puts(char *str)	把 str 指向的字符串输出到标准输出设备,将'\0'转换为回车行	返回换行符。若失败,返回 EOF	
putw	int putw(int w, FILE *fp)	将一个整数 w(即一个字)写到 fp 指向的文件中	返回输出的整数。若出错,返回 EOF	非 ANSI 标准函数
read	int read(int fd, char *buf, unsigned count)	从文件号 fd 所指示的文件中读 count 个字节到由 buf 指示的缓冲区中	返回真正读入的字节个数。如遇文件结束返回 0,出错返回 1	非 ANSI 标准函数
rename	int rename(char *oldname, char *newname)	把有 oldname 所指的文件名,改为由 newname 所指的文件名	成功返回 0,出错返回-1	
rewind	int rewind(FILE *fp)	将 fp 所指示的文件中的位置指针置于文件开头位置,并清除文件结束标志和错误标志	无	
scanf	int scanf(char *format,args,…)	从标准输入设备按 format 指向的格式字符串所指定的格式,输入数据给 args 所指向的单元	读入并赋给 args 的数据个数,遇文件结束返回 EOF,出错返回 0	
write	int write(int fd,char *buf, unsigned count)	从 buf 指示的缓冲区输出 count 个字符到 fd 所标志的文件中	返回实际输出的字节数。如出错,返回-1	非 ANSI 标准函数

4. 动态存储分配函数

ANSI C 标准建议设 4 个有关的动态存储分配的函数,即 calloc()、malloc()、free()、realloc()。实际上,许多 C 编译系统是现时,往往增加了一些其他函数。ANSI C 标准建议在"stdlib.h"头文件中包含有关的信息,但许多 C 编译要求用"malloc. h"而不是"stdlib. h"。读者在使用时请查阅有关的手册。

ANSI C 标准要求动态分配系统返回 void 指针。void 指针具有一般性,它们可以指向任何类型的数据。但目前有的 C 编译所提供的这类函数返回 char 指针。无论以上两种情况的哪一种,都需要强制类型转换的方法把 void 或 char 指针转换成所需的类型。

附表 1.4

函数名	函数和形参类型	功能	返回值
calloc	void * calloc (unsigned n, unsigned size)	分配 n 个数据项的内存连续空间,每个数据项的大小为 size	分配内存单元的起始地址,如不成功,返回 0
free	void * free(void * p)	释放 p 所指的内存区	无
malloc	void * malloc (unsigned size)	分配 size 字节的存储区	所分配的内存区地址,如内存不够,返回 0
realloc	void * realloc (void * p, unsigned size)	将 p 所指出的已分配内存区的大小改为 size。size 可以比原来空间大或小	返回指向该内存区的指针

附录2　错误信息

一、警告信息

1. 'xxxxxxxx' declared but never use

说明了'xxxxxxxx'但未使用。在源文件中说明了改变量,但没有使用。

2. 'xxxxxxxx' isassigned a value which is never used

'xxxxxxxx'被赋以一个不使用的值。该变量出现在一个赋值语句中,但直到函数结束都未被使用过。

3. 'xxxxxxxx' not part of structure

'xxxxxxxx'不是结构的一部分。出现在点(.)或箭头(→)左边的域名不是结构的一部分;或者点的左边不指向结构。

4. ambiguous operators need parentheses

二义性操作符需要括号。如:两个位移、关系或按位操作符在一起使用而不加括号,加法或减法操作符不加括号,与一位操作符一起出现。

5. both return and return of a value used

既用返回,又用返回值。编译程序发现一个与前面的 return 语句不一致的 return 语句。当某函数只在部分 return 语句中返回值时,一般会发生本错误。

6. call to function with prototype

调用无原型函数。"原型请求"警告可用,且又调用了一无原型函数。

7. call to function 'xxxx' with prototype

调用无原型的'xxxx'函数。原型请求"警告"可用,且又调用了一个原先没有原型的函数'xxxx'。

8. code has no effect

代码无效。编译程序遇到一个含无效操作符的语句,如"a+b;",对每一变量都不起作用,且可能要引起一个错误。

9. constant is long

常量是 long 类型。当编译程序遇到一个十进制常量大于 32767,或一个八进制常量大于 65535,而其后没有字母"I"或"L"时,把此常量当作 long 类型处理。

10. constant out of range in comparision

比较时常量超出范围。在源文件中有一比较,其中一个常量的子表达式超出了另一个子表达式类型所允许的范围。如:一个无符号量与-1 比较就没有意义。为了得到一个大于 32767(十进制)的无符号数,可以在常量前面加上 unsigned(如(unsigned)65535),或在常量后加上字母"u"或"U"(如 65535u)。

11. conversion may lose significant dignits

转换可能丢失高位数字。在赋值操作或其他情况下,源程序要求把 long 或 unsigned long 类型转换成 int 或 undesigned int 类型。

12. function shoult return a value

函数应返回一个值。源文件中说明的当前函数的返回类型即非 int 型也非 void 行,编译程序未发现返回值。

13. mixing pointer to signed and unsigned char

混淆 signed 和 unsignd 字符指针。没有通过显示的强制类型转换,就把一个字符指针转换为无符号指针,或相反。

14. no declaration for function 'xxxxxxxx'

函数'xxxxxxxx'没有说明。“说明请求”警告可用,而又调用了一个预先没有说明的函数。

15. non-portable pointer assignment

不可移植指针赋值。源文件中把一个指针赋给另一个非指针,或相反。但作为特例,可以把常量赋个一个指针,此时可强行抑制本警告。

16. non-portable pointer comparision

不可移植指针比较。源文件中把一个指针与另一个非指针作比较。但作为特例,可以把常量零与一个指针作比较,此时可强行抑制本警告。

17. non-portable return type conversion

不可移植返回类型转换。return 语句中的表达式类型和函数说明的不一致。作为特例,如果函数或返回值表达式为一个指针是可以的,在这种情况下,返回指针的函数可能返回一个常量零,被转换成一个合适的指针值。

18. parameter 'xxxxxxxx' is never used

参数'xxxxxxxx'没有使用。函数说明中的某参数在函数体中从未使用,通常是由于参数名拼写错误引起的。如果在函数体中该标识符被重新定义为一个自动(局部)变量,也将发生本警告。该参数被标识为自动变量但未使用。

19. possiable use of 'xxxxxxxx' before used

在定义'xxxxxxxx'之前可能已使用。源文件中的某一表达式中使用了未经赋值的变量,编译程序对源文件进行简单扫描已确定此文件。如果该变量出现的物理位置在对它赋值之前,就会产生本警告,当然,程序的实际流程可能在使用前已赋值。

20. possible incorrect assignment

可能的不正确赋值。例如,编译程序遇到赋值操作符作为条件表达式(如 if、while、do…while 语句的一部分)的主操作符,这通常是由于把赋值号当做等号使用了。如希望禁止此警告,可把赋值语句用括号括起来,并把它与零作显示比较,如:if(a=b)…应写为 if((a=b)! =0)…。

21. redefinition of 'xxxxxxxx' is not identical

'xxxxxxxx'重定义不相同。源文件中对命令宏重定义时,使用的正文内容与第一次定义的不相同,新内容将代替旧内容。

22. restarting compiler using assembly

用汇编重新启动编译。编译程序遇到一个未使用命令行选择项-B 或#pragmainline 语句的 asm。

23. structure passed by value

结构按值传送。通常是在编制程序时,把结构作为参数传递,而又漏掉了地址操作符(&)。

24. superfluous & with function or array

在函数或数组使用多余的符号“&”。取值操作符(&)对一个数组或函数名是不必要的,应该去除。

25. suspiclous pointer conversion

值得怀疑的指针转换。编译程序遇到一些指针转换,这些转换引起指针指向不同的类型。

26. undefined structure 'xxxxxxxx'

结构'xxxxxxxx'未定义。在源文件中使用了该结构,但未定义。这可能是由于结构名拼写错误或忘记定义引起的。

27. unknown assembler instruction

不认识的汇编指令。编译程序发现在插入的汇编语句中有一个不允许的操作符。

28. unreachable code

不可达代码。break,continue,goto 或 return 语句后没有跟标号或循环函数的结束符。编译程序使用一个常量测试条件来检查 while,do 和 for 循环,并试图知道循环没有失败。

29. void function may not return a value

void 函数不可以返回值。源文件中的当前函数说明为 void ,但编译程序发现一个带常值的返回语句,该返回语句的值将被忽略。

30. zero length structure

结构长度为零。在源文件中定义了一个总长度为零的结构,对此结构的任何使用都是错误的。

二、Turbo C 编译错误信息

Turbo C 编译系统查出的源程序错误分为 3 类:致命错误、一般错误和警告错误。

致命错误一般很少出现,它通常是内部编译出错。一旦出现这类错误,编译立即停止。

所谓一般普通错误通常是指源程序中的语法错误、存取数据错误或命令错误等。编译系统遇到这类错误时,一般也要停止编译。

警告信息是指出一些值得怀疑的情况,而这些情况有可能是源程序中合理的一部分。因此警告信息只是提醒用户注意,编译过程并不停止。

编译系统在发现源程序中各类的错误时,首先显示错误信息,然后显示源文件名以及出错的行号。但必须注意,真正有错误的位置可能在前一行,甚至可能在前几行,有时好像发生了许多错误,而实际上可能是由一个错误造成的。

下面列出常见的一些编译错误信息,并指出可能的原因。

(一)致命错误

1. bad call of in-line function

在使用一个宏定义的内部函数时,未能正确调用。一个内部函数应以两个短下划线(__)开始和结束。

2. irreducible expression tree

不可约束的表达式树。这种错误是指源文件行中的表达式太复杂,编译系统中的代码生成程序不能为它产生代码,因此,这种表达式应避免使用。

3. register allocation failure

寄存器分配失败。

(二)一般错误

1. #operator not followed by macto argument name

"#"运算符后无宏变元名。在宏定义中,"#"用于标志宏变元是一个串,因此,在"#"后面必须跟随一个宏变元名。

2. "xxxxxxxx" not a angument

"xxxxxxxx"不是函数参数。在源程序中将该标识符定义为一个函数,但它没有在函数中出现。

3. ambiguous symbol" xxxxxxxx"

二义性符号"xxxxxxxx"。两个或两个以上结构的某一域名相同,但它们的偏移、类型不同,因此,在变量或表达式中引用该域但未带结构名时,就会产生二义性。在这种情况下,需要修改域名,或在引用时加上结构名。

4. argument # missing name

参数#名丢失。参数名已脱离用于定义函数的函数原型。C 语言规定,如果函数以原型定义,该函数必须包含所有的函数名。

5. argument list syntax error

参数表现出语法错误。C 语言规定,函数调用的各参数之间必须以逗号分隔,并以右括号结束。若源文件中含有一个其后不是逗号也不是右括号的参数,则会出现本错误。

6. array bounds missing

数组的界限符"]"丢失。在源文件中定义了一个数组,若此数组没有一右方括号结束,则会出现本错误。

7. array size too large

数组长度太长。定义的数组太大,可用内存不够。

8. assembler statement too long

汇编语句太长。C 语言规定,内部汇编语句最长不能超过 480 个字节。

9. bad configuration file

配置文件不正确。Turbor. cfg 配置文件中包含不是合适命令行选择项的肥注视文字。C 语言规定,配置文件命令选择项必须以一短横线(_)开始。

10. bad file name format in include directive

包含指令中文件名格式不正确。包含文件名必须用双引号(如"filename")或尖括号(如<filename>)括起来,否则将出现本错误。如果使用了宏,则产生的扩展文本也不正确(因为无引号)。

11. bad ifdef directive syntax

ifdef 指令语法错误。#ifdef 必须以单个标识符作为该指令的体。

12. bad ifndef directive syntax

ifndef 指令语法错误。#ifndef 必须以单个标识符作为该指令的体。

13. bad undef directive syntax

undef 指令语法错误。# undef( )必须以单个标识符作为该指令的体。

14. bad file size syntax

位字段长语法错误。一个位字段长必须是 1 ~ 16 位的常量表达式。

15. call of non-function

调用未定义的函数。正被调用的函数未定义,通常是由于不正确的函数声明或函数名拼写错误所造成。

16. cannot modify a const object

不能修改一个常量对象。对定义为常量的对象进行不合法的操作(如对常量进行赋值)会产生本错误。

17. case outside of switch

case 出现在 switch 的外面。编译程序发现 case 语句在 switch 的外面,通常是由于括号不匹配所造成。

18. case statement missing

case 语句漏掉。case 语句必须包含 个以冒号结束的常量表达式,可能的原因是丢的冒号或在冒号前多了别的符号。

19. cast syntax error

cast 语法错误。可能在 cast 中包含了一些不正确的符号。

20. character constant too long

字符常量太长。

21. compound statement missing

复合语句漏掉。编译程序扫描到源文件末时未发现结束大括号,通常是由于大括号不匹配造成。

22. conflicting type modifiers

类型修饰符冲突。对同一指针只能制订一种变址修饰符(如 near 或 far);而对同一函数也只能给出一种语言修饰符(如 cdecl,pascal 或 interrupt)。

23. constant expression required

要求常量表达式。数组的大小必须是常量,本错误通常是由于#define 常量的拼写错误造成。

24. could not find file'xxxxxxxx. xxx'

找不到文件'xxxxxxxx. xxx'。编译程序找不到命令行上给出的文件。

25. declaration missing

说明漏掉";"。在源文件中包含了一个 struct 或 union 域声明,但后面漏掉了分号(;)。

26. declaration needs type or storage class

说明必须给出类型或存储类型。如以下说明是错误的:i,j;。

27. declaration syntax error

说明出现语法错误。在源文件中,某个说明丢失了某些符号或有多余的符号。

28. default outside switch

default 在 switch 外出现。这个错误通常是由于括号不匹配造成。

29. define directive needs needs an idenfier

define 指令必须有一个标识符。#define 后面的第一个非空格字符必须是一个标识符,若编译程序发现一些其他字符,则出现本错误。

30. division by zero

除数为零。在源文件的表达式中出现除数为零的情况。

31. do statement must have while

do 语句中必须要有 while。

32. do…while statement missing(

do…while 语句漏掉了"("。

33. do…while statement missing(

do…while 语句漏掉了")"。

34. do…while statement missing;

do…while 语句漏掉了";"。

35. duplicate case

case 的情况不唯一。switch 语句中的每个 case 必须有一个唯一的常量表达式。

36. enum syntax error

enum 语法错误。enum 说明表示附表的格式不对。

37. enumeration constant syntax error

枚举常量语法错误。赋给 enum 类型变量的表达式不是常量。

38. error Directive;xxxx

error 指令:xxxx。源文件处理# error 指令时,显示该指令指出的信息。

39. error writing output file

写输出文件出现错误。通常是由于磁盘空间不够造成的。

40. expression syntax

表达式语法错误。如:在表达式中连续出现两个操作符、括号不匹配或缺少括号、前一语句漏掉分号等。

41. extra parameter in call

调用时出现多余的参数。在调用一函数时,实际的参数个数多于函数定义中的参数个数。

42. extra parameter in call to xxxxxxxx

调用 xxxxxxxx 函数时出现了多余的参数。其中该函数由原型定义。

43. file name too long

文件名过长。#include 指令中给出的文件名太长,编译程序无法处理。DOS 下的文件名不能超过 64 个字符。

44. for statement missing (

for 语句漏掉“(”。

45. for statement missing)

for 语句漏掉“)”。

46. for statement missing ;

for 语句漏掉“;”。

47. fuction call missing)

函数调用缺少“)”。

48. function definition out of place

函数定义位置错误。函数定义不能出现在另一函数内。函数内的任何说明,只要以类似与带有一个参数表的函数开始,就被认为是一个函数定义。

49. function doesn't take a variable number of argument

函数不接受可变的参数个数。源文件中的某个函数内使用了 va-start 宏,此函数不能接受可变数量的参数。

50. goto statement missing lable

goto 语句缺少标号。在 goto 关键字后必须由一个标识符。

51. if statement missing (

if 语句缺少“(”。

52. if statement missing)

if 语句缺少“)”。

53. illegal character(0Xxx)

非法字符(0Xxx)。编译程序发现输入文件中有非法字符,以十六进制方式打印该字符。

54. illegal initialization

非法初始化。初始化必须是常量表达式后以全局变量 extern 或 static 的地址加减一常量。

55. illegal octal digit

非法八进指数。编译程序发现在一个八进制常数中包含了非八进制数字符号(如 8 或 9)。

56. illegal pointer subtraction

非法指针相减。这是由于试图以一个非指针变量减去一个指针变量而造成的。

57. illegal structure operation

非法结构操作。结构只能使用(.)、取地址符(&)和赋值操作符(=),或作为函数的参数传递。当编译程序发现结构使用了其他操作符时出现本错误。

58. illegal use of floating point

非法的浮点操作。浮点操作数不允许出现在移位、按位逻辑操作、条件(?:)、间接(*)以及其他一些操作符中。

59. illegal use of pointer

非法使用指针。指针只能在加、减、赋值、比较、间接(*)或箭头(→)操作中使用。

60. improper use of a typedef symbol

typedef 符号使用不对。源文件中使用了一个符号,符号变量应在一个表达式中出现。检查一下此符号的说明和可能的拼写错误。

61. in-line assembly not allowed

不允许内部汇编语句。源文件中含有直接插入的汇编语句,若在集成环境下进行编译,则要出现本错误,必须使用 tcc 命令编译该文件。

62. incompatible storage class

不相容的存储类。源文件的一个函数定义中使用了 extern 关键字,而只有 static(或根本没有存储类型)是允许的。

63. incompatible type conversion

不相容的类型转换。源文件中试图把一种类型转换成另一种类型,但这两种类型是不相容的。如函数与非函数间转换,一种结构或数组与一种标准类型间转换,浮点数与指针间转换等。

64. incorrect command line argument:xxxxxxxx

不正确的命令行参数:xxxxxxxx。

65. incorrect cinfiguration file argument:xxxxxxxx

不正确的配置文件参数:xxxxxxxx。编译程序认为该配置文件是非法的,此时可检查一下前面的短横线(-)。

66. incorrect number format

不正确的数据格式。编译程序发现在十六进制数中出现十进制小数点。

67. incorrect use of default

default 的使用不正确。编译程序发现 default 关键字后缺少分号。

68. initializer syntax error

初始化语法错误。初始化过程中出现缺少操作符、括号不匹配或其他一些不正常的情况。

69. invalid indirection

无效的间接运算。间接运算符(*)要求指针变量作为操作分量。

70. invalid macro argument separator

无效的宏参数分隔符。在宏定义中,各参数必须用逗号分隔。编译程序发现在参数后面有其他非法字符。

71. invalid pointer addition

无效的指针相加。源程序中试图把两个指针相加。

72. invalid use of arro

箭头使用错误。在箭头操作符(→)后必须跟一标识符。

73. invalid use of dot

点使用错误。在点操作符(.)后必须跟一标识符。

74. lvalue required

请求赋值。赋值操作符的左边必须是一个地址表达式,包括数值变量、指针变量、结构引用域、间接指针或数组分量。

75. macro argument syntax error

宏参数语法错误。宏定义中的参数必须是一个标识符。若在编译时,程序发现所需的参数不是标识符的字符,则出现本错误。

76. macro expansion too long

宏扩展太长。一个宏扩展不能多于4 096 个字符。当宏递归扩展自身时,常出现本错误。宏不能对自身进行扩展。

77. may compile only one file when an output file name is given

给出一个输出文件名时,可能只编译一个文件。在命令行编译时,若只使用-o 选择,则只允许一个输出文件名。此时,只编译第一个文件,其他文件被忽略。

78. mismatch number of parameters in definition

定义中参数各数不匹配。定义中的参数和函数原型中提供的信息不匹配。

79. misplaced break

break 位置错误。编译程序发现 break 语句在 switch 语句或循环外。

80. misplaced continue

continue 位置错误。编译程序发现 continue 语句在循环结构外。

81. misplaced else

十进制小数点位置错误。编译程序发现浮点常数的指数部分有一个十进制小数点。

82. misplaced else

else 位置错误。编译程序发现 else 语句缺少与之相配套的 if 语句。本错误的产生除了由于 else 多余外,还有可能是由于有多余的分号、漏写大括号或前面的 if 语句出现语法错误引起的。

83. misplaced elif directive

elif 指令位置错误。编译命令没有发现与#enif 指令相配的#if、#ifdef 或#ifndef 指令。

84. misplaced else derective

else 指令位置错误。编译命令没有发现与# else 指令相配的#if、#ifdef 或#ifndef 指令。

85. misplaced end if directive

endif 指令位置错误。编译命令没有发现与# endif 指令相配的#if、#ifdef 或#ifndef 指令。

86. must be adressable

必须是可编地址。取址操作符(&)作用与一个不可编地址的对象,如寄存器变量。

87. must take address of memory location

必须是内存地址。源文件中对不可编址的表达式使用了地址操作符(&),如对寄存器变量。

88. no file name ending

无文件中止符。在#include 语句中,文件名缺少正确的闭引号(")或尖括号(>)。

89. no file name given

未给出文件名。turbo 命令行编译(tcc)中没有任何文件。

90. non-protable pointer assingmentxsw

对不可移植的指针赋值。源程序中将一个指针赋给一个非指针,或相反。但作为特例,允许把常量零值赋给一个指针,如果是这种情况,则应强行抑制本错误信息。

91. non-protable pointer comparision

不可移植的指针比较。源程序中将一个指针与一个非指针(常量零除外)进行比较。但如果比较恰当,则应强行抑制本错误信息。

92. non-protable returntype conversation

不可移植的返回型转换。在返回语句中的表达式类型与函数说明中的类型不同。但如果函数的返回表达式是一指针,则可以进行转换,此时,返回指针的函数可能送回一个常量零,而零被转换成一个适当的指针值。

93. not an allowed type

不允许的类型。在源文件中说明了几种禁止了的类型,如函数返回一个函数或数组。

94. out of memory

内存不够。

95. pointer required on left side of

操作符左边必须是一个指针。

96. redeclaration of 'xxxxxxxx'

“xxxxxxxx”重定义。

97. size of struture or array not known

结构或数组大小不定。有些表达式(如 sizeof 或存储说明)中出现一个未定义的结构或一个空长度数组。如果结构长度不需要,则在定义之前就可引用;如果数组不申请存储空间或者初始化是给定了长度,则可定义为空长。

98. statement missing

语句缺少“;”。

99. structrure or union syntax error

结构或联合语法错误。编译程序发现在 struct 或关键定后面没有标识符或花括号。

100. structure size too large

结构太大。源文件中说明的结构所需的内存区域太大以致内存空间不够。

101. subscripting missing]

下标缺少“]”。可能是由于漏掉或多写操作符或括号不匹配引起的。

102. switch statement missing (

switch 语句中缺少“(”。

103. switch statement missing)

swich 语句中缺少“)”。

104. too few parameters in call

函数调用参数太少。对带有原型的函数调用(通过一个函数指针)参数太少。原型要求给出所有参数。

105. too feew parameters in call to 'xxxxxxxx'

调用“xxxxxxxx”时参数太少。调用指定的函数(该函数用一原型声明)时,给出的参数太少。

106. too many cases

case 语句太多。语句最多允许有 257 个 case。

107. too many decimal points

十进制小数点太多。

108. too many default cases

default 太多。switch 语句中只能有一个 default。

109. too many exponents

阶码太多。

110. too many initializers

初始化太多。

111. too many storage classes in declaration

说明中存储类型太多。一个说明只允许有一种存储类型。

112. too many types in declaration

说明中类型太多。一个说明只允许有一种基本类型:char,int,float,double,struct,union,enum 或 typedef 等。

113. too much auto memory in function

函数中自动存储太多。当前函数声明的自动存储超过了可用的存储器空间。

114. too much code define in file

文件定义的代码太多。当前文件中函数的总长度超过了 64 K 字节。可以移去不必要的代码或把源文件分开写。

115. too much global data define in file

文件中定义的全局数据太多。全局数据声明的总数超过了 64 K 字节。检查一下一些数组的定义是否太长。如果所有的说明都是必要的,则要考虑重新组织程序。

116. two consecutive dots

两个连续点。因为省略号包含 3 个点(...),而十进制的小数点和选择操作符使用一个点(.),所以,在 C 程序中不允许出现两个连续点。

117. type missmatch in parameter #

参数“#”类型不匹配。通过一个指针访问已由原形说明参数时,给定参数#N(从左到右逐个加 1)不能转换为已说明的参数类型。

118. type missmatch in parameter 'XXXXXXXX'

调用“XXXXXXXX”时参数#不匹配。源文件中通过一个原形说明了指定的参数,而给定的参数(从械到可逐个加 1)不能转换为已说明的参数类型。

119. type missmatch in parameter 'XXXXXXXX'

参数“XXXXXXXX”类型不匹配。源文件中通过一个原形说明了可由函数指针调用的函数,而所指定的参数不能转换为已说明的参数类型。

120. type missmatch in parameter 'XXXXXXXX'in call to 'YYYYYYYY'

调用“YYYYYYYY”时,参数“XXXXXXXX”类型不匹配。源文件虽通过一个原形说明了指定的参数不能转换为另一个已说明的参数类型。

121. type missmatch in redeclaration of 'XXX'

重定义类型不匹配。源文件中把一个已经说明的变量重新说明为另一种变量。如果一个函数被调用,而后又被说明成非整型也会产生本错误。在这种情况下,必须在第一次调用函数前,给函数加上 extern 说明。

122. unable to creat output file 'XXXXXXXX. XXX'

不能创建输出文件“XXXXXXXX. XXX”。当工作软盘已满或有写保护时产生本错误。

123. unable to creat turboc. lnk

不能创建 turboc. lnk。编译程序不能创建临时文件 turboc. $ LN,因为不能存取磁盘或者磁盘已满。

124. unable to execute command 'xxxxxxxx'

不能执行“xxxxxxx”命令。找不到 tlilnk 或 masm,或者磁盘出错。

125. unable to open include file 'xxxxxxx. xxx'

不能打开包含文件“xxxxxxx. xxx”。编译程序找不到该包含文件。可能是由于一个#include 文件包含它本身而引起的,也可能是根目录下的 config. sys 中没有设置能同时打开的文件个数(试加一句 files=20)。

126. unable to open inputfile 'xxxxxxxx. xxx'

不能打开输入文件“xxxxxxx. xxx”。当编译程序找不到源文件时出现本错误。检查文件名是否拼错,或检查对应的磁盘目录中是否有此文件。

127. undefined label 'xxxxxxxx'

标号“xxxxxxxx”未定义。函数中 goto 语句后的标号没有定义。

128. undefined stucture 'xxxxxxxx'

结构“xxxxxxxx”未定义。源文件中使用了未经说明的某个结构。可能是由于结构名拼写错误或缺少结构说明而引起的。

129. undefined symbol 'xxxxxxxx'

符号“xxxxxxxx”未定义。标识符无定义,可能是由于说明或引用处有拼写错误,也可能是由于标识符说明错误而引起。

130. unexpected end of file in comment started on line #

源文件在某个注释中意外结束。通常是由于注释结束标志(*/)漏掉引起。

131. unexpected end of file in conditional started on line #

源文件在#行开始的条件语句中意外结束。在编译程序遇到#endif 前源程序结束,通常是由于漏掉或拼写错误引起。

132. unknown preprocessor directire'xxx'

不认识的预处理指令:xxx。编译程序在某行的开始遇到“#”字符,但其后的指令名不是下列之一:define,undef,line,ifdef,ifndef,include,else 或 endif。

133. unterminated character constant

未终结的字符常量。编译程序发现一个不匹配的省略符。

134. unterminated string

未终结的串。编译程序发现一个不匹配的引号。

135. unterminated string or character constant

未终结的串或字符常量。编译程序发现串或字符常量开始后没有终结。

136. user break

用户中断。在集成环境中进行编译或连接时用户按了“Ctrl+Break”键。

137. while statement missing (

while 语句漏掉“(”。

138. while statement missing)

while 语句漏掉“)”。

139. wrong number of arguments in of 'xxxxxxx'

调用“xxxxxxx”时参数个数错误。源文件中调用某个宏时,参数个数不对。

参考文献

[1] 谭浩强. C 语言程序设计试题汇编[M]. 北京:清华大学出版社,2000.
[2] 谭浩强. C 语言程序设计习题与上机指导[M]. 北京:清华大学出版社,2000.
[3] 李春葆. C 语言与习题解答[M]. 北京:清华大学出版社,2001.
[4] 曹衍龙. C 语言实例解析精粹[M]. 北京:人民邮电出版社,2005.
[5] 陈朔鹰,陈英. C 语言趣味程序百例精解[M]. 北京:北京理工大学出版社,1996.
[6] 田淑清. C 语言程序设计辅导与习题集[M]. 北京:中国铁道出版社,2000.

读者反馈表

尊敬的读者：

您好！感谢您多年来对哈尔滨工业大学出版社的支持与厚爱！为了更好地满足您的需要，提供更好的服务，希望您对本书提出宝贵意见，将下表填好后，寄回我社或登录我社网站（http://hitpress.hit.edu.cn）进行填写。谢谢！您可享有的权益：

☆ 免费获得我社的最新图书书目　　☆ 可参加不定期的促销活动

☆ 解答阅读中遇到的问题　　☆ 购买此系列图书可优惠

读者信息

姓名＿＿＿＿＿＿　□先生　□女士　　年龄＿＿＿＿　学历＿＿＿＿

工作单位＿＿＿＿＿＿＿＿＿＿＿＿＿＿＿＿　职务＿＿＿＿＿＿

E-mail＿＿＿＿＿＿＿＿＿＿＿＿＿＿＿＿＿＿　邮编＿＿＿＿＿＿

通讯地址＿＿＿＿＿＿＿＿＿＿＿＿＿＿＿＿＿＿＿＿

购书名称＿＿＿＿＿＿＿＿＿＿＿＿＿＿＿　购书地点＿＿＿＿＿＿＿＿＿＿＿＿＿＿＿

1. 您对本书的评价

内容质量　□很好　□较好　□一般　□较差

封面设计　□很好　□一般　□较差

编排　□利于阅读　□一般　□较差

本书定价　□偏高　□合适　□偏低

2. 在您获取专业知识和专业信息的主要渠道中，排在前三位的是：

①＿＿＿＿＿＿　②＿＿＿＿＿＿　③＿＿＿＿＿＿

A. 网络 B. 期刊 C. 图书 D. 报纸 E. 电视 F. 会议 G. 内部交流 H. 其他：＿＿＿＿＿

3. 您认为编写最好的专业图书（国内外）

书名	著作者	出版社	出版日期	定价

4. 您是否愿意与我们合作，参与编写、编译、翻译图书？

＿＿＿＿＿＿＿＿＿＿＿＿＿＿＿＿＿＿＿＿＿＿＿＿＿＿＿＿＿＿＿＿＿＿＿

5. 您还需要阅读哪些图书？

＿＿＿＿＿＿＿＿＿＿＿＿＿＿＿＿＿＿＿＿＿＿＿＿＿＿＿＿＿＿＿＿＿＿＿

网址：http://hitpress.hit.edu.cn

技术支持与课件下载：网站课件下载区

服务邮箱 wenbinzh@hit.edu.cn　duyanwell@163.com

邮购电话 0451－86281013　0451－86418760

组稿编辑及联系方式　赵文斌（0451－86281226）　杜燕（0451－86281408）

回寄地址：黑龙江省哈尔滨市南岗区复华四道街10号　哈尔滨工业大学出版社

邮编：150006　传真 0451－86414049